集合と位相

小森洋平
Yohei Komori

［著］

日評ベーシック・シリーズ

日本評論社

はじめに

　高校までは，数値を計算で求めたり，答えが1つに決まるような数学が中心でした．しかし大学では答えがはっきりと「見えない」数学に出会います．たとえば高校までの図形とは，多角形や円や関数のグラフなどの平面図形や，多面体や球や回転体などの空間図形でしょう．しかし大学ではもはや平面や空間など目に見える「入れ物」に入っていない図形について，その図形の「内部」や「境界」や，その図形が「繋がっているか」などについて調べます．そのような数学を「位相空間論」といいます．位相空間論では数値を厳密に計算することよりも，近似値を評価したり，性質を証明することが中心となってきます．そこで大切なのは，証明を書く際に用いる「集合」の表記方法と，証明を組み立てる際の「論理」です．

　もちろん大学の数学でも計算は大切です．「計算」と「論証」は数学の両輪であって，どちらか一方でも欠けると前に進めません．位相空間論の初歩をとおして，数学を語る際に使う言語である「集合」と文法である「論理」を学ぶのが，「集合と位相」なのです．

この本について

　実数は無限小数であるという高校数学の立場を継承しつつ，高校ではそれとなく認めてきたこと（無限小数どうしの四則演算などや，連続関数の中間値の定理など）を，集合と論理を用いて考察してゆきます．

　まず1章では集合と論理について学びます．数学はいくつかの規則を積み重ね

て論理を展開してゆく学問です．高校でも集合を習いますが，1章の後半ではこれまで馴染みのない無限集合が登場します．有限集合と異なり元（げん）の個数をもはや数えられないので，無限集合を調べるには論理を頼りにするしかありません．また集合と論理の活用例として，数列の収束と関数の連続性を扱います．数列がある実数に「限りなく近づく」とか関数のグラフが「繋がっている」という感覚的な表現を，集合と論理を使って厳密に定義し直します．

1章で集合と論理について学んだ後，2章では実数について詳しく学びます．高校数学でも学んだように実数とは無限小数のことです．それらは数直線上の点としてその大小関係を視覚化できます．また実数は足したり掛けたりと四則演算ができると習いました．たとえば自然数を6で割った余りで類別する（8と14は6で割った余りがともに2なので同じグループとか，3と10は余りが異なるので別のグループとか）など，実数を扱う際に四則演算は基本的な道具です．2章の前半では大小関係の抽象化である順序関係と，集合をグループ分けする際に用いる同値関係について学びます．2章の後半ではこれらの2項関係を用いて実数の基本的な性質を調べてゆきます．そこで最も大切な結果は実数の完備性というもので，解析学の重要な定理の多くはこの実数の完備性から導かれるのです．

2章で学ぶ実数の性質で中心的な役割を果たすのは絶対値による距離です．この絶対値を一般の集合に距離関数として抽象化したものが，3章の主題である距離空間です．関数の連続性の一般化として，写像の連続性を語ることができます．また完備性についても考察します．この章の後半では距離を用いた「近い」という概念を，ε-近傍による開集合（開近傍）という，集合と論理の言葉に置き換えます．この置き換えが4章の位相空間への橋渡し役を演じます．

最後の4章ではいよいよ距離関数もない集合において「近く（近傍）」という概念を導入します．それにより写像の連続性を語ることができます．さらにコンパクト性，ハウスドルフ性，連結性など位相空間の基本的な概念についても学んでゆきます．

謝辞

この本の内容は前任校の大阪市立大学や現在の勤務校である早稲田大学での1, 2年生向けの集合と位相の講義ノートが基になっています．特に前任校では授業

についてゆけない学生たちと「復習ゼミ」と称して，イプシロン・デルタ論法など高校数学と趣が異なる話題を少人数で議論しながら，初学者の間違いやすい箇所を再確認できる貴重な機会がありました．今では社会で活躍している「復習ゼミ」の元学生たちに感謝します．

　このテキストの草稿を位相空間論の講義で1年間使っていただき，貴重なコメントを下さった早稲田大学商学部の沢田賢先生にお礼申し上げます．また『数学セミナー』連載の「イギリスだより」，『インドラの真珠』の翻訳と，15年以上のつき合いで著者の遅筆を重々承知しながらも，この本の編集を辛抱強くしていただいた日本評論社の佐藤大器さんにもお礼を申し上げます．最後に，本書の完成をともに喜んでくれた家族に感謝します．

2016年2月
小森洋平

高校数学とのつながり：実数とは

実数とは何でしょう．高校数学では有理数と無理数をあわせて実数と習います．

$$
\text{実数} \begin{cases} \text{有理数} \begin{cases} \text{有限小数} \\ \text{循環する無限小数} \end{cases} \\ \text{無理数（循環しない無限小数）} \end{cases}
$$

有理数とは分数のことです．小数で表すと有限小数（たとえば $\frac{1}{4} = 0.25$ など）や，循環する無限小数（たとえば $\frac{1}{3} = 0.333\cdots$ など）になります．一方無理数とは循環しない無限小数のことです．そこで有限小数も末尾に 0 を無限個つけ加えて無限小数と思えば（たとえば $\frac{1}{4} = 0.25000\cdots$ など），実数とは無限小数そのものと思えます．では 2 つの無限小数はいつ同じ数を表すのでしょう．素朴な発想ではすべての桁で一致する場合に限り，2 つの無限小数は同じと思うべきでしょう．しかし 1 つだけ例外があります．それは $25.4000\cdots$ と $25.3999\cdots$ のように，有限小数の後に 0 が無限個続く無限小数と，有限小数の最後の桁から 1 を引いた有限小数の後に 9 が無限個続く無限小数は同じと約束します．

このようにそれぞれの実数は無限小数の姿をしていますが，実数どうしは足したり，引いたり，かけたり，割ったりと，四則演算ができます．またお互いに大小関係があり，数直線を利用すればその大小は視覚化できます．2 つの実数 a, b がどれくらい違うかは，a と b の差の絶対値 $|a - b|$，つまり数直線上の 2 点間の距離で，量的に理解することもできるのです．実数を無限小数と思うと，次の命題は当たり前でしょう．

命題（アルキメデスの原理） 正の実数 x について，x より大きい自然数がある．

実際，x が n 桁の無限小数ならば 10^n は x より大きい自然数になります．

また不等式 $a < b$ を満たす 2 つの実数に，どんな実数 c を足しても $a + c < b + c$ と不等号の向きは変わりません．その一方かけ算については，$c > 0$ ならば $ac < bc$, $c = 0$ ならば $ac = bc = 0$, $c < 0$ ならば $ac > bc$ となるなど，四則演算と大小関係には関係があります．これらの実数の性質について，本書では予備知識として仮定します．

この本を読むと分かるようになる数学の例：ベクトル空間の定義

　この本の 1 章を読めば，線形代数でいずれ習うベクトル空間の抽象的な定義が理解できるようになります．最初は見知らぬ異国の言語のように，馴染みがなく怖じ気づくかもしれません．しかしこの本の，特に前半で登場するいくつも重要な概念が，ベクトル空間の定義に現れているので，紹介を兼ねてここに書き写しておきましょう．いまはすべてが謎だらけでも大丈夫です．

定義　実数の全体を $\mathbb{R}$ とする．空集合でない集合 V は $\mathbb{R}$ 上のベクトル空間であるとは，加法とよばれる演算
$$V \times V \to V, \quad (v, w) \mapsto v + w$$
およびスカラー倍とよばれる演算
$$\mathbb{R} \times V \to V, \quad (a, v) \mapsto av$$
が存在して，次の条件を満たすこととする．
　(1) 任意の $v, w \in V$ に対し，$v + w = w + v$ が成り立つ．
　(2) 任意の $u, v, w \in V$ に対し，$u + (v + w) = (u + v) + w$ が成り立つ．
　(3) 零ベクトルと呼ばれる元 $o \in V$ が存在して，任意の $v \in V$ に対し $v + o = v$ を満たす．
　(4) 任意の $v \in V$ に対し v の逆ベクトルと呼ばれる元 $-v \in V$ が存在して，$v + (-v) = o$ を満たす．
　(5) 任意の $a \in \mathbb{R}$ と任意の $v, w \in V$ に対し，$a(v + w) = av + aw$ が成り立つ．
　(6) 任意の $a, b \in \mathbb{R}$ と任意の $v \in V$ に対し，$(ab)v = a(bv)$ が成り立つ．
　(7) 任意の $a, b \in \mathbb{R}$ と任意の $v \in V$ に対し，$(a + b)v = av + bv$ が成り立つ．
　(8) 任意の $v \in V$ と $1 \in \mathbb{R}$ に対し，$1v = v$ が成り立つ．

　実際に，2 章以降でこの定義を使います（例題 2.15 など）．

目次

はじめに … i

高校数学とのつながり：実数とは … iv

この本を読むと分かるようになる数学の例：ベクトル空間の定義 … v

第1章 **集合と写像** … 1
- 1.1 論理と集合 … 1
- 1.2 写像 … 12
- 1.3 数列の収束 … 19
- 1.4 連続関数 … 27
- 1.5 集合の対等と濃度 … 31
- 1.6 可算集合と非可算集合，ベキ集合 … 38

第2章 **実数について** … 45
- 2.1 部分集合族，2項関係 … 45
- 2.2 同値関係 … 53
- 2.3 順序関係 … 62
- 2.4 実数の完備性 … 68
- 2.5 実数の性質 … 75
- 2.6 実数の構成 … 85

第3章 **距離空間** … 93
- 3.1 ユークリッド空間 … 93
- 3.2 距離空間 … 105
- 3.3 距離空間の点列と連続写像 … 113
- 3.4 距離空間の位相 … 122
- 3.5 完備性 … 128
- 3.6 点列コンパクト性 … 138

第4章 **位相空間** … 145
- 4.1 位相空間 … 145
- 4.2 連続写像 … 159
- 4.3 コンパクト … 167
- 4.4 ハウスドルフ空間 … 174
- 4.5 連結性 … 180
- 4.6 開基，基本近傍系 … 189

参考文献 … 197

演習問題の解答 … 198

索引 … 204

第1章

集合と写像

1.1 論理と集合

この節では数学を語る際に用いる「論理」とそれを表記する「集合」について説明する．「集合」は言語における文字や単語に対応し，「論理」は文法のようなものである．用いる論理の多くは，違和感なく自然に受け入れられる簡単な規則からできているが，それらが複雑に組み合わさることにより，想像もできないような深淵な数学の定理が導かれる．その入り口の部分を紹介してゆこう．

1.1.1 命題論理

数学は何について語るのか，まずはそこから始めよう．

定義 1.1（命題とその真偽値）真であるか偽であるかが定まっている主張を命題という．

例 1.1 たとえば「24 は 3 で割り切れる」は真な命題であるし，「24 は 7 で割り切れる」は偽な命題である．一方「x は 3 より大きい」は x が何か分からないので真か偽か判断できない．よって命題ではない．また「24 は大きな数である」は大きいという主観が入るので命題ではない．

具体的な命題を列挙するかわりに，記号を用いて命題 P や命題 Q といったり，真や偽というかわりに T (True) や F (False) と言ったりする．

既に在る命題から新しい命題を作る方法を次に紹介する．2 つの命題 P と Q に対し，

「P または Q」を「$P \vee Q$」,
「P かつ Q」を「$P \wedge Q$」,
「P ならば Q」を「$P \Rightarrow Q$」,
「P でない（P の否定）」を「$\neg P$」

といった記号で表す．またこれらの操作を組み合わせた「(P ならば Q) かつ (Q ならば P)」を表す「$P \Leftrightarrow Q$」も便利な記号である．

命題 P と命題 Q にこれら 4 つの操作 ($\vee, \wedge, \Rightarrow, \neg$) を用いて作った新しい命題の真偽は，$P$ や Q の真偽とどういう関係にあるのかを表したものが，以下の**真理表**である．

表 1.1　真理表

P	Q	$P \vee Q$	$P \wedge Q$	$P \Rightarrow Q$	$\neg P$	$Q \Rightarrow P$	$P \Leftrightarrow Q$
T	T	T	T	T	F	T	T
T	F	T	F	F	F	T	F
F	T	T	F	T	T	F	F
F	F	F	F	T	T	T	T

上記の真理表には命題「$P \Leftrightarrow Q$」の真偽も並記した．P や Q の真偽値と比較することで次が分かる．

命題 1.2　「$P \Leftrightarrow Q$」が真である必要十分条件は P と Q の真偽が一致することである．

このように与えられた命題の真偽を，真理表の規則に従って調べてゆくことが数学における論理と言えよう．

定義 1.3（命題論理，トートロジー（恒真式））

(1) 有限個の命題 $P_1, P_2, \cdots, P_k$ に上記の 4 つの操作を繰り返し用いることで新しい命題 $f(P_1, P_2, \cdots, P_k)$ を作ることができる．この新しい命題 $f(P_1, P_2, \cdots, P_k)$ の真偽が，最初に与えられた命題 $P_1, P_2, \cdots, P_k$ の真偽からどのように決まるかを調べることを**命題論理**という．

(2) 命題 $f(P_1, P_2, \cdots, P_k)$ が**トートロジー（恒真式）**であるとは，$P_1, P_2, \cdots, P_k$ の各命題の真偽によらずに命題 $f(P_1, P_2, \cdots, P_k)$ が常に真であることとする．

例 1.2 排中律 $P \vee (\neg P)$ はトートロジーである．それは次の真理表から分かる．

表 1.2 排中律

P	$\neg P$	$P \vee (\neg P)$
T	F	T
F	T	T

1.1.2 命題の同値性

一見して異なる 2 つの命題について，その真偽が同じ場合がある．

定義 1.4（命題の同値性）2 つの命題 $f(P_1, P_2, \cdots, P_k)$ と $g(P_1, P_2, \cdots, P_k)$ が同値であるとは，$f(P_1, P_2, \cdots, P_k)$ と $g(P_1, P_2, \cdots, P_k)$ の真偽が $P_1, P_2, \cdots, P_k$ の各命題の真偽によらず同じである，つまり「$f(P_1, P_2, \cdots, P_k) \Leftrightarrow g(P_1, P_2, \cdots, P_k)$」がトートロジーであることとする．このとき $f(P_1, P_2, \cdots, P_k) \equiv g(P_1, P_2, \cdots, P_k)$ と表す[1]．

例 1.3（二重否定）命題 P とその二重否定 $\neg(\neg P)$ は同値である．

表 1.3 二重否定

P	$\neg P$	$\neg(\neg P)$
T	F	T
F	T	F

例 1.4 ($P \Rightarrow Q \equiv \neg P \vee Q$) 命題 $P \Rightarrow Q$ と命題 $\neg P \vee Q$ は表 1.4 の真理表から同値である[2]．

表 1.4 $P \Rightarrow Q \equiv \neg P \vee Q$

P	Q	$P \Rightarrow Q$	$\neg P$	$\neg P \vee Q$
T	T	T	F	T
T	F	F	F	F
F	T	T	T	T
F	F	T	T	T

1] 実際は $\equiv$ の意味で $\Leftrightarrow$ を混用することが多い．
2] よって，操作「$\Rightarrow$」はなくても困らない．しかしあったほうが何かと便利である．

例 1.5　（対偶）命題 $P \Rightarrow Q$ と命題 $\neg Q \Rightarrow \neg P$ は表 1.5 の真理表から同値である．

表 1.5　対偶

P	Q	$P \Rightarrow Q$	$\neg P$	$\neg Q$	$\neg Q \Rightarrow \neg P$
T	T	T	F	F	T
T	F	F	F	T	F
F	T	T	T	F	T
F	F	T	T	T	T

例題 1.1　$\neg(P \Rightarrow Q) \equiv P \wedge \neg Q$ を示せ．

解　真理表を用いて示す．

表 1.6　$\neg(P \Rightarrow Q) \equiv P \wedge \neg Q$

P	Q	$P \Rightarrow Q$	$\neg(P \Rightarrow Q)$	$\neg Q$	$P \wedge \neg Q$
T	T	T	F	F	F
T	F	F	T	T	T
F	T	T	F	F	F
F	F	T	F	T	F

■

次の同値な命題どうしの言い換えは今後何度も用いる．

定理 1.5　（ド・モルガンの法則）2 つの命題 P と Q に対し，次のド・モルガンの法則が成り立つ．

(1) $\neg(P \wedge Q) \equiv (\neg P) \vee (\neg Q)$．

(2) $\neg(P \vee Q) \equiv (\neg P) \wedge (\neg Q)$．

証明　次の真理表から分かる．

表 1.7　ド・モルガンの法則（その 1）

(1)

P	Q	$P \wedge Q$	$\neg(P \wedge Q)$	$\neg P$	$\neg Q$	$(\neg P) \vee (\neg Q)$
T	T	T	F	F	F	F
T	F	F	T	F	T	T
F	T	F	T	T	F	T
F	F	F	T	T	T	T

表 1.8 ド・モルガンの法則（その 2）

(2)

P	Q	$P \vee Q$	$\neg(P \vee Q)$	$\neg P$	$\neg Q$	$(\neg P) \wedge (\neg Q)$
T	T	T	F	F	F	F
T	F	T	F	F	T	F
F	T	T	F	T	F	F
F	F	F	T	T	T	T

例題 1.2 P, Q, R を命題とするとき以下を示せ.

(1) $P \wedge (Q \vee R) \equiv (P \wedge Q) \vee (P \wedge R)$.

(2) $P \vee (Q \wedge R) \equiv (P \vee Q) \wedge (P \vee R)$.

解 真理表を用いて示す.

表 1.9 $P \wedge (Q \vee R) \equiv (P \wedge Q) \vee (P \wedge R)$

(1)

P	Q	R	$Q \vee R$	$P \wedge (Q \vee R)$	$P \wedge Q$	$P \wedge R$	$(P \wedge Q) \vee (P \wedge R)$
T	T	T	T	T	T	T	T
T	T	F	T	T	T	F	T
T	F	T	T	T	F	T	T
T	F	F	F	F	F	F	F
F	T	T	T	F	F	F	F
F	T	F	T	F	F	F	F
F	F	T	T	F	F	F	F
F	F	F	F	F	F	F	F

表 1.10 $P \vee (Q \wedge R) \equiv (P \vee Q) \wedge (P \vee R)$

(2)

P	Q	R	$Q \wedge R$	$P \vee (Q \wedge R)$	$P \vee Q$	$P \vee R$	$(P \vee Q) \wedge (P \vee R)$
T	T	T	T	T	T	T	T
T	T	F	F	T	T	T	T
T	F	T	F	T	T	T	T
T	F	F	F	T	T	T	T
F	T	T	T	T	T	T	T
F	T	F	F	F	T	F	F
F	F	T	F	F	F	T	F
F	F	F	F	F	F	F	F

■

1.1.3 集合

数学を語る上で用いる言語が集合である．

定義 1.6（集合とその元，空集合）
(1) 数学的に明確に範囲が定められた対象の集まりを**集合**という[3]．集合を構成するものを**元**や**要素**という．「a は集合 A の元 である」ことを $a \in A$ や $A \ni a$ と表す．
(2) 「a は集合 A の元 である」ことの否定，すなわち「a は集合 A の元でない」ことを $a \notin A$ と表す．
(3) 元を含まない集合も考えると便利である[4]．このような集合を**空集合**といい，記号 $\emptyset$ で表す．

例 1.6 次の集合を以下ではよく用いるので特定の記号を使う．

自然数全体の集合 $\mathbb{N}$，
整数全体の集合 $\mathbb{Z}$，
有理数全体の集合 $\mathbb{Q}$，
実数全体の集合 $\mathbb{R}$
など．

次に集合の表し方についてみてみよう．たとえば「3 以下の自然数全体からなる集合」は $\{1, 2, 3\}$ のように元をすべて列挙して表すことができるが，「3 以上の自然数全体からなる集合」だと元をすべて列挙することはもはやできない．

定義 1.7（条件） 変数 $x_1, x_2, \cdots, x_k$ を含む主張 $f(x_1, x_2, \cdots, x_k)$ で，$x_1, x_2, \cdots, x_k$ に具体的な値を代入すると真偽が決まる主張を**条件**という．

例 1.7 条件「x は 3 以上の自然数」を $P(x)$ とすると，$P(5)$ の真偽値は T だが $P(2)$ の真偽値は F である．

---

[3] 何のことか分からなくて当然である．読み進めるとだんだん慣れてくる．
[4] 特に補集合をとるなどの集合演算に関して．数える際に 0 個も考えるのに似ている．

集合の表し方の話に戻ろう．条件 $P(x)$ の真偽値が T となる元の全体からなる集合を

$$\{x \mid P(x)\}$$

のように表記する．最初に集合 S が指定されていて，S の元 x であって条件 $P(x)$ を満たす元全体を考えることが多いので，その場合は

$$\{x \in S \mid P(x)\}$$

と表す．

例 1.8 3 以上の自然数全体からなる集合 A は

$$A = \{x \mid x \in \mathbb{N},\ x \geqq 3\}$$

とも

$$A = \{x \in \mathbb{N} \mid x \geqq 3\}$$

とも表す．一般には下の表記を用いることが多い．

例 1.9 次の集合を $\mathbb{R}$ の開区間という．$a < b$ を満たす $a, b \in \mathbb{R}$ に対し

$$(a, b) = \{x \in \mathbb{R} \mid a < x < b\}.$$
$$(-\infty, a) = \{x \in \mathbb{R} \mid x < a\}.$$
$$(b, +\infty) = \{x \in \mathbb{R} \mid b < x\}.$$

また次の集合を $\mathbb{R}$ の閉区間という．

$$[a, b] = \{x \in \mathbb{R} \mid a \leqq x \leqq b\}.$$
$$(-\infty, a] = \{x \in \mathbb{R} \mid x \leqq a\}.$$
$$[b, +\infty) = \{x \in \mathbb{R} \mid b \leqq x\}.$$

このように主張 $P(x)$ が真である x の集まりを考えることで，命題論理と集合の間に対応がつく．この対応で命題論理の世界の 4 つの操作 ($\vee, \wedge, \Rightarrow, \neg$) は集合の世界では次のように表される．

定義 1.8（部分集合などの集合演算）集合 A と B が主張 $P(x)$ と $Q(x)$ を用いて

$$A = \{x \mid P(x)\},\quad B = \{x \mid Q(x)\}$$

と表されているとする．
(1) 集合 A が集合 B の**部分集合**であるとは，x が A の元ならば x は B の元でもあることとする．記号で $A \subset B$ と表す．つまり $A \subset B$ とは「$P(x) \Rightarrow Q(x)$」を意味する．
(2) 集合 A が集合 B に等しいとは $A \subset B$ かつ $B \subset A$ であることとする．記号で $A = B$ と表す．つまり $A = B$ とは「$P(x) \Leftrightarrow Q(x)$」を意味する．$A = B$ の否定を $A \neq B$ と表す．
(3) 集合 A と集合 B の**共通部分**とは，A の元かつ B の元でもある元の全体の集合のことである．記号で $A \cap B$ と表す．つまり $A \cap B$ とは「$P(x) \land Q(x)$」を意味する．
(4) 集合 A と集合 B の**和集合**とは，A の元または B の元であるような元の全体の集合のことである．記号で $A \cup B$ と表す．つまり $A \cup B$ とは「$P(x) \lor Q(x)$」を意味する．特に $A \cap B = \emptyset$ の場合，A と B の和集合を A と B の**非交和** (disjoint union) といい $A \sqcup B$ と表すこともある．
(5) 集合 A と集合 B の**差集合**とは，A の元でありかつ B の元ではない元の全体の集合のことである[5]．記号で $A - B$ と表す．つまり $A - B$ とは「$P(x) \land \neg Q(x)$」を意味する．
(6) 特に集合 B が集合 A の部分集合のとき，集合 A と集合 B の差集合 $A - B$ を，A における B の**補集合**といい，記号で B^c と表す．つまり B^c とは「$P(x) \land \neg Q(x)$」を意味するが，特に集合 A が全体集合，つまり条件 $P(x)$ が前提となっていることが明らかな場合は，「$\neg Q(x)$」を意味する．このように補集合を考える際には全体集合が何かをはっきりさせておく必要がある．

注意 定義から任意の集合 X は X 自身と空集合 $\emptyset$ を部分集合とする．この 2 つを**自明な部分集合**と呼ぶこともある．また自明でない部分集合を**真部分集合**と呼ぶこともある．

次の主張は命題論理における二重否定や定理 1.5 (ド・モルガンの法則) に対応している．

5] B が必ずしも A の部分集合でなくてもよい点に注意する．

命題 1.9 集合 X の部分集合 A と B に対し
(1) $(A^c)^c = A$.
(2) $(A \cap B)^c = A^c \cup B^c$.
(3) $(A \cup B)^c = A^c \cap B^c$.

証明 論理記号のみを用いて証明してみよう.
(1) $x \in (A^c)^c \Leftrightarrow \neg(x \in A^c) \Leftrightarrow \neg(\neg(x \in A)) \Leftrightarrow x \in A$.
(2) $x \in (A \cap B)^c \Leftrightarrow \neg(x \in A \cap B) \Leftrightarrow \neg(x \in A \land x \in B) \Leftrightarrow \neg(x \in A) \lor \neg(x \in B) \Leftrightarrow x \in A^c \lor x \in B^c \Leftrightarrow x \in A^c \cup B^c$.
(3) (1) より $(A \cup B)^c = ((A^c)^c \cup (B^c)^c)^c$ となる. (2) より $((A^c)^c \cup (B^c)^c)^c = ((A^c \cap B^c)^c)^c$ となり, 再び (1) より $((A^c \cap B^c)^c)^c = A^c \cap B^c$ となる. ∎

例題 1.3 集合 A, B, C に対し以下を示せ.
(1) $A \cup B = A \cap B$ ならば $A = B$.
(2) $A \cap C = B \cap C$ かつ $A \cup C = B \cup C$ ならば $A = B$.

解 (1)「$A \subset B$ かつ $B \subset A$」を示す. $A \subset A \cup B$ かつ $A \cap B \subset B$ である. よって仮定 $A \cup B = A \cap B$ から $A \subset B$ となる. A と B の役割を交換すると逆の包含関係 $B \subset A$ が導かれる.

(2) $A \cap C^c = A \cup C - C$ かつ $B \cap C^c = B \cup C - C$ より, 仮定 $A \cup C = B \cup C$ から $A \cap C^c = B \cap C^c$ となる. また $A = A \cap X = A \cap (C \cup C^c) = (A \cap C) \cup (A \cap C^c)$ かつ $B = (B \cap C) \cup (B \cap C^c)$ より, 仮定 $A \cap C = B \cap C$ から $A = B$ となる. ∎

1.1.4 命題関数と述語論理, 全称記号 $\forall$ と存在記号 $\exists$

次に集合 S の元 x ごとに条件 $P(x)$ の真偽を確かめることを考える.

定義 1.10 (命題関数) 条件 $P(x)$ の x に代入する値は集合 S の元に限るとき, $P(x)$ は S を定義域とする**命題関数**という.

例 1.10 条件 $P(x): x^2 > 5$ を集合 $S = \mathbb{N}$ を定義域とする命題関数とすると, $P(2)$ は偽な命題であり, $P(3)$ は真な命題である.

命題関数 $P(x)$ は定義域 S の元 x の条件を表している．その条件 $P(x)$ がすべての S の元で成立しているのか，または $P(x)$ を満たす S の元が少なくとも 1 つあるのかを表現する方法を導入しよう．

定義 1.11（全称記号 $\forall$，存在記号 $\exists$） S を定義域とする命題関数 $P(x)$ に対し

(1) 「任意の $x \in S$ に対して $P(x)$ である」という命題を**全称命題**といい，記号で

$$\forall x \in S, \ P(x)$$

と表す．ここで「任意の」を表す記号 $\forall$ を**全称記号**という．

(2) 「ある $x \in S$ が存在して $P(x)$ である」という命題を**存在命題**といい，記号で

$$\exists x \in S \quad s.t. \quad P(x)$$

と表す．ここで「ある〜が存在して」を表す記号 $\exists$ を**存在記号**という．また $s.t$ は英語の such that の略記である[6]．

例 1.11 「$\forall x \in \mathbb{N}, x^2 > 5$」は偽な命題である．一方「$\exists x \in \mathbb{N} \quad s.t. \quad x^2 > 5$」は真な命題である．

注意 「$\exists x \in S \ s.t. \ P(x)$」は「集合 S に条件 $P(x)$ を満たす元が存在する」ことを表していて，それがいくつあるかまでは分からない．特に S に条件 $P(x)$ を満たす元が「ただ 1 つ」存在することを表したい場合，記号で

$$\exists ! x \in S \quad s.t. \quad P(x)$$

と表す．

$\forall$ や $\exists$ が入った命題の真偽を調べることを**述語論理**という．特に $\forall$ や $\exists$ が複数ある命題には注意が必要である．

例 1.12

$$\forall x \in \mathbb{N}, \quad \exists y \in \mathbb{N} \quad s.t. \quad x + 5 < y$$

6] 「それからどうした」と間の手を入れる感じである．

は，「任意の自然数 x に対して，ある自然数 y が存在して，$x+5<y$ を満たす」という命題である．実際どんな自然数 x に対しても，たとえば $y=x+6$ とすれば $x+5<x+6=y$ となるので，真な命題である．一方

$$\exists y \in \mathbb{N} \quad s.t. \quad \forall x \in \mathbb{N}, \quad x+5<y$$

は，「ある自然数 y が存在して，任意の自然数 x に対して，$x+5<y$ を満たす」という命題である．これは偽な命題である．なぜならばもしそのような自然数 y が存在したとすると $x=y$ に対しても $x+5=y+5<y$ を満たさなくてはならないが，これは矛盾である．

このように $\forall$ や $\exists$ の入った論理式は左から右へと読んでゆくことが大切で，$\forall$ や $\exists$ の順序を変えると命題の意味が変わってしまう．

次に $\forall$ や $\exists$ が入った命題の否定について調べよう．まず命題論理における否定を復習する．「$P \wedge Q$」や「$P \vee Q$」の否定は定理 1.5（ド・モルガンの法則）より「$\neg P \vee \neg Q$」や「$\neg P \wedge \neg Q$」と同値であった．また「$P \Rightarrow Q$」の否定は「$P \wedge \neg Q$」（例題 1.1）と同値であり，二重否定より「$\neg P$」の否定は「P」と同値であった．

「任意の $x \in S$ について $P(x)$ である」の否定は「ある $x \in S$ が存在して $P(x)$ ではない」なので

$$\exists x \in S \quad s.t. \quad \neg P(x)$$

となる．また「ある $x \in S$ が存在して $P(x)$ である」の否定は「任意の $x \in S$ について $P(x)$ ではない」なので

$$\forall x \in S, \quad \neg P(x)$$

となる．

例 1.13 「$\forall x \in \mathbb{N}, x^2 > 5$」の否定は「$\exists x \in \mathbb{N} \quad s.t. \quad x^2 \leqq 5$」で真な命題である．一方「$\exists x \in \mathbb{N} \quad s.t. \quad x^2 > 5$」の否定は「$\forall x \in \mathbb{N}, x^2 \leqq 5$」で偽な命題である．

例題 1.4 次の 2 つの命題の同値性を示せ．

$$\forall x(A(x) \Rightarrow \neg B(x)) \equiv \neg(\exists x(A(x) \wedge B(x))).$$

解 例 1.4 より $A(x) \Rightarrow \neg B(x) \equiv \neg A(x) \vee \neg B(x)$ なので

$$\forall x(A(x) \Rightarrow \neg B(x)) \equiv \forall x(\neg A(x) \lor \neg B(x))$$
$$\equiv \neg(\neg(\forall x(\neg A(x) \lor \neg B(x))))\ （二重否定より）$$
$$\equiv \neg(\exists x(\neg(\neg A(x) \lor \neg B(x))))$$
$$\equiv \neg(\exists x(\neg(\neg A(x)) \land \neg(\neg B(x))))$$
$$\equiv \neg(\exists x(A(x) \land B(x)))\ （二重否定より）. \blacksquare$$

1.2　写像

この節では 1 つの集合から別の集合への対応について考えてみよう．

定義 1.12（写像に関するいくつかの定義）

(1) 2 つの集合 X と Y はともに空集合でないとする．X から Y への**写像**とは，X の任意の元 x に対し，Y の元 y がただ 1 つ存在して，x に y を対応させる規則 $y = f(x)$ のことである．つまり論理記号で表すと

$$\forall x \in X,\ \exists! y \in Y\ \ s.t.\ \ y = f(x)$$

となる．記号で $f: X \to Y$ と表し，X を f の**定義域**といい，Y を f の**値域**という．

(2) 特に X から $\mathbb{R}$ への写像 $f: X \to \mathbb{R}$ を X 上の**関数**という．

(3) 2 つの写像 $f: A \to B$ と $g: C \to D$ が等しいとは，$A = C$ かつ $B = D$ かつ A の任意の元 x に対し，$f(x) = g(x)$ となることである．記号で $f = g$ と表す．

(4) X の部分集合 A から X への写像で，A の任意の元 a を a 自身に移す写像を**包含写像**といい，$i_A : A \to X$ と表す．特に集合 X から X 自身への包含写像を**恒等写像**といい，$1_X : X \to X$ と表す．

(5) 2 つの写像 $f: X \to Y$ と $g: Y \to Z$ の**合成写像**とは，X の任意の元 x に Z の元 $g(f(x))$ を対応させる写像のことであり，$g \circ f : X \to Z$ と表す．

(6) 写像 $f: X \to Y$ を X の部分集合 A でのみ考える場合，$f|_A : A \to Y$ と表し，f の A への**制限**という．定義より $f|_A$ は，包含写像 i_A と f の合成写像 $f \circ i_A$ に一致する．

(7) 集合 X の部分集合 A に対し，写像 $f: X \to Y$ による A の**像**または**順像**とは，A の任意の元 a の f による像 $f(a)$ 全体からなる Y の部分集合のことである．

$$f(A) = \{f(a) \in Y \mid a \in A\}.$$

(8) 集合 Y の部分集合 B に対し，写像 $f: X \to Y$ による B の**逆像**とは，$f(x)$ が B の元となるような X の元 x 全体からなる X の部分集合のことである．

$$f^{-1}(B) = \{x \in X \mid f(x) \in B\}\text{[7]}.$$

ただし B が 1 点集合 $\{b\}$ の場合は $f^{-1}(\{b\})$ を $f^{-1}(b)$ と表す．

注意 空集合の像と逆像に関しては $f(\varnothing) = \varnothing, f^{-1}(\varnothing) = \varnothing$ と約束する．

例題 1.5 次の主張を論理記号を用いて表せ（ただし否定の記号 ¬ を用いてはならない）．

(1) 写像 $f: X \to Y$ は全射でない．
(2) 写像 $f: X \to Y$ は単射でない．

解 (1) $\exists y \in Y \quad s.t. \quad \forall x \in X, f(x) \neq y$.
(2) $\exists a, b \in X \quad s.t. \quad f(a) = f(b) \land a \neq b$. ∎

関数と言えばそのグラフを思い描くように，写像にもグラフが考えられる．

定義 1.13（**直積集合，写像のグラフ**）集合 A の元 a と集合 B の元 b の対 (a, b) の全体のなす集合を，A と B の**直積集合** $A \times B$ という．

$$A \times B = \{(a, b) \mid a \in A, b \in B\}.$$

集合 A から集合 B への写像 $f: A \to B$ に対し，f の**グラフ** $\Gamma(f)$ を，次のような $A \times B$ の部分集合として定義する．

---

[7] $f^{-1}(B)$ で 1 つの記号である．一般に $f: X \to Y$ に対し f^{-1} という記号には意味がない．特に最初はよく勘違いする．

$$\Gamma(f) = \{(a,b) \in A \times B \mid b = f(a)\}.$$

定義より $g: A \to B$ に対し,$f = g$ となるための必要十分条件は $\Gamma(f) = \Gamma(g)$ である.

写像と集合演算の関係について見ておこう.

命題 1.14(写像と集合演算)集合 X から集合 Y への写像 $f: X \to Y$ と,X の部分集合 A, B および Y の部分集合 C, D について以下が成り立つ.

(1) $A \subset B$ ならば $f(A) \subset f(B)$ である.
(2) $f(A) \subset f(B)$ でも $A \subset B$ とは限らない.
(3) $f(A \cup B) = f(A) \cup f(B)$ である.
(4) $f(A \cap B) \subset f(A) \cap f(B)$ である.一般に等号は成立しない.
(5) $f(X) \cap f(A)^c \subset f(A^c)$ である.一般に等号は成立しない.
(6) $C \subset D$ ならば $f^{-1}(C) \subset f^{-1}(D)$ である.
(7) $f^{-1}(C) \subset f^{-1}(D)$ でも $C \subset D$ とは限らない.
(8) $f^{-1}(C \cup D) = f^{-1}(C) \cup f^{-1}(D)$ である.
(9) $f^{-1}(C \cap D) = f^{-1}(C) \cap f^{-1}(D)$ である.
(10) $f^{-1}(C^c) = f^{-1}(C)^c$ である.

証明 (1)「$y \in f(A)$ ならば $y \in f(B)$」を示す.$y \in f(A)$ より A の元 x が存在して $y = f(x)$ と表せる.一方仮定から $A \subset B$ より $x \in A$ ならば $x \in B$ である.よって y は B の元 x を用いて $y = f(x)$ と表せるので $y \in f(B)$ である.

(2) $X = \{1, 2, 3, 4\}$ から $Y = \{p, q, r, s\}$ への写像 $f: X \to Y$ を $f(1) = f(2) = p, f(3) = q, f(4) = r$ とする.このとき $A = \{1, 3\}, B = \{2, 3\}$ とすればよい.

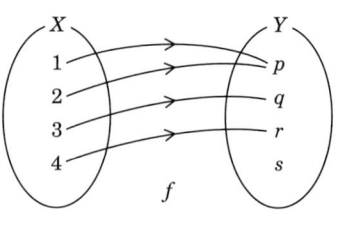

(3)「$y \in f(A \cup B) \Leftrightarrow y \in f(A) \cup f(B)$」を示す.

($\Rightarrow$) $y \in f(A \cup B)$ より $A \cup B$ の元 x が存在して $y = f(x)$ と表せる.ここで $x \in A$ ならば $y \in f(A)$ となり,$x \in B$ ならば $y \in f(B)$ となるので,$y \in f(A) \cup f(B)$ となる.

($\Leftarrow$) $y \in f(A) \cup f(B)$ より $y \in f(A)$ または $y \in f(B)$ である．$y \in f(A)$ ならば A の元 x が存在して $y = f(x)$ と表せる．$y \in f(B)$ ならば B の元 x が存在して $y = f(x)$ と表せる．よっていずれの場合も $A \cup B$ の元 x が存在して $y = f(x)$ と表せるので $y \in f(A \cup B)$ となる．

(4) $A \cap B \subset A$ より (1) から $f(A \cap B) \subset f(A)$ となる．同じく $A \cap B \subset B$ より (1) から $f(A \cap B) \subset f(B)$ となる．よって $f(A \cap B) \subset f(A) \cap f(B)$ が成り立つ．(2) で挙げた例は等号が成立しない例になっている．

(5) $f(X) \cap f(A)^c$ の任意の元 y に対し X の元 x が存在して $y = f(x)$ かつ $x \notin A$ を満たす．よって $y \in f(A^c)$ となる．(2) で挙げた例は等号が成立しない例になっている．

(6) $f^{-1}(C)$ の任意の元 x に対し逆像の定義から $f(x) \in C$ となる．仮定から $C \subset D$ より $f(x) \in D$ となり，逆像の定義から $x \in f^{-1}(D)$ となる．

(7) (2) で挙げた例で $C = \{q, s\}, D = \{q, r\}$ とすればよい．

(8) 「$x \in f^{-1}(C \cup D) \Leftrightarrow x \in f^{-1}(C) \cup f^{-1}(D)$」を示す．

($\Rightarrow$) $x \in f^{-1}(C \cup D)$ より $f(x) \in C \cup D$ となる．$f(x) \in C$ ならば $x \in f^{-1}(C)$ となり，$f(x) \in D$ ならば $x \in f^{-1}(D)$ となる．よって $x \in f^{-1}(C) \cup f^{-1}(D)$ となる．

($\Leftarrow$) 逆に $x \in f^{-1}(C) \cup f^{-1}(D)$ より $x \in f^{-1}(C)$ または $x \in f^{-1}(D)$ となる．よって $f(x) \in C$ または $f(x) \in D$ より $f(x) \in C \cup D$ となるので $x \in f^{-1}(C \cup D)$ となる．

(9) 「$x \in f^{-1}(C \cap D) \Leftrightarrow x \in f^{-1}(C) \cap f^{-1}(D)$」を示す．

($\Rightarrow$) $x \in f^{-1}(C \cap D)$ より $f(x) \in C \cap D$ となる．よって $f(x) \in C$ かつ $f(x) \in D$ なので $x \in f^{-1}(C)$ かつ $x \in f^{-1}(D)$ となる．よって $x \in f^{-1}(C) \cap f^{-1}(D)$ となる．

($\Leftarrow$) 逆に $x \in f^{-1}(C) \cap f^{-1}(D)$ より $x \in f^{-1}(C)$ かつ $x \in f^{-1}(D)$ となる．よって $f(x) \in C$ かつ $f(x) \in D$ より $f(x) \in C \cap D$ となるので $x \in f^{-1}(C \cap D)$ となる．

(10) 「$x \in f^{-1}(C^c) \Leftrightarrow x \in f^{-1}(C)^c$」を示す．

($\Rightarrow$) $x \in f^{-1}(C^c)$ より $f(x) \in C^c$，つまり $f(x) \notin C$ となる．よって $x \notin f^{-1}(C)$ より $x \in f^{-1}(C)^c$ である．

($\Leftarrow$) 逆に $x \in f^{-1}(C)^c$ より $x \notin f^{-1}(C)$, つまり $f(x) \notin C$ となる. よって $f(x) \in C^c$ より $x \in f^{-1}(C^c)$ である. ∎

次に写像の性質で基本となる全射性と単射性を定義しよう.

定義 1.15 （全射，単射，全単射）

(1) 集合 X から集合 Y への写像 $f: X \to Y$ が**全射**であるとは，Y の任意の元 y に対し，X の元 x が存在して，$y = f(x)$ を満たすこととする. つまり論理記号で表すと

$$\forall y \in Y, \exists x \in X \quad s.t. \quad y = f(x)$$

となる [8].

(2) 集合 X から集合 Y への写像 $f: X \to Y$ が**単射**であるとは，X の任意の 2 つの元 a, b に対し，$a \neq b$ ならば $f(a) \neq f(b)$ を満たすこととする. 対偶を考えるとこの条件は，$f(a) = f(b)$ ならば $a = b$ を満たすことと同値である [9]. つまり論理記号で表すと

$$\forall a, b \in X, a \neq b \Rightarrow f(a) \neq f(b)$$

または

$$\forall a, b \in X, f(a) = f(b) \Rightarrow a = b$$

となる.

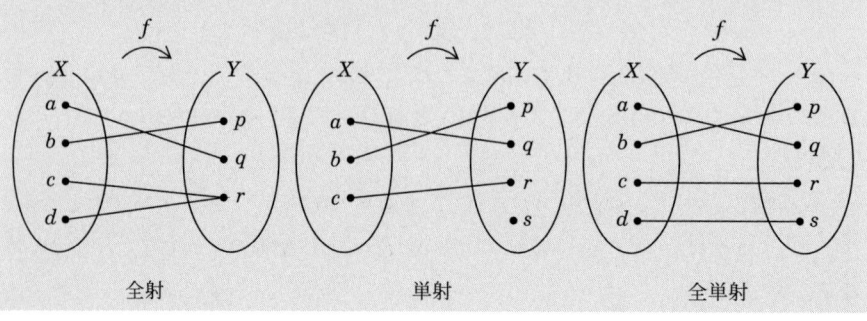

8] 写像の定義との違いに注意.
9] この同値な言い換えは結構便利である.

(3) 集合 X から集合 Y への写像 $f : X \to Y$ が**全単射**であるとは，全射かつ単射になることである．つまり Y の任意の元 y に対し，X の元 x がただ1つ存在して，$y = f(x)$ を満たすことである．論理記号で表すと

$$\forall y \in Y, \exists ! x \in X \quad s.t. \quad y = f(x)$$

となる．よって y に x を対応させると Y から X への写像となり，これを f の**逆写像**といい，$f^{-1} : Y \to X$ と表す．

写像の全射性や単射性について，元を用いない言い換えをしてみよう．特に次の命題の (4) は今後よく用いる．

命題 1.16 写像 $f : X \to Y$ に対し
(1) f は全射 $\Leftrightarrow$ 写像 $g : Y \to X$ が存在して $f \circ g = 1_Y$ を満たす[10]．
(2) f は単射 $\Leftrightarrow$ 写像 $g : Y \to X$ が存在して $g \circ f = 1_X$ を満たす．
(3) f は全単射 $\Leftrightarrow$ 写像 $g : Y \to X$ が存在して $f \circ g = 1_Y, g \circ f = 1_X$ を満たす．
(4) X から Y に全射が存在することと，Y から X に単射が存在することは同値である．

証明 (1) ($\Rightarrow$) $f : X \to Y$ が全射と仮定すると，全射の定義より Y の任意の元 y に対し，X のある元 x が存在して $y = f(x)$ を満たす．このような x を y ごとに1つ選んで $x = g(y)$ とすれば，$f \circ g = 1_Y$ を満たす $g : Y \to X$ が構成できる．
($\Leftarrow$) $f : X \to Y$ に対し，$f \circ g = 1_Y$ を満たす $g : Y \to X$ が存在すると仮定すると，Y の任意の元 y に対し，X の元 $g(y)$ は $y = f(g(y))$ を満たす．よって f は全射となる．

(2) ($\Rightarrow$) $f : X \to Y$ が単射と仮定すると，$f(X)$ の任意の元 y に対し，X の元 x がただ1つ存在して $y = f(x)$ を満たす．そこでこの x を $g(y)$ と表す．また X の元 x_0 を1つ選んでおいて，Y における $f(X)$ の補集合 $f(X)^c$ の任意の元 y に対しては $g(y) = x_0$ とする．このように定義された写像 $g : Y \to X$ は $g \circ$

---

[10] 厳密にいえば ($\Rightarrow$) を示すためには選択公理が必要である．本書は入門書なので選択公理については語らない．

$f = 1_X$ を満たす.

($\Leftarrow$) $f : X \to Y$ に対し,$g \circ f = 1_X$ を満たす $g : Y \to X$ が存在すると仮定すると,$f(x_1) = f(x_2)$ を満たす X の 2 つの元 x_1, x_2 に対し,$x_1 = g(f(x_1)) = g(f(x_2)) = x_2$ となり,f は単射となる.

(3) ($\Rightarrow$) f は全単射なので逆写像 $f^{-1} : Y \to X$ が存在する.このとき定義 1.15 (3) より $f \circ f^{-1} = 1_Y, f^{-1} \circ f = 1_X$ となる.

($\Leftarrow$) (1) と (2) より f は全射かつ単射になるので,f は全単射である.

(4) $f : X \to Y$ が全射とすると,(1) から $f \circ g = 1_Y$ を満たす $g : Y \to X$ が存在するが,(2) より g は単射である.同様に $g : Y \to X$ が単射とすると,(2) から $f \circ g = 1_Y$ を満たす $f : X \to Y$ が存在するが,(1) より f は全射である.■

例題 1.6 写像 $f : A \to B$ と写像 $g : B \to C$ が与えられたとき次を示せ.

(1) f, g が共に単射ならば合成写像 $g \circ f$ も単射である.
(2) f, g が共に全射ならば合成写像 $g \circ f$ も全射である.
(3) f, g が共に全単射ならば合成写像 $g \circ f$ も全単射である.
(4) 合成写像 $g \circ f$ が単射ならば f も単射である.
(5) 合成写像 $g \circ f$ が全射ならば g も全射である.
(6) 合成写像 $g \circ f$ が全単射ならば f は単射で g は全射である.

解 (1) $(g \circ f)(a_1) = (g \circ f)(a_2)$ を満たす A の 2 つの元 a_1, a_2 に対し,合成写像の定義から $g(f(a_1)) = g(f(a_2))$ である.仮定より g は単射なので $f(a_1) = f(a_2)$ となり,また f も単射より $a_1 = a_2$ となる.

(2) C の任意の元 c に対し,仮定より g は全射より B のある元 b が存在して $g(b) = c$ を満たす.この b に対し,仮定より f は全射より A のある元 a が存在して $f(a) = b$ を満たす.よって $g(f(a)) = g(b) = c$ となり,合成写像の定義から $(g \circ f)(a) = c$ となる.

(3) (1) と (2) から $g \circ f$ は全射かつ単射となるので全単射である.

(4) $f(a_1) = f(a_2)$ を満たす A の 2 つの元 a_1, a_2 に対し,$g(f(a_1)) = g(f(a_2))$ である.合成写像の定義から $(g \circ f)(a_1) = (g \circ f)(a_2)$ となり,仮定から $g \circ f$ が単射より $a_1 = a_2$ となる.

(5) C の任意の元 c に対し,仮定から $g \circ f$ が全射なので A のある元 a が存

在して $(g \circ f)(a) = c$ を満たす．よって B の元 $f(a)$ が存在して $g(f(a)) = c$ を満たすので g は全射である．

(6) (4) と (5) より f は単射で g は全射である．■

1.3 数列の収束

$\forall, \exists$ を用いた数学の話題としてこの節では数列の収束を取り上げる．まずは数列を前節の写像の言葉で定義しよう．

定義 1.17（数列）数列とは，自然数全体の集合 $\mathbb{N}$ から実数全体の集合 $\mathbb{R}$ への写像 $a : \mathbb{N} \to \mathbb{R}$ のことである．自然数 n の a による値 $a(n) = a_n$ を用いて数列を $\{a_n\}$ と表す．

注意 1点のみからなる集合と間違う恐れのある場合は $\{a_n\}_{n \in \mathbb{N}}$ や $\{a_n\}_{n=1}^{\infty}$ と表すこともある．

1.3.1 収束列

以下では数列の収束について調べる．まずは収束列の定義から始めよう．

定義 1.18（収束列，極限）数列 $\{a_n\}$ が**収束列**であるとは，ある実数 a が存在して，任意の正の実数 $\varepsilon > 0$ に対しある自然数 n_0 が存在して，$n > n_0$ を満たす任意の自然数 n に対し，$|a_n - a| < \varepsilon$ となることである．論理記号で表すと

$$\exists a \in \mathbb{R} \quad s.t. \quad \forall \varepsilon > 0, \ \exists n_0 \in \mathbb{N} \quad s.t. \quad \forall n \in \mathbb{N}, n > n_0 \Rightarrow |a_n - a| < \varepsilon$$

となる．このとき数列 $\{a_n\}$ は a に**収束する**，a を $\{a_n\}$ の**極限**といい，

$$\lim_{n \to \infty} a_n = a$$

と表す．

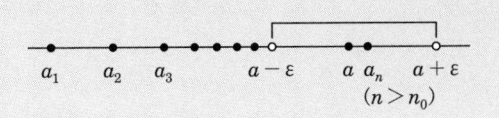

例 1.14 $|a| < 1$ を満たす実数 a に対し，$a_n = a^n$ とすると $\lim_{n \to \infty} a_n = 0$ とな

る．実際ある $h > 0$ が存在して $|a| < \dfrac{1}{1+h}$ と表されるので，任意の $\varepsilon > 0$ に対し自然数 n_0 を $n_0 > \dfrac{1}{h\varepsilon}$ を満たすようにとれば，$n > n_0$ を満たす任意の自然数 n に対し，$|a^n| < \dfrac{1}{(1+h)^n} < \dfrac{1}{1+nh} < \dfrac{1}{nh} < \dfrac{1}{n_0 h} < \varepsilon$ となる．

次の命題は論理を理解するためのよい練習問題である．

命題 1.19
(1) 収束列の定義で「$n > n_0$」を「$n \geqq n_0$」に変えても同値な定義になる．
(2) 収束列の定義で「$|a_n - a| < \varepsilon$」を，「$|a_n - a| \leqq \varepsilon$」に変えても，「$|a_n - a| < 2\varepsilon$」に変えても同値な定義になる．
(3) 数列 $\{a_n\}$ と $\{b_n\}$ がそれぞれ a と b に収束するならば，任意の正の実数 $\varepsilon > 0$ に対しある自然数 n_0 が存在して，$n > n_0$ を満たす任意の自然数 n に対し，$|a_n - a| < \varepsilon$ かつ $|b_n - b| < \varepsilon$ となる．

収束列の性質を述べるためさらに定義を続けよう．

定義 1.20（有界列） 数列 $\{a_n\}$ が**有界列**であるとは，正の実数 $M > 0$ が存在して，任意の自然数 n に対し，$|a_n| \leqq M$ を満たすこととする．論理記号で書くと

$$\exists M > 0 \quad s.t. \quad \forall n \in \mathbb{N}, |a_n| \leqq M$$

となる．

次の命題も論理を理解するためのよい練習問題である．

命題 1.21 有界列の定義で「$|a_n| \leqq M$」を「$|a_n| < M$」に変えても同値な定義になる．

次の定義は初学者には分かりにくいかもしれない．

定義 1.22（部分列） 数列 $\{a_n\}$ の**部分列**とは写像 $a: \mathbb{N} \to \mathbb{R}$ に，$\mathbb{N}$ から $\mathbb{N}$ 自身への狭義単調増加な写像[11] $i: \mathbb{N} \to \mathbb{N}$ を合成して得られる写像 $a \circ i$ の定める数列 $\{a_{i_k} = (a \circ i)(k)\}$ のことである[12]．

---

[11] つまり $k < \ell$ ならば $i(k) < i(\ell)$ を満たす写像のこと．
[12] 数列 $\{a_n\}$ から飛び飛びかつ後戻りなしで選んで作った新たな数列ということを，写像の言葉で厳密に言っているだけである．

収束列の基本的な性質についてまとめておこう．

命題 1.23（収束列の基本性質）
(1) 収束列は有界列である．
(2) 数列 $\{x_n\}$ が a にも b にも収束するならば，$a = b$ となる．
(3) a に収束する数列 $\{x_n\}$ に対し，ある実数 L が存在して任意の自然数 n に対し $x_n \geqq L$ ならば，$a \geqq L$ となる．
(4) 数列 $\{x_n\}$ が a に収束するならば，$\{x_n\}$ の任意の部分列 $\{x_{i_k}\}$ も a に収束する．
(5) （はさみうちの原理）数列 $\{x_n\}, \{y_n\}, \{z_n\}$ が，任意の自然数 n に対し $x_n \leqq y_n \leqq z_n$ を満たし，$\{x_n\}, \{z_n\}$ がともに a に収束するならば，$\{y_n\}$ も a に収束する．

証明 (2) と (3) の示し方に注意してほしい．

(1) 「ある正の定数 $M > 0$ が存在して，任意の自然数 n に対し $|x_n| \leqq M$ となる」ことを示す．

$\lim_{n \to \infty} x_n = a$ より（$\varepsilon = 1 > 0$ に対し）ある自然数 n_0 が存在して，$n > n_0$ を満たす任意の自然数 n に対し $|x_n - a| < 1$ が成り立つ．よって $M = \max\{|x_1|, |x_2|, \cdots, |x_{n_0}|, |a| + 1\}$ とおくと任意の自然数 n に対し，$|x_n| \leqq M$ となる．

(2) 「任意の正の実数 $\varepsilon > 0$ に対し $|a - b| < \varepsilon$ が成り立つ」ことを示す．

数列 $\{x_n\}$ は a に収束するので，任意の $\varepsilon > 0$ に対しある自然数 n_1 が存在して，$n > n_1$ を満たす任意の自然数 n に対し $|x_n - a| < \varepsilon$ が成り立つ．また数列 $\{x_n\}$ は b にも収束するので，任意の $\varepsilon > 0$ に対しある自然数 n_2 が存在して，$n > n_2$ を満たす任意の自然数 n に対し $|x_n - b| < \varepsilon$ が成り立つ．よって $n_3 = \max\{n_1, n_2\}$ とすると，$n > n_3$ を満たす任意の自然数 n に対し $|x_n - a| < \varepsilon$ かつ $|x_n - b| < \varepsilon$ が成り立つ．このとき $|a - b| = |a - x_n + x_n - b| \leqq |a - x_n| + |x_n - b| < \varepsilon + \varepsilon = 2\varepsilon$ となり示せた．

(3) 「任意の正の実数 $\varepsilon > 0$ に対し $a > L - \varepsilon$ が成り立つ」ことを示す．数列 $\{x_n\}$ は a に収束するので，任意の $\varepsilon > 0$ に対しある自然数 n_0 が存在して，$n > n_0$ を満たす任意の自然数 n に対し $|x_n - a| < \varepsilon$，特に $a > x_n - \varepsilon$ が成り立

つ．一方仮定から $x_n \geqq L$ より $a > L - \varepsilon$ が成り立つ．

(4) 数列 $\{x_n\}$ は a に収束するので，任意の $\varepsilon > 0$ に対しある自然数 n_0 が存在して，$n > n_0$ を満たす任意の自然数 n に対し $|x_n - a| < \varepsilon$ が成り立つ．一方部分列の定義よりある自然数 k_0 が存在して，$k > k_0$ を満たす任意の自然数 k に対し $i_k > n_0$ となるので $|x_{i_k} - a| < \varepsilon$ が成り立つ．このことは部分列 $\{x_{i_k}\}$ も a に収束することを意味する．

(5) 数列 $\{x_n\}$ は a に収束するので，任意の $\varepsilon > 0$ に対しある自然数 n_1 が存在して，$n > n_1$ を満たす任意の自然数 n に対し $|x_n - a| < \varepsilon$ が成り立つ．また数列 $\{z_n\}$ も a に収束するので，任意の $\varepsilon > 0$ に対しある自然数 n_2 が存在して，$n > n_2$ を満たす任意の自然数 n に対し $|z_n - a| < \varepsilon$ が成り立つ．よって $n_3 = \max\{n_1, n_2\}$ とすると，$n > n_3$ を満たす任意の自然数 n に対し $|x_n - a| < \varepsilon$ かつ $|z_n - a| < \varepsilon$ が成り立つ．

一方仮定から任意の自然数 n に対し $x_n \leqq y_n \leqq z_n$ より，$n > n_3$ を満たす任意の自然数 n に対し $|y_n - a| < \varepsilon$ となり，$\{y_n\}$ も a に収束する．∎

収束列と四則演算の関係は次のとおりである．

命題 1.24（収束列と四則演算）数列 $\{x_n\}$ が a に収束し，数列 $\{y_n\}$ が b に収束するとする．

(1) 数列 $\{x_n + y_n\}$ は $a + b$ に収束する．
(2) 数列 $\{x_n y_n\}$ は ab に収束する．
(3) 任意の実数 c に対し 数列 $\{c y_n\}$ は cb に収束する．
(4) 数列 $\{x_n - y_n\}$ は $a - b$ に収束する．
(5) 以下では任意の自然数 n に対し，$y_n \neq 0$ かつ $b \neq 0$ と仮定する．このとき数列 $\left\{\dfrac{1}{y_n}\right\}$ は有界列である．
(6) 数列 $\left\{\dfrac{1}{y_n}\right\}$ は $\dfrac{1}{b}$ に収束する．
(7) 数列 $\left\{\dfrac{x_n}{y_n}\right\}$ は $\dfrac{a}{b}$ に収束する．

証明 (1) 数列 $\{x_n\}$ は a に収束するので，任意の $\varepsilon > 0$ に対しある自然数 n_1 が存在して，$n > n_1$ を満たす任意の自然数 n に対し $|x_n - a| < \varepsilon$ が成り立つ．

また数列 $\{y_n\}$ は b に収束するので,任意の $\varepsilon > 0$ に対しある自然数 n_2 が存在して,$n > n_2$ を満たす任意の自然数 n に対し $|y_n - b| < \varepsilon$ が成り立つ.よって $n_3 = \max\{n_1, n_2\}$ とすると,$n > n_3$ を満たす任意の自然数 n に対し $|x_n - a| < \varepsilon$ かつ $|y_n - b| < \varepsilon$ が成り立つ.ゆえに $|(x_n + y_n) - (a + b)| \leqq |x_n - a| + |y_n - b| < \varepsilon + \varepsilon = 2\varepsilon$ となるので $\{x_n + y_n\}$ は $a + b$ に収束する.

(2) 命題 1.23 (1) より収束列は有界列なので,ある正の実数 $M > 0$ が存在して,任意の自然数 n に対し $|x_n| \leqq M$ となる.(1) の証明より $n > n_3$ を満たす任意の自然数 n に対し $|x_n - a| < \varepsilon$ かつ $|y_n - b| < \varepsilon$ が成り立つので

$$|x_n y_n - ab| = |x_n(y_n - b) + (x_n - a)b|$$
$$\leqq |x_n||y_n - b| + |x_n - a||b| < (M + |b|)\varepsilon$$

となり,$\{x_n y_n\}$ は ab に収束する.

(3) (2) で $x_n = c$ とすればよい.

(4) (3) より $\{-y_n\}$ は $-b$ に収束し,(1) より $\{x_n - y_n\}$ は $a - b$ に収束する.

(5) 数列 $\{y_n\}$ は $b \neq 0$ に収束するので,$|b|/2 > 0$ に対しある自然数 n_0 が存在して,$n > n_0$ を満たす任意の自然数 n に対し $|y_n - b| < \dfrac{|b|}{2}$,特に $|y_n| > \dfrac{|b|}{2}$ が成り立つ.よって $L = \min\{|y_1|, |y_2|, \cdots, |y_{n_0}|, \dfrac{|b|}{2}\} > 0$ とすると任意の自然数 n に対し $|y_n| \geqq L$,つまり $\left|\dfrac{1}{y_n}\right| \leqq \dfrac{1}{L}$ が成り立つので $\left\{\dfrac{1}{y_n}\right\}$ は有界列である.

(6) 数列 $\{y_n\}$ は b に収束するので,任意の $\varepsilon > 0$ に対しある自然数 n_0 が存在して,$n > n_0$ を満たす任意の自然数 n に対し $|y_n - b| < \varepsilon$ が成り立つ.また (5) より $\left|\dfrac{1}{y_n}\right| \leqq \dfrac{1}{L}$ が成り立つ.よって $\left|\dfrac{1}{y_n} - \dfrac{1}{b}\right| = \dfrac{|y_n - b|}{|y_n||b|} < \dfrac{\varepsilon}{L|b|}$ となり,$\left\{\dfrac{1}{y_n}\right\}$ は $\dfrac{1}{b}$ に収束する.

(7) (6) より $\left\{\dfrac{1}{y_n}\right\}$ は $\dfrac{1}{b}$ に収束するので (2) より $\left\{x_n \cdot \dfrac{1}{y_n}\right\}$ は $a \cdot \dfrac{1}{b}$ に収束する.∎

例題 1.7 (1) $\{a_n\}$ が収束列ならば $\{|a_n|\}$ も収束列である.

(2) $\{|a_n|\}$ が収束列でも $\{a_n\}$ は収束列とは限らない.

解 (1) $\{a_n\}$ が a に収束するならば,任意の正の実数 $\varepsilon > 0$ に対し自

然数 n_0 が存在して，$n > n_0$ を満たす任意の自然数 n に対し，$|a_n - a| < \varepsilon$ となる．一方 $||a_n| - |a|| \leq |a_n - a|$ より $\{|a_n|\}$ は $|a|$ に収束する収束列となる．

(2) たとえば $a_n = (-1)^n$ がそのような例である．■

1.3.2 コーシー列

次に本書で中心的な役割を演ずるコーシー列を定義しよう．

定義 1.25 （コーシー列）数列 $\{a_n\}$ がコーシー列であるとは，任意の正の実数 $\varepsilon > 0$ に対しある自然数 n_0 が存在して，$m, n > n_0$ を満たす任意の自然数 m, n に対し，$|a_m - a_n| < \varepsilon$ となることである．論理記号で表すと

$$\forall \varepsilon > 0, \exists n_0 > 0 \quad s.t. \quad \forall m, n \in \mathbb{N}, \quad m, n > n_0 \Rightarrow |a_m - a_n| < \varepsilon$$

となる．

コーシー列の基本的な性質についてまとめておこう．

命題 1.26 （コーシー列の基本性質）
(1) 収束列はコーシー列である．
(2) コーシー列は有界列である．
(3) コーシー列 $\{x_n\}$ の部分列 $\{x_{i_k}\}$ がある実数 α に収束するならば，$\{x_n\}$ 自身も α に収束する．

証明 (1) 数列 $\{x_n\}$ が a に収束するとしよう．定義より任意の $\varepsilon > 0$ に対しある自然数 n_0 が存在して，$n > n_0$ を満たす任意の自然数 n に対し $|x_n - a| < \varepsilon$ が成り立つ．よって $m, n > n_0$ を満たす任意の自然数 m, n に対し $|x_m - x_n| \leq |x_m - a| + |a - x_n| < \varepsilon + \varepsilon = 2\varepsilon$ となるので $\{x_n\}$ はコーシー列である．

(2) 数列 $\{x_n\}$ をコーシー列とする．定義より（$\varepsilon = 1 > 0$ として）ある自然数 n_0 が存在して，$m, n > n_0$ を満たす任意の自然数 m, n に対し $|x_m - x_n| < 1$ を満たす．よって $M = \max\{|x_1|, |x_2|, \cdots, |x_{n_0}|, |x_{n_0+1}| + 1\}$ とすると，任意の自然数 n に対し $|x_n| \leq M$ となるので $\{x_n\}$ は有界列である．

(3) コーシー列 $\{x_n\}$ の部分列 $\{x_{i_k}\}$ が a に収束するとしよう．定義より任意の $\varepsilon > 0$ に対しある自然数 k_0 が存在して，$k > k_0$ を満たす任意の自然数 k に

対し $|x_{i_k} - a| < \varepsilon$ が成り立つ．一方仮定から $\{x_n\}$ はコーシー列より，定義から任意の $\varepsilon > 0$ に対しある自然数 n_0 が存在して，$m, n > n_0$ を満たす任意の自然数 m, n に対し $|x_m - x_n| < \varepsilon$ を満たす．ここで部分列の定義より，$k_1 > k_0$ を満たすある自然数 k_1 が存在して $i_{k_1} > n_0$ を満たす．よって $n > n_0$ を満たす任意の自然数 n に対し，$|x_n - x_{i_{k_1}}| < \varepsilon$ かつ $|x_{i_{k_1}} - a| < \varepsilon$ が成り立つ．ゆえに $|x_n - a| \leqq |x_n - x_{i_{k_1}}| + |x_{i_{k_1}} - a| < \varepsilon + \varepsilon = 2\varepsilon$ となるので $\{x_n\}$ 自身も a に収束する．■

コーシー列と四則演算の関係は次のとおりである．

命題 1.27（コーシー列と四則演算）数列 $\{x_n\}, \{y_n\}$ はコーシー列とする．
 (1) 数列 $\{x_n + y_n\}$ もコーシー列である．
 (2) 数列 $\{x_n - y_n\}$ もコーシー列である．
 (3) 数列 $\{x_n y_n\}$ もコーシー列である．
 (4) ある定数 $c > 0$ が存在して，任意の自然数 n に対し $|x_n| > c$ と仮定する．このとき数列 $\{1/x_n\}$ もコーシー列である．

証明 数列 $\{x_n\}, \{y_n\}$ がコーシー列より，任意の $\varepsilon > 0$ に対しある自然数 n_0 が存在して，$m, n > n_0$ を満たす任意の自然数 m, n に対し $|x_m - x_n| < \varepsilon$ かつ $|y_m - y_n| < \varepsilon$ となる．よって

 (1) $|(x_m + y_m) - (x_n + y_n)| \leqq |x_m - x_n| + |y_m - y_n| < 2\varepsilon$ より，数列 $\{x_n + y_n\}$ もコーシー列である．

 (2) $|(x_m - y_m) - (x_n - y_n)| \leqq |x_m - x_n| + |y_m - y_n| < 2\varepsilon$ より，数列 $\{x_n - y_n\}$ もコーシー列である．

 (3) 命題 1.26 の (2) よりコーシー列は有界列なので，ある定数 $M > 0$ が存在して，任意の自然数 n に対し $|x_n| \leqq M$ かつ $|y_n| \leqq M$ となる．よって $|x_m y_m - x_n y_n| = |x_m(y_m - y_n) + (x_m - x_n)y_n| \leqq M|y_m - y_n| + |x_m - x_n|M < 2M\varepsilon$ より，数列 $\{x_n y_n\}$ もコーシー列である．

 (4) $\left|\dfrac{1}{x_m} - \dfrac{1}{x_n}\right| = \dfrac{|x_m - x_n|}{|x_m||x_n|} < \dfrac{\varepsilon}{c^2}$ より，数列 $\{1/x_n\}$ もコーシー列である．■

例題 1.8 次の主張を論理記号を用いて表せ（ただし否定の記号 ¬ を用いてはならない）．

(1) 数列 $\{a_n\}$ は有界列でない.
(2) 数列 $\{a_n\}$ は収束列でない.
(3) 数列 $\{a_n\}$ はコーシー列でない.

解 (1) $\forall M > 0, \exists n \in \mathbb{N} \quad s.t. \quad |a_n| > M.$
(2) $\forall a \in \mathbb{R}, \exists \varepsilon > 0 \quad s.t. \quad \forall n_0 \in \mathbb{N}, \exists n \in \mathbb{N} \quad s.t. \quad n > n_0 \land |a_n - a| \geqq \varepsilon.$
(3) $\exists \varepsilon > 0 \quad s.t. \quad \forall n_0 > 0, \exists m, n \in \mathbb{N} \quad s.t. \quad m, n > n_0 \land |a_m - a_n| \geqq \varepsilon.$ ∎

ここでは絶対値という長さを測る道具を用いて数列の性質を述べた[13]. 3 章では距離関数が絶対値にかわり, 距離空間においても点列の収束を語ることができる. その際には次の ε-近傍という, 絶対値を表に出さない考え方が大切な役割を果たす.

定義 1.28 (ε-近傍) 実数 a と正の実数 $\varepsilon > 0$ に対し, a における ε-近傍を
$$U(a; \varepsilon) = \{x \in \mathbb{R} \mid |x - a| < \varepsilon\}$$
と定義する.

たとえば ε-近傍を用いて数列の収束を言い換えると次のようになる.

命題 1.29 数列 $\{a_n\}$ が実数 a に収束する必要十分条件は, 任意の正の実数 $\varepsilon > 0$ に対しある自然数 n_0 が存在して, $n > n_0$ を満たす任意の自然数 n に対し, $a_n \in U(a; \varepsilon)$ となることである. 論理記号で表すと
$$\exists a \in \mathbb{R} \quad s.t. \quad \forall \varepsilon > 0, \exists n_0 > 0 \quad s.t. \quad \forall n \in \mathbb{N}, n > n_0 \Rightarrow a_n \in U(a; \varepsilon)$$
となる.

例題 1.9 数列 $\{x_n\}$ と $\{y_n\}$ はそれぞれ a と b に収束する収束列で, 任意の自然数 n に対し $x_n \leqq y_n$ を満たすとする.
(1) $a \leqq b$ を示せ.
(2) 任意の自然数 n に対し $x_n < y_n$ を満たしても $a = b$ となるような収束列 $\{x_n\}$ と $\{y_n\}$ の例を挙げよ.

---
[13] 絶対値の三角不等式が重要な役割を演じていることを分かって頂けただろうか.

解　（1）命題 1.24 の（4）より数列 $\{y_n - x_n\}$ は $b-a$ に収束する．また仮定より任意の自然数 n に対し $y_n - x_n \geqq 0$ を満たすので，命題 1.23 の（3）より $b - a \geqq 0$ となる．

（2）たとえば $x_n = 0, y_n = 1/n$ がそのような例である．■

1.4　連続関数

$\forall, \exists$ を用いた数学のもう 1 つの話題としてこの節では連続関数を取り上げる．関数の連続性は「グラフが繋がっている」ことで表されるが，これを集合と写像の言葉で語るとどうなるだろうか．

定義 1.30（連続関数）

(1) $\mathbb{R}$ の部分集合 A で定義された関数 $f : A \to \mathbb{R}$ が A の点 a で**連続である**とは，任意の正の実数 $\varepsilon > 0$ に対し，ある正の実数 $\delta > 0$ が存在して，$|x - a| < \delta$ を満たす A の任意の元 $x \in A$ に対して $|f(x) - f(a)| < \varepsilon$ となることである．論理記号で表すと

$$\forall \varepsilon > 0, \exists \delta > 0 \quad s.t. \quad \forall x \in A, |x - a| < \delta \Rightarrow |f(x) - f(a)| < \varepsilon$$

となる．ε-近傍を使うと

$$\forall \varepsilon > 0, \exists \delta > 0 \quad s.t. \quad f(U(a; \delta) \cap A) \subset U(f(a); \varepsilon)$$

と表せる．

(2) f が A 上の**連続関数**であるとは，A の任意の点 a で f が連続であることとする．

例題 1.10　定数関数は連続である．恒等関数は連続である．さらに 1 次関数も連続である．

解　1 次関数の連続性のみ示そう．定数 $a \neq 0$ と b に対し $f(x) = ax + b$ とする．任意の $p \in \mathbb{R}$ と任意の $\varepsilon > 0$ に対し，$\delta > 0$ を $\delta < \dfrac{\varepsilon}{|a|}$ を満たすようにとれば，$|p - q| < \delta$ を満たす任意の $q \in \mathbb{R}$ に対し $|f(p) - f(q)| = |a||p - q| < |a|\delta < \varepsilon$ となり，$f(x)$ は $x = p$ で連続になる．■

連続性は写像の合成で保存される．

命題 1.31 （連続関数の合成関数）2 つの関数 $f: \mathbb{R} \to \mathbb{R}$ と $g: \mathbb{R} \to \mathbb{R}$ について
(1) 関数 $y = f(x)$ が $x = a$ で連続で，関数 $w = g(y)$ が $y = f(a)$ で連続ならば，合成関数 $w = g \circ f(x) = g(f(x))$ は $x = a$ で連続になる．
(2) f と g が連続関数ならば，合成関数 $g \circ f$ も連続関数になる．

証明 (1) ε-近傍を用いて示してみよう．g は $y = f(a)$ で連続より，任意の正の実数 $\varepsilon > 0$ に対しある正の実数 $\delta > 0$ が存在して，$g(U(f(a); \delta)) \subset U(g(f(a)); \varepsilon)$ となる．一方 f は $x = a$ で連続より，この δ に対しある正の実数 $\eta > 0$ が存在して，$f(U(a; \eta)) \subset U(f(a); \delta)$ となる．よって

$$(g \circ f)(U(a; \eta)) = g(f(U(a; \eta))) \subset g(U(f(a); \delta)) \subset U(g(f(a)); \varepsilon)$$

となるので $g \circ f$ は a で連続になる．

(2) 任意の $x = a$ に対し仮定より f は a で連続であり，g は $y = f(a)$ で連続なので，(1) より合成関数 $g \circ f$ は $x = a$ で連続である．∎

関数の連続性と数列の極限の関係を示す次の結果は，連続関数の基本定理と言えよう．

定理 1.32 （連続関数の基本定理）関数 $f: A \to \mathbb{R}$ と $a \in A$ について，次の (1) と (2) は同値である．
(1) $f(x)$ は $x = a$ で連続である．
(2) a に収束する A の任意の数列 $\{x_n\}$ に対し，数列 $\{f(x_n)\}$ は $f(a)$ に収束する．つまり f と $\lim_{n \to \infty}$ は交換可能である．

$$\lim_{n \to \infty} f(x_n) = f(\lim_{n \to \infty} x_n).$$

証明 (1) $\Rightarrow$ (2) $f(x)$ は $x = a$ で連続より，任意の $\varepsilon > 0$ に対しある $\delta > 0$ が存在して，$|x - a| < \delta$ を満たす A の任意の元 $x \in A$ に対して $|f(x) - f(a)| < \varepsilon$ となる．数列 $\{x_n\}$ が a に収束するならば，この $\delta > 0$ に対しある自然数 n_0 が存在して，$n > n_0$ を満たす任意の自然数 n に対し，$|x_n - a| < \delta$ となる．よって $|f(x_n) - f(a)| < \varepsilon$ となるので，数列 $\{f(x_n)\}$ は $f(a)$ に収束する．

(2) ⇒ (1) 対偶命題「$f(x)$ は $x = a$ で連続でないならば，次の条件を満たす数列 $\{x_n\}$ が存在する．$\{x_n\}$ は a に収束するが，$\{f(x_n)\}$ は $f(a)$ に収束しない」を示す．$f(x)$ は $x = a$ で連続でないので，ある $\varepsilon_0 > 0$ が存在して，任意の $\delta > 0$ に対しある実数 x_δ が存在して，$|x_\delta - a| < \delta$ かつ $|f(x_\delta) - f(a)| \geqq \varepsilon_0$ を満たす．ここで $\delta > 0$ は任意より，任意の自然数 n に対し $\delta = 1/n$ として x_δ を x_n と表すことにすると，$|x_n - a| < 1/n$ かつ $|f(x_n) - f(a)| \geqq \varepsilon_0$ を満たす．これは $\{x_n\}$ は a に収束するが，数列 $\{f(x_n)\}$ は $f(a)$ に収束しないことを意味する．■

つまり数列の極限を関数で移した値は，数列自身を関数で移してから極限を取った値に等しいという訳である．

例題 1.11 連続関数 $f : \mathbb{R} \to \mathbb{R}$ と $g : \mathbb{R} \to \mathbb{R}$ が任意の有理数 r に対し $f(r) = g(r)$ ならば $f = g$ となることを示せ．

解 任意の実数 a は無限小数より，その小数第 n 位までの有限小数を a_n とすれば，$a = \lim_{n \to \infty} a_n$ である．仮定より $f(a_n) = g(a_n)$ なので，連続関数の基本定理 1.32 より $f(a) = \lim_{n \to \infty} f(a_n) = \lim_{n \to \infty} g(a_n) = g(a)$ となり f と g は $\mathbb{R}$ 上で一致する．■

例題 1.12 関数 $f : \mathbb{R} \to \mathbb{R}$ と $g : \mathbb{R} \to \mathbb{R}$ がともに $a \in \mathbb{R}$ で連続とするとき，次の関数も $a \in \mathbb{R}$ で連続になることを示せ．

(1) $(f + g)(x) = f(x) + g(x)$.
(2) $(f \cdot g)(x) = f(x) \cdot g(x)$.

解 (1) 定理 1.32 より「a に収束する任意の数列 $\{x_n\}$ に対し，数列 $\{(f+g)(x_n)\}$ は $(f+g)(a)$ に収束する」ことを示せばよい．f と g は a で連続より，定理 1.32 から $\{f(x_n)\}$ と $\{g(x_n)\}$ はそれぞれ $f(a)$ と $g(a)$ に収束する．よって命題 1.24 の (1) より $\{f(x_n) + g(x_n)\}$ は $f(a) + g(a)$ に収束する．

(2) 定理 1.32 より「a に収束する任意の数列 $\{x_n\}$ に対し，数列 $\{(f \cdot g)(x_n)\}$ は $(f \cdot g)(a)$ に収束する」ことを示せばよい．f と g は a で連続より，定理 1.32 から $\{f(x_n)\}$ と $\{g(x_n)\}$ はそれぞれ $f(a)$ と $g(a)$ に収束する．よって命題 1.24 の (2) より $\{f(x_n) \cdot g(x_n)\}$ は $f(a) \cdot g(a)$ に収束する．■

例題 1.13 多項式関数は連続関数であることを示せ.

解 多項式の次数に関する帰納法を用いる. 次数が 0 すなわち定数関数は明らかに連続関数である. 次数 1 の多項式, すなわち 1 次式も例題 1.10 から連続関数である. 次に次数 d までの多項式関数は連続関数であると仮定すると, 次数 $d+1$ の多項式は次数 d までの多項式関数と 1 次式の積と和で表されるので例題 1.12 から連続関数になる. ∎

例題 1.14 関数 $f: \mathbb{R} \to \mathbb{R}$ が $a \in \mathbb{R}$ で連続で, 任意の $x \in \mathbb{R}$ で $f(x) \neq 0$ のとき, 関数 $g(x) = \dfrac{1}{f(x)}$ も $a \in \mathbb{R}$ で連続になることを示せ.

解 定理 1.32 より「a に収束する任意の数列 $\{x_n\}$ に対し, 数列 $\left\{\dfrac{1}{f(x_n)}\right\}$ は $\dfrac{1}{f(a)}$ に収束する」ことを示せばよい. 仮定から f は a で連続より, 定理 1.32 から $\{f(x_n)\}$ は $f(a)$ に収束する. よって命題 1.24 の (6) より $\left\{\dfrac{1}{f(x_n)}\right\}$ は $\dfrac{1}{f(a)}$ に収束する. ∎

例題 1.15 2 つの連続関数 f, g に対し $h(x) = \max\{f(x), g(x)\}$ とすると, 関数 h も連続であることを示せ.

解 任意の実数 a において h が連続であることを示す.

- (その 1) $h(a) = f(a) > g(a)$ のとき

f は a で連続より, $\dfrac{f(a) - g(a)}{3} > 0$ に対しある $\delta_1 > 0$ が存在して $|x - a| < \delta_1$ を満たす任意の実数 x に対し $|f(x) - f(a)| < \dfrac{f(a) - g(a)}{3}$, 特に $f(x) > \dfrac{2}{3}f(a) + \dfrac{1}{3}g(a)$ となる. また g も a で連続より, $\dfrac{f(a) - g(a)}{3} > 0$ に対しある $\delta_2 > 0$ が存在して $|x - a| < \delta_2$ を満たす任意の実数 x に対し $|g(x) - g(a)| < \dfrac{f(a) - g(a)}{3}$, 特に $g(x) < \dfrac{1}{3}f(a) + \dfrac{2}{3}g(a) < \dfrac{2}{3}f(a) + \dfrac{1}{3}g(a)$ となる. よって $\delta = \min\{\delta_1, \delta_2\} > 0$ とすると, $|x - a| < \delta$ ならば $f(x) > g(x)$, つまり $h(x) = f(x)$ となるので f は a で連続であることから h は a で連続になる.

- (その 2) $h(a) = g(a) > f(a)$ のとき

f と g の役割を入れ替えると (その 1) と同様.

- （その 3） $h(a) = f(a) = g(a)$ のとき

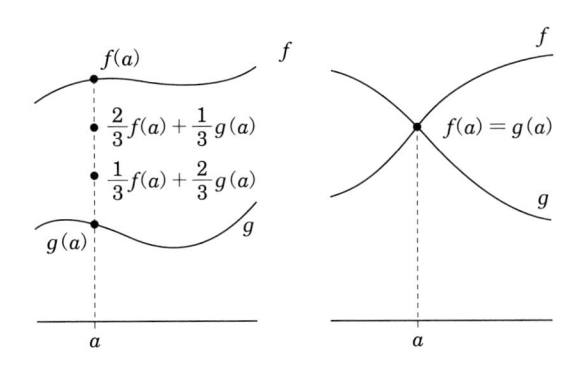

f は a で連続より，任意の正の実数 $\varepsilon > 0$ に対しある $\delta_1 > 0$ が存在して $|x - a| < \delta_1$ を満たす任意の実数 x に対し $|f(x) - f(a)| < \varepsilon$ となる．また g も a で連続より，任意の正の実数 $\varepsilon > 0$ に対しある $\delta_2 > 0$ が存在して $|x - a| < \delta_2$ を満たす任意の実数 x に対し $|g(x) - g(a)| < \varepsilon$ となる．よって $\delta = \min\{\delta_1, \delta_2\} > 0$ とすると，$|x - a| < \delta$ ならば $|f(x) - f(a)| < \varepsilon$ かつ $|g(x) - g(a)| < \varepsilon$ となるので $|h(x) - h(a)| < \varepsilon$ となり h は a で連続になる．■

1.5 集合の対等と濃度

1.5.1 集合の対等

「リンゴが 3 つ」と「ミカンが 3 つ」は果物としては違うが，ともに 3 つの元からなる集合という意味では同じである．このことを定式化しよう．

定義 1.33（対等，有限集合，無限集合）
(1) 集合 A は集合 B と**対等**であるとは，A から B への全単射が存在することである．
(2) 集合 A が**有限集合**であるとは，A は空集合か，またはある自然数 n が存在して，集合 $\{1, 2, \cdots, n\}$ は A と対等になることである[14]．

14] 「1 つ，2 つ，3 つ」と指差ししながら数えている様を連想させる．

(2) 集合 B が**無限集合**であるとは，有限集合ではないことである．つまり B は空集合ではなく，任意の自然数 n に対し，集合 $\{1, 2, \cdots, n\}$ は B と対等にならないことである．

全単射の性質から次の結果が成り立つ．

命題 1.34
(1) 任意の集合 A は A 自身と対等である．
(2) 集合 A は集合 B と対等ならば，集合 B は集合 A と対等である．
(3) 集合 A は集合 B と対等で，集合 B は集合 C と対等ならば，集合 A は集合 C と対等である[15]．

証明 簡単にみておこう．
(1) A から A への恒等写像は全単射なので．
(2) 全単射の逆写像も全単射なので．
(3) 全単射と全単射の合成も全単射なので．■

よって命題 1.34 の (2) より，A は B と対等ならば B は A と対等なので，今後は「A と B は対等」という言い方もする．

対等という考え方を用いると，次のような無限集合の不思議な性質を表現することができる．

命題 1.35 空集合ではない集合 X が無限集合であるための必要十分条件は，X の任意の元 a に対し，X と $X - \{a\}$ が対等になることである．

証明 X を無限集合とする．$a_1 = a$ として，a_2 を $X - \{a_1\}$ から選ぶ．次に a_3 を $X - \{a_1, a_2\}$ から選ぶ．X は無限集合なので帰納的に a_k を $X - \{a_1, a_2, \cdots, a_{k-1}\}$ から選ぶことができる．そこで写像 $\varphi : X \to X - \{a\}$ を

$$\varphi(x) = \begin{cases} a_{k+1} & (x = a_k \text{ のとき}) \\ x & (\text{任意の自然数 } k \text{ に対し，} x \neq a_k \text{ のとき}) \end{cases}$$

---

[15] この 3 条件は 2.3 節で扱う集合の同値関係の 3 条件だが，集合全体も集合とすると矛盾が起こる (1.6 節のコラムを参照)．

とすると φ は全単射となる．よって X と $X - \{a\}$ は対等になる．
　一方 X が有限集合とすると X の元の個数が n ならば $X - \{a\}$ の元の個数は $n-1$ となり，X と $X - \{a\}$ は対等ではない．■

よって次のような無限集合の特徴付けが得られる．

系 1.36　集合 X が無限集合であるための必要十分条件は，X と対等な真部分集合を含むことである．

証明　集合 X が無限集合ならば命題 1.35 より X の任意の元 a に対し，X と $X - \{a\}$ は対等である．
　一方 X が有限集合とすると X の元の個数が n ならば X の任意の真部分集合の元の個数は n 未満となり X と対等ではない．■

2 つの集合が対等であることを示すために次の定理がよく用いられる．

定理 1.37　（ベルンシュタインの定理[16]）　集合 A から集合 B へ単射が存在して，かつ B から A へ単射が存在するならば，A から B へ全単射が存在する．

証明　$f : A \to B$ と $g : B \to A$ をそれぞれ単射とする．A の元 a と B の元 b が $b = f(a)$ を満たすとき，a は b の先祖であるといい $a < b$ と表すことにする．同様に $a = g(b)$ を満たすとき，b は a の先祖であるといい $b < a$ と表すことにする．そこで次のような A, B の部分集合を考える．

$$A_\infty = \{a \in A \mid a > b_1 > a_1 > b_2 > a_2 > \cdots \}.$$
$$B_\infty = \{b \in B \mid b > a_1 > b_1 > a_2 > b_2 > \cdots \}.$$
$$A_B = \{a \in A \mid a > b_1 > a_1 > \cdots > a_{n-1} > b_n \ (b_n \text{ には先祖なし})\}.$$
$$B_A = \{b \in B \mid b > a_1 > b_1 > \cdots > b_{n-1} > a_n \ (a_n \text{ には先祖なし})\}.$$
$$A_A = \{a \in A \mid a > b_1 > a_1 > \cdots > b_n > a_n \ (a_n \text{ には先祖なし})\}.$$
$$B_B = \{b \in B \mid b > a_1 > b_1 > \cdots > a_n > b_n \ (b_n \text{ には先祖なし})\}.$$

このとき

---

[16] ベルンシュタイン–カントール–シュレーダーの定理ともいう．

$$A = A_\infty \sqcup A_A \sqcup A_B \quad (\text{非交和})$$
$$B = B_\infty \sqcup B_A \sqcup B_B \quad (\text{非交和})$$

と表される．さらに定義より

$$f(A_A) = B_A, \quad f(A_\infty) = B_\infty,$$
$$g(B_B) = A_B$$

となる．そこで $h : A \to B$ を

$$h(x) = \begin{cases} f(x) & (x \in A_\infty \sqcup A_A) \\ g^{-1}(x) & (x \in A_B) \end{cases}$$

と定義すると全単射になる．■

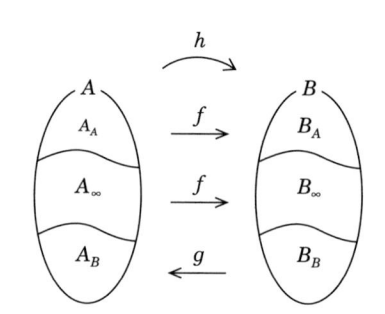

例題 1.16 3つの集合 A, B, C が $A \subset B \subset C$ を満たし，かつ A と C は対等とする．このとき B と C も対等であることを示せ．

解 包含写像 $B \subset C$ は単射である．また A と C は対等より全単射 $\varphi : C \to A$ が存在する．よってこの φ と包含写像 $A \subset B$ を合成すると C から B への単射が得られるので，定理 1.37（ベルンシュタインの定理）より B と C は対等になる．■

例題 1.17 次の集合はすべて $\mathbb{N}$ と対等であることを示せ．

(1) $A =$ 偶数である自然数全体, (2) $B = 3$ 以上の自然数全体, (3) $\mathbb{Z}$, (4) $\mathbb{N} \times \mathbb{N}$, (5) $\mathbb{Q}$, (6) $\mathbb{Q} \times \mathbb{Q}$.

解 (1) $f : \mathbb{N} \to A$ を $f(n) = 2n$ とすれば f は全単射である．
(2) $f : \mathbb{N} \to B$ を $f(n) = n + 2$ とすれば f は全単射である．
(3) $f : \mathbb{N} \to \mathbb{Z}$ を

$$f(n) = \begin{cases} \dfrac{n-1}{2} & (n \text{ は奇数}) \\ -\dfrac{n}{2} & (n \text{ は偶数}) \end{cases}$$

とすれば f は全単射である．

(4) $f : \mathbb{N} \times \mathbb{N} \to \mathbb{N}$ を

$$f(m,n) = \frac{(m+n)(m+n-1)}{2} - m + 1$$

とすれば f は全単射である.

	1	2	3	4	5	$\cdots$ m
1	1	2	4	7	11	
2	3	5	8	12		
3	6	9	13	$f(4,3)$		
4	10	14	$f(3,4)$	$f(4,4)$		
5	15	$f(2,5)$	$f(3,5)$	$f(4,5)$		
$\vdots$						
n						

(5) $\mathbb{Q}$ の任意の元は p/q と一意的に表せる. ただし $p \in \mathbb{Z}$ と $q \in \mathbb{N}$ は互いに素とする. ここで $f: \mathbb{Q} \to \mathbb{Z} \times \mathbb{N}$ を $f(p/q) = (p,q)$ と定義すると単射である. また (3) と (4) より $\mathbb{Z} \times \mathbb{N} \sim \mathbb{N} \times \mathbb{N} \sim \mathbb{N}$ である. つまり $\mathbb{Q}$ から $\mathbb{N}$ への単射が存在する. また $g: \mathbb{N} \to \mathbb{Q}$ を $g(n) = n/1$ と定義すると単射である. よって定理 1.37（ベルンシュタインの定理）より $\mathbb{Q}$ と $\mathbb{N}$ は対等になる.

(6) (4) より $\mathbb{N} \sim \mathbb{N} \times \mathbb{N}$ かつ (5) より $\mathbb{N} \sim \mathbb{Q}$ なので, $\mathbb{N} \sim \mathbb{N} \times \mathbb{N} \sim \mathbb{Q} \times \mathbb{Q}$ となる. ∎

例題 1.18 $\mathbb{R}$, $(0,1)$, $[0,1]$, $(0,1]$, $[0,1)$ はすべて対等であることを示せ.

解 ● $f: \mathbb{R} \to (-1,1)$ を $f(x) = \dfrac{x}{1+|x|}$ とすると全単射である. また $g: (-1,1) \to (0,1)$ を $g(x) = \dfrac{x+1}{2}$ とすると全単射である. よって合成写像を考えることにより, $\mathbb{R}$ と $(0,1)$ は対等である.

● A を $[0,1]$, $(0,1]$, $[0,1)$ のいずれかとする. $f: A \to (0,1)$ を $f(x) = \dfrac{x+1}{3}$ とすると単射である. また包含写像 $(0,1) \subset A$ は単射なので, 定理 1.37（ベルン

シュタインの定理）より $(0,1)$ と A は対等である．よって $\mathbb{R}$ と A も対等である．■

1.5.2 集合の濃度

有限集合どうしの場合，どちらが大きな集合かは元の数を比較して判定できるが，無限集合になるともはや元の数が数えられない．そのような場合にどちらが大きな集合かを判断する道具が，以下に述べる濃度の考え方である．

定義 1.38（濃度が等しい，濃度が大きい）
(1) 集合 A と集合 B が対等のとき $A \sim B$ と表し，A の濃度と B の濃度は等しいといい，$|A| = |B|$ と表す．
(2) 集合 B は集合 A より濃度が大きいとは，A から B への単射が存在することであり，$|A| \leqq |B|$ と表す．さらに $|A| \leqq |B|$ かつ A と B は対等ではない，つまり A から B への単射は存在するが全単射は存在しないとき，B は A より濃度が真に大きいといい，$|A| < |B|$ と表す[17]．

次の命題は命題 1.16（4）の言い換えである．

命題 1.39 $|A| \leqq |B|$ となるための必要十分条件は，B から A への全射が存在することである．

濃度に関して以下が成り立つ．

命題 1.40 (1) 任意の集合 A に対し $|A| \leqq |A|$ となる．
(2) $|A| \leqq |B|$ かつ $|B| \leqq |A|$ ならば $|A| = |B|$ となる．
(3) $|A| \leqq |B|$ かつ $|B| \leqq |C|$ ならば $|A| \leqq |C|$ となる[18]．

証明 簡単にみておこう．
(1) A から A への恒等写像は単射なので．
(2) 定理 1.37（ベルンシュタインの定理）の言い換えである．

---

[17] 記号 $|A|$ そのものの定義はここではしない．
[18] これら 3 条件は 2.3 節で扱う集合の順序関係の 3 条件である．

(3) 単射と単射の合成も単射なので. ■

| COLUMN | ヒルベルトのホテル |

この節では無限集合と有限集合の違いに着目してきたが，その違いを表す「ヒルベルトのホテル」と称される面白いたとえ話がある．

ある旅人が深夜遅くに目的地の駅に着いたものの，駅前のどのホテルもすでに満室の札が玄関に架かっていた．今晩は野宿かと半ば諦めながら，ある一件のホテル「ヒルベルト」のドアをノックし，

「今晩お宅のホテルに泊まりたいのですが，空いている部屋はありますか」
とホテルのオーナーに訊ねたところ，

「今夜は既に満室です」
と想定どおりの返事が返ってきた．仕方ないと駅に引き返そうとする旅人の後ろ姿に向かって，オーナーは

「どうぞお泊まりください」
と返事をした．驚いた旅人が

「満室なのに私が泊まれる部屋はあるのですか」
と半ば呆れて聞き返すと，オーナーはニコリと微笑んで次のように説明してくれた．

「うちのホテルは任意の自然数 n ごとに部屋があるのです．つまり無限個の部屋があるホテルなのです．これから 1 号室のお客様にお願いして 2 号室に移動していただきます．そして 2 号室のお客様には 3 号室に移動していただきます．このように次々と n 号室のお客様には $n+1$ 号室に移動していただければ，あなたには 1 号室をご用意できるというわけです」

もちろん現実の世界ではありえない作り話だが，自分と対等な真部分集合を含むという無限集合の特徴（系 1.36）をよく表したお話である．

1.6 可算集合と非可算集合，ベキ集合

1.6.1 可算集合

この節では無限集合の性質を調べる．一番基本的な無限集合である自然数全体の集合 $\mathbb{N}$ と対等な無限集合から始めよう．

> **定義 1.41**（可算，高々可算）集合 A が**可算集合**であるとは，A が自然数全体の集合 $\mathbb{N}$ と対等になることである．集合 B が**高々可算**であるとは，B が有限集合かあるいは可算集合になることである．

例 1.15 例題 1.17 より次の集合はすべて可算集合である．

(1) 偶数である自然数全体，(2) 3 以上の自然数全体，(3) $\mathbb{Z}$，(4) $\mathbb{N} \times \mathbb{N}$，(5) $\mathbb{Q}$，(6) $\mathbb{Q} \times \mathbb{Q}$．

例題 1.19 $\mathbb{N} \times \mathbb{R} \sim \mathbb{R}$ を示せ．

解 $f : \mathbb{R} \to \mathbb{N} \times \mathbb{R}$ を $f(x) = (1, x)$ と定義すれば単射になる．また $g : \mathbb{N} \times (0, 1) \sim \mathbb{R}$ を $g(n, x) = n + x$ と定義すれば単射になる．一方，例題 1.18 より $\mathbb{R} \sim (0, 1)$ なので定理 1.37（ベルンシュタインの定理）から $\mathbb{N} \times \mathbb{R} \sim \mathbb{R}$ となる．■

次の命題から可算集合を次々と得ることができる．

> **命題 1.42** 2 つの可算集合 A と B に対し
> (1) 和集合 $A \cup B$ も可算集合になる．
> (2) 直積集合 $A \times B$ も可算集合になる．

証明 (1) $A = \{a_1, a_2, \cdots\}$ と $B = \{b_1, b_2, \cdots\}$ が可算とすると $A \cup B = \{a_1, b_1, a_2, b_2, \cdots\}$ も，A と B で重複する元は 2 度目以降は削除すれば可算である．

(2) さらに $A = B = \mathbb{N}$ と仮定してよい．つまり $\mathbb{N} \times \mathbb{N}$ と $\mathbb{N}$ が対等であることを示せばよいがそれは例題 1.17 で既に示した．■

1.6.2 非可算集合

次に可算集合ではない無限集合を考えよう.

定義 1.43 (非可算集合) $\mathbb{N}$ と対等ではない無限集合を**非可算集合**という.

次の結果は,非可算集合が可算集合より真に大きいことを表している.

命題 1.44 非可算集合は可算集合より濃度が真に大きい.

証明 X を非可算集合とする.このとき X は可算部分集合を含むことを示す. まず X は空集合でないので元 $a_1 \in X$ が存在する. X は有限集合でないので $X - \{a_1\}$ も空集合でない.よって元 $a_2 \in X - \{a_1\}$ が存在する.同様に X は有限集合でないので $X - \{a_1, a_2\}$ も空集合でない.よって元 $a_3 \in X - \{a_1, a_2\}$ が存在する.この操作を繰り返して X は可算部分集合 $\{a_k \in X \mid k \in \mathbb{N}\}$ を含む. よって $|\mathbb{N}| \leqq |X|$ となる.さらに X は非可算集合より $|\mathbb{N}| < |X|$ となる. ∎

では非可算集合は実際に存在するのだろうか.

定理 1.45 $\mathbb{R}$ は非可算集合である.

証明 背理法で示す.例題 1.18 より $\mathbb{R} \sim (0, 1)$ なので,$(0, 1)$ が可算集合と仮定して矛盾を導く. $(0, 1) = \{x_1, x_2, \cdots\}$ と,$(0, 1)$ の元を自然数で番号付けする. そして $(0, 1)$ の元 x_n を

$$x_n = 0.a_{n1}a_{n2}\cdots$$

と無限小数で表す.そこで数列 $\{b_k\}$ を次のように定義する.

$$b_k = \begin{cases} 1 & (a_{kk} \text{ が偶数}) \\ 2 & (a_{kk} \text{ が奇数}) \end{cases}$$

このとき無限小数 $0.b_1 b_2 \cdots$ は $(0, 1)$ の元を表しているが,数列 $\{b_k\}$ の定義よりどの $(0, 1)$ の元 x_n とも一致しない.よって矛盾である[19]. ∎

次の結果は直観を裏切る結果と言えよう.

---

[19] カントルの対角線論法とよばれている.

命題 1.46 直線と平面は対等である．

証明 例題 1.18 より $\mathbb{R} \sim (0,1)$ なので，$(0,1) \sim (0,1) \times (0,1)$ を言えばよい．$f : (0,1) \to (0,1) \times (0,1)$ を $f(x) = (x,x)$ とすると単射である．また $(0,1) \times (0,1)$ の任意の元 $(0.a_1 a_2 \cdots, 0.b_1 b_2 \cdots)$ に対し，$(0,1)$ の元 $0.a_1 b_1 a_2 b_2 \cdots$ を対応させる写像は $(0,1) \times (0,1)$ から $(0,1)$ への単射になる[20]．よって定理 1.37（ベルンシュタインの定理）より $(0,1) \sim (0,1) \times (0,1)$ となる． ∎

1.6.3 ベキ集合

これまで 1 つの集合から新たな集合を作り出す方法として，部分集合や直積集合を紹介してきた．実はもう 1 つ別の方法がある．

定義 1.47 （ベキ集合）集合 X の部分集合の全体を $\mathscr{P}(X)$ と表し X のベキ集合[21]という．

$$\mathscr{P}(X) = \{A \mid A \subset X\}$$

例 1.16 2 つの元からなる集合 $X = \{a, b\}$ に対し，$\mathscr{P}(X) = \{\emptyset, \{a\}, \{b\}, X\}$ は 4 つの元からなる集合になる．

命題 1.48 X が n 個の元からなる集合ならば，$\mathscr{P}(X)$ は 2^n 個の元からなる集合になる．

証明 X の部分集合のうち元が k 個の部分集合の個数は ${}_n C_k$ なので，$\mathscr{P}(X)$ の元の個数は $(x+1)^n$ の係数の和になる．よってその値は $(1+1)^n = 2^n$ になる． ∎

注意 この結果は $n = 0$，つまり X が空集合でも正しい．この場合は $\mathscr{P}(\emptyset) = \{\{\emptyset\}\}$ となり，$2^0 = 1$ である．

任意の自然数 n に対し $n < 2^n$ が成り立つので，有限集合 X の元の個数よりそのベキ集合 $\mathscr{P}(X)$ の元の個数は真に大きいことが命題 1.48 から分かる．では X が無限集合の場合はどうなるだろうか．

20] ただし $(0,1)$ の元が有限小数と無限小数の両方の表示を持つ場合（例えば 0.1 と 0.0999 · · · など）は，無限小数表示を用いることとする．

21] 名前の由来は命題 1.48 である．

定理 1.49（カントールの定理）X のベキ集合 $\mathscr{P}(X)$ は X より濃度が真に大きい．

証明 X が空集合のときは上の注意より主張は正しい．よって以下 X は空集合でないと仮定する．

X の任意の元 a に対し 1 点集合 $\{a\}$ を対応させると X から $\mathscr{P}(X)$ への写像ができて，この写像は作り方から単射である．よって $|X| \leqq |\mathscr{P}(X)|$ となる．しかし $\mathscr{P}(X)$ から X への単射は存在しない，つまり命題 1.16 の (4) より X から $\mathscr{P}(X)$ への全射は存在しないことを，背理法で示す．写像 $\varphi : X \to \mathscr{P}(X)$ が全射と仮定する．そこで次のような X の部分集合，つまり $\mathscr{P}(X)$ の元に注目する[22]．

$$C = \{a \in X \mid a \notin \varphi(a)\}.$$

φ は全射より X のある元 b が存在して $\varphi(b) = C$ を満たす．このとき $b \in C$ か $b \notin C$ のいずれかが成り立つが，いずれの場合も次のように矛盾が起こる．もし $b \in C$ ならば C の定義より $b \notin \varphi(b) = C$ となり矛盾．一方もし $b \notin C$ ならば $b \notin \varphi(b)$ より $b \in C$ となり矛盾となる．∎

特に自然数全体の集合 $\mathbb{N}$ のベキ集合 $\mathscr{P}(\mathbb{N})$ は $\mathbb{N}$ より濃度が真に大きいことが分かる．つまり $\mathscr{P}(\mathbb{N})$ は非可算集合である．それではもう 1 つの非可算集合である実数全体の集合 $\mathbb{R}$ と $\mathscr{P}(\mathbb{N})$ はどちらの濃度のほうが大きいだろうか．

定理 1.50 $\mathbb{R}$ と $\mathscr{P}(\mathbb{N})$ は対等である．

証明 $\mathbb{Q} \sim \mathbb{N}$ より $\mathscr{P}(\mathbb{Q}) \sim \mathscr{P}(\mathbb{N})$ である．$\mathbb{R}$ の任意の元 x に対し，$\{r \in \mathbb{Q} \mid r \leqq x\}$ は $\mathscr{P}(\mathbb{Q})$ の元であり，この対応は $\mathbb{R}$ から $\mathscr{P}(\mathbb{Q})$ への単射を与える．

一方 $\mathscr{P}(\mathbb{N})$ の任意の元 A に対し，関数 $\varphi_A : \mathbb{N} \to \{0,1\}$ を

$$\varphi_A(x) = \begin{cases} 0 & (x \notin A) \\ 1 & (x \in A) \end{cases}$$

とする．このとき写像 $f : \mathscr{P}(\mathbb{N}) \to \mathbb{R}$ を

---

[22] この形の集合はこの節のコラムで再登場する．

$$f(A) = \sum_{n=1}^{\infty} \frac{\varphi_A(n)}{10^n}$$

と定義すると，f は単射になる．よって定理 1.37（ベルンシュタインの定理）より $\mathbb{R} \sim \mathscr{P}(\mathbb{N})$ となる．■

ベキ集合 $\mathscr{P}(X)$ は元が集合 X の部分集合からなる集合[23]なので最初は分かりにくいかもしれない．そこで定理 1.50 の証明で用いた関数を使って，ベキ集合の別の見方を以下に紹介しよう．集合 X から集合 Y への写像の全体を $F(X,Y)$ と表す．

定義 1.51（特性関数）X の部分集合 A に対し，写像 $\varphi_A \in F(X, \{0,1\})$ を

$$\varphi_A(x) = \begin{cases} 0 & (x \notin A) \\ 1 & (x \in A) \end{cases}$$

と定義して X の部分集合 A の**特性関数**という．

命題 1.52 $\mathscr{P}(X)$ と $F(X, \{0,1\})$ は対等である．

証明 A に φ_A を対応させることで，$\mathscr{P}(X)$ から $F(X, \{0,1\})$ への全単射が得られる．■

例題 1.20 3つの集合 A, B, C に対し，$F(A \times B, C) \sim F(A, F(B, C))$ を示せ．

解 $F(A \times B, C)$ の任意の元 $g: A \times B \to C$ に対し，$h: A \to F(B, C)$ を $h(a) = g(a, \cdot)$ と定義すれば，$F(A \times B, C)$ から $F(A, F(B, C))$ への全単射が得られる．■

例題 1.21 数列の全体の集合 $F(\mathbb{N}, \mathbb{R})$ は $\mathbb{R}$ と対等であることを示せ．

解 定理 1.50 より $\mathbb{R}$ と $\mathscr{P}(\mathbb{N})$ は対等なので $F(\mathbb{N}, \mathbb{R}) \sim F(\mathbb{N}, \mathscr{P}(\mathbb{N}))$ が成り立つ．一方命題 1.52 より $\mathscr{P}(\mathbb{N})$ と $F(\mathbb{N}, \{0,1\})$ は対等なので $F(\mathbb{N}, \mathscr{P}(\mathbb{N})) \sim F(\mathbb{N}, F(\mathbb{N}, \{0,1\}))$ が成り立つ．さらに例題 1.20 より $F(\mathbb{N}, F(\mathbb{N}, \{0,1\})) \sim F(\mathbb{N} \times \mathbb{N}, \{0,1\})$ が成り立つ．ここで例題 1.17 (4) より $\mathbb{N} \times \mathbb{N}$ と $\mathbb{N}$ は対等なので $F(\mathbb{N} \times$

---

[23] 集合集合とは言いにくいので集合族という．2.1 節を参照．

$\mathbb{N}, \{0,1\})) \sim F(\mathbb{N}, \{0,1\}))$ が成り立ち，再び命題 1.52 より $F(\mathbb{N}, \{0,1\})) \sim \mathscr{P}(\mathbb{N})$ が成り立つ．よって定理 1.50 から $\mathscr{P}(\mathbb{N}) \sim \mathbb{R}$ が成り立つ．以上を合わせて $F(\mathbb{N}, \mathbb{R})$ は $\mathbb{R}$ と対等である．∎

例題 1.22 $\mathbb{R}$ 上の関数全体の集合 $F(\mathbb{R}, \mathbb{R})$ は $\mathscr{P}(\mathbb{R})$ と対等であることを示せ．

解 例題 1.21 と同様に $F(\mathbb{R}, \mathbb{R}) \sim F(\mathbb{R}, \mathscr{P}(\mathbb{N})) \sim F(\mathbb{R}, F(\mathbb{N}, \{0,1\})) \sim F(\mathbb{R} \times \mathbb{N}, \{0,1\})) \sim F(\mathbb{R}, \{0,1\})) \sim \mathscr{P}(\mathbb{R})$ となる．∎

COLUMN │ 集合に関するパラドックス

そもそも集合の定義を「数学的に明確に範囲が定められた対象の集まり」などと曖昧にしているのは，本書が入門書だからであるが，定義が曖昧で問題はないかというと，実際は困ったことが起きる．たとえば以下に紹介するラッセルのパラドックスはその一例である．

自分自身を含まない集合の全体 X を考える．記号で表すと
$$X = \{x \mid x \notin x\}$$
となる．たしかに，「数学的に明確に範囲が定められた対象の集まり」なので X を集合だと思うと矛盾が起きる．実際，もし X が集合ならば $X \in X$ か $X \notin X$ のいずれかが成り立つはずである．もし $X \in X$ と仮定すると，X の定義より $X \notin X$ となり矛盾する．だが $X \notin X$ と仮定すると，再び X の定義より $X \in X$ となりまたもや矛盾する．つまり X は集合ではないと思うしかないのである．

もう 1 つ困る例としてカントールのパラドックスを挙げよう．集合の全体 $\mathscr{S}$ も「数学的に明確に範囲が定められた対象の集まり」なので集合だと思うと，またもや矛盾が起きる．実際，任意の集合 X において元 $x \in X$ を 1 点集合 $\{x\} \in \mathscr{S}$ に対応させる写像 $i : X \to \mathscr{S}$ は単射より，$|X| \leqq |\mathscr{S}|$ である．特に $\mathscr{S}$ のベキ集合 $\mathscr{P}(\mathscr{S})$ に対し，$|\mathscr{P}(\mathscr{S})| \leqq |\mathscr{S}|$ が成り立ち，これは定理 1.49（カントールの定理）に矛盾する．

このような状況を打開するため，集合を厳密に定義する公理的集合論が誕生した．

演 習 問 題

問 1.1 2つの実数 a と b に対し以下を示せ.
(1) 「$a=b$」であるための必要十分条件は「任意の正の実数 $\varepsilon > 0$ に対し $|a-b| < \varepsilon$」である.
(2) 「$a \leqq b$」であるための必要十分条件は「任意の正の実数 $\varepsilon > 0$ に対し $a < b + \varepsilon$」である.

問 1.2 次の命題の真偽を述べよ.
(1) 任意の自然数 k に対し,ある自然数 n が存在して $k < n$ となる.
(2) ある自然数 k が存在して,任意の自然数 n に対し $k < n$ となる.

問 1.3 X, Y は集合,A, C はそれぞれ X, Y の部分集合とする.
写像 $f : X \to Y$ に対し以下を示せ.
(1) $A \subset f^{-1}(f(A))$. また等号が成立しない例をあげよ.
(2) f が単射ならば $A = f^{-1}(f(A))$.
(3) $f(f^{-1}(C)) \subset C$. また等号が成立しない例をあげよ.
(4) f が全射ならば $f(f^{-1}(C)) = C$.
(5) f が全射ならば $f(A^c) \supset f(A)^c$.
(6) f が単射ならば $f(A^c) \subset f(A)^c$.

問 1.4 $\lim_{n \to \infty} x_n = a$ のとき,次を示せ.
$$\lim_{n \to \infty} \frac{x_1 + x_2 + \cdots + x_n}{n} = a.$$

問 1.5 正の値を取る連続関数 f に対し $g(x) = \sqrt{f(x)}$ とすると,関数 g も連続であることを示せ[24].

問 1.6 4つの集合 A, B, C, D が $A \sim C$ かつ $B \sim D$ ならば,$A \times B \sim C \times D$ となることを示せ.

問 1.7 $\mathbb{R}$ 上の連続関数全体の集合 $C(\mathbb{R}, \mathbb{R})$ は $\mathbb{R}$ と対等であることを示せ.

---

[24] 正の実数の平方根の存在については 2.4 節で扱う.

第2章
実数について

2.1 部分集合族，2項関係

2.1.1 部分集合族

　X の部分集合が集まってできた集合 $\mathscr{S}$ を X の**部分集合族**という．つまり $\mathscr{S}$ は X のベキ集合 $\mathscr{P}(X)$ の部分集合である．一般に $\mathscr{S}$ の元の個数はいくつあるか分からない．そこで $\mathscr{S}$ の元，つまり X の部分集合に**添字**（またはラベル）を貼ることを考える．ここで添字は必ずしも自然数である必要はなく，何かある集合（**添字集合**という），たとえば Λ [1]（ラムダ）の元 λ を用いる．このとき X の部分集合族 $\mathscr{S}$ は次のように表される．

$$\mathscr{S} = \{A_\lambda \mid \lambda \in \Lambda\}.$$

注意　添字 λ を X の部分集合 A_λ に貼り付けるという操作は，添字集合 Λ から X の部分集合族 $\mathscr{S}$ への写像 ($\lambda \mapsto A_\lambda$) とも思える．よって相異なる2つの添字 $\lambda, \mu \in \Lambda$ に対し，$A_\lambda = A_\mu$ となることもある．

例 2.1　X を各学年5クラスからなる中学校の学生全体の集合として，各クラスからなる X の部分集合族 $\mathscr{S}$ を考えると，$\mathscr{S}$ の元（つまりクラス）の個数は $3 \times 5 = 15$ 個になる．k 学年の ℓ 組を $A_{(k,\ell)}$ と表せば，たとえば2年3組は $A_{(2,3)}$ になる．この場合，添字集合は $\{(k, \ell) \mid 1 \leqq k \leqq 3, 1 \leqq \ell \leqq 5\}$ となる．一方 X 自身を $\mathscr{S}$ の添字集合として，s さんのクラスを A_s と表せば，たとえば s さんと t さんが同じクラスならば $A_s = A_t$ となるし，違うクラスならば $A_s \neq A_t$ となる．

---

[1] 添字にはギリシャ文字を使うことが多い．

2.1.2 部分集合族の和集合と共通部分

2 つの集合の共通部分 $A_1 \cap A_2$ や和集合 $A_1 \cup A_2$ は，全称記号 $\forall$ や存在記号 $\exists$ を用いると次のように表せる．

$$A_1 \cap A_2 = \{a \mid \forall \mu \in \{1,2\}, \ a \in A_\mu\},$$
$$A_1 \cup A_2 = \{a \mid \exists \mu \in \{1,2\} \quad s.t. \quad a \in A_\mu\}.$$

2 つの集合くらいならば全称記号 $\forall$ や存在記号 $\exists$ を用いるのは大げさな感じがするが，元がいくつあるか分からない部分集合族の和集合や共通部分を表すには，全称記号 $\forall$ や存在記号 $\exists$ が不可欠になる．たとえば集合 X の部分集合族 $\{A_\lambda \mid \lambda \in \Lambda\}$ に対し，それらの元の和集合や共通部分は，全称記号 $\forall$ や存在記号 $\exists$ を用いて次のように表すことができる．

$$\bigcap_{\mu \in M} A_\mu = \{a \in X \mid \forall \mu \in M, \ a \in A_\mu\},$$
$$\bigcup_{\mu \in M} A_\mu = \{a \in X \mid \exists \mu \in M \quad s.t. \quad a \in A_\mu\}.$$

例題 2.1 自然数 n ごとに次のような実数の全体 $\mathbb{R}$ の部分集合 A_n を対応させる．このとき和集合 $\bigcup_{n \in \mathbb{N}} A_n$ と共通部分 $\bigcap_{n \in \mathbb{N}} A_n$ を求めよ．

(1) $A_n = \left[0, \dfrac{1}{n}\right]$

(2) $A_n = \left(0, \dfrac{1}{n}\right)$

(3) $A_n = \left(-\dfrac{1}{n}, \dfrac{1}{n}\right)$

解 答えのみ記す．

(1) $\bigcup_{n \in \mathbb{N}} A_n = A_1, \quad \bigcap_{n \in \mathbb{N}} A_n = \{0\}.$

(2) $\bigcup_{n \in \mathbb{N}} A_n = A_1, \quad \bigcap_{n \in \mathbb{N}} A_n = \varnothing.$

(3) $\bigcup_{n \in \mathbb{N}} A_n = A_1, \quad \bigcap_{n \in \mathbb{N}} A_n = \{0\}.$ ∎

例題 2.2 自然数 n ごとに次のような平面 $\mathbb{R}^2$ の部分集合 A_n を対応させる．このとき和集合 $\bigcup_{n \in \mathbb{N}} A_n$ と共通部分 $\bigcap_{n \in \mathbb{N}} A_n$ を図示せよ．

(1) $A_n = \{(x,y) \in \mathbb{R}^2 \mid y \geqq nx\}.$

(2) $A_n = \{(x,y) \in \mathbb{R}^2 \mid y > x^{2n}\}$.
(3) $A_n = \{(x,y) \in \mathbb{R}^2 \mid y > x^{2n-1}\}$.

解

(1) $\bigcup_{n \in \mathbb{N}} A_n$ $\bigcap_{n \in \mathbb{N}} A_n$

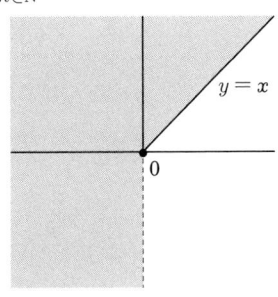

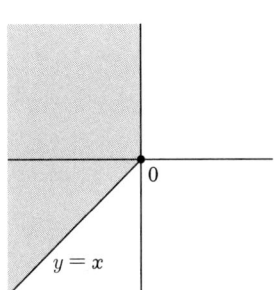

(2) $\bigcup_{n \in \mathbb{N}} A_n$ 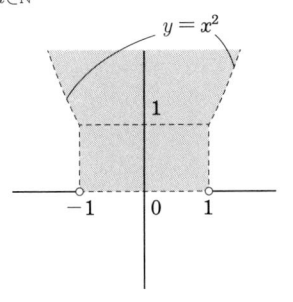 $\bigcap_{n \in \mathbb{N}} A_n$

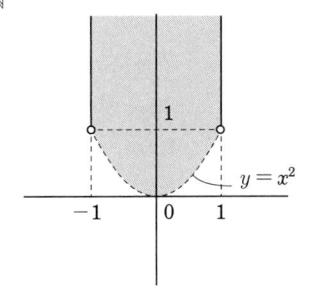

(3) $\bigcup_{n \in \mathbb{N}} A_n$ 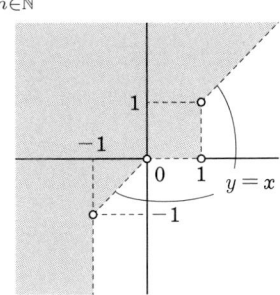 $\bigcap_{n \in \mathbb{N}} A_n$

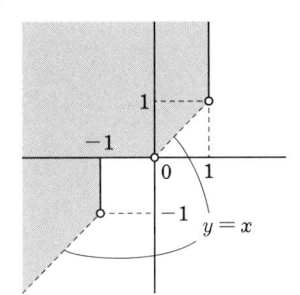

∎

命題 2.1 集合 X の部分集合族 $\{A_\lambda \mid \lambda \in \Lambda\}$ と X の部分集合 B に対し，次の等式が成り立つ．

(1) $B \cap \left(\bigcup_{\lambda \in \Lambda} A_\lambda\right) = \bigcup_{\lambda \in \Lambda}(B \cap A_\lambda)$.

(2) $B \cup \left(\bigcap_{\lambda \in \Lambda} A_\lambda\right) = \bigcap_{\lambda \in \Lambda}(B \cup A_\lambda)$.

(3) $B \cup \left(\bigcup_{\lambda \in \Lambda} A_\lambda\right) = \bigcup_{\lambda \in \Lambda}(B \cup A_\lambda)$.

(4) $B \cap \left(\bigcap_{\lambda \in \Lambda} A_\lambda\right) = \bigcap_{\lambda \in \Lambda}(B \cap A_\lambda)$.

証明 論理記号のみを用いて証明を書いてみよう．

(1) $x \in B \cap \left(\bigcup_{\lambda \in \Lambda} A_\lambda\right) \Leftrightarrow x \in B \wedge x \in \bigcup_{\lambda \in \Lambda} A_\lambda$

$\Leftrightarrow x \in B \wedge \exists \lambda \in \Lambda \ \ s.t. \ \ x \in A_\lambda$

$\Leftrightarrow \exists \lambda \in \Lambda \ \ s.t. \ \ x \in B \wedge x \in A_\lambda$

$\Leftrightarrow x \in \bigcup_{\lambda \in \Lambda}(B \cap A_\lambda)$.

(2) $x \in B \cup \left(\bigcap_{\lambda \in \Lambda} A_\lambda\right) \Leftrightarrow x \in B \vee x \in \bigcap_{\lambda \in \Lambda} A_\lambda$

$\Leftrightarrow x \in B \vee \forall \lambda \in \Lambda, \ x \in A_\lambda$

$\Leftrightarrow \forall \lambda \in \Lambda, \ x \in B \vee x \in A_\lambda$

$\Leftrightarrow x \in \bigcap_{\lambda \in \Lambda}(B \cup A_\lambda)$.

(3) $x \in B \cup (\bigcup_{\lambda \in \Lambda} A_\lambda) \Leftrightarrow x \in B \vee x \in \bigcup_{\lambda \in \Lambda} A_\lambda$

$\Leftrightarrow x \in B \vee \exists \lambda \in \Lambda \ \ s.t. \ \ x \in A_\lambda$

$\Leftrightarrow \exists \lambda \in \Lambda \ \ s.t. \ \ x \in B \vee x \in A_\lambda$

$\Leftrightarrow x \in \bigcup_{\lambda \in \Lambda}(B \cup A_\lambda)$.

(4) $x \in B \cap \left(\bigcap_{\lambda \in \Lambda} A_\lambda\right) \Leftrightarrow x \in B \wedge x \in \bigcap_{\lambda \in \Lambda} A_\lambda$

$\Leftrightarrow x \in B \wedge \forall \lambda \in \Lambda, \ x \in A_\lambda$

$\Leftrightarrow \forall \lambda \in \Lambda, \ x \in B \wedge x \in A_\lambda$

$$\Leftrightarrow x \in \bigcap_{\lambda \in \Lambda} (B \cap A_\lambda). \blacksquare$$

次は定理 1.5（ド・モルガンの法則）の一般化である．

命題 2.2（ド・モルガンの法則）集合 X の部分集合族 $\{A_\lambda \mid \lambda \in \Lambda\}$ に対し，次の等式が成り立つ．
(1) $(\bigcup_{\lambda \in \Lambda} A_\lambda)^c = \bigcap_{\lambda \in \Lambda} A_\lambda^c$.
(2) $(\bigcap_{\lambda \in \Lambda} A_\lambda)^c = \bigcup_{\lambda \in \Lambda} A_\lambda^c$.

証明 論理記号のみを用いて証明を書いてみよう．
(1) $x \in (\bigcup_{\lambda \in \Lambda} A_\lambda)^c \Leftrightarrow x \notin (\bigcup_{\lambda \in \Lambda} A_\lambda)$
$\Leftrightarrow \neg(\exists \lambda \in \Lambda \quad s.t. \quad x \in A_\lambda)$
$\Leftrightarrow \forall \lambda \in \Lambda, \ x \notin A_\lambda$
$\Leftrightarrow \forall \lambda \in \Lambda, \ x \in A_\lambda^c$
$\Leftrightarrow x \in \bigcap_{\lambda \in \Lambda} A_\lambda^c$.

(2) $x \in (\bigcap_{\lambda \in \Lambda} A_\lambda)^c \Leftrightarrow x \notin (\bigcap_{\lambda \in \Lambda} A_\lambda)$
$\Leftrightarrow \neg(\forall \lambda \in \Lambda, \ x \in A_\lambda)$
$\Leftrightarrow \exists \lambda \in \Lambda \quad s.t. \quad x \notin A_\lambda$
$\Leftrightarrow \exists \lambda \in \Lambda \quad s.t. \quad x \in A_\lambda^c$
$\Leftrightarrow x \in \bigcup_{\lambda \in \Lambda} A_\lambda^c. \blacksquare$

次は写像と集合演算に関する命題 1.14 の一般化である．

命題 2.3（写像と集合演算）集合 X の部分集合族 $\{A_\lambda \mid \lambda \in \Lambda\}$，集合 Y の部分集合族 $\{C_\mu \mid \mu \in M\}$，および写像 $f : X \to Y$ について以下が成り立つ．
(1) $f(\bigcup_{\lambda \in \Lambda} A_\lambda) = \bigcup_{\lambda \in \Lambda} f(A_\lambda)$.
(2) $f(\bigcap_{\lambda \in \Lambda} A_\lambda) \subset \bigcap_{\lambda \in \Lambda} f(A_\lambda)$.
(3) $f^{-1}(\bigcup_{\mu \in M} C_\mu) = \bigcup_{\mu \in M} f^{-1}(C_\mu)$.

(4) $f^{-1}(\bigcap_{\mu \in M} C_\mu) = \bigcap_{\mu \in M} f^{-1}(C_\mu).$

証明 論理記号のみを用いて証明を書いてみよう.

(1) $y \in f(\bigcup_{\lambda \in \Lambda} A_\lambda) \Leftrightarrow \exists x \in \bigcup_{\lambda \in \Lambda} A_\lambda \quad s.t. \quad y = f(x)$
$\Leftrightarrow \exists \lambda \in \Lambda \quad s.t. \quad \exists x \in A_\lambda \quad s.t. \quad y = f(x)$
$\Leftrightarrow \exists \lambda \in \Lambda \quad s.t. \quad y \in f(A_\lambda)$
$\Leftrightarrow y \in \bigcup_{\lambda \in \Lambda} f(A_\lambda).$

(2) $y \in f(\bigcap_{\lambda \in \Lambda} A_\lambda) \Leftrightarrow \exists x \in \bigcap_{\lambda \in \Lambda} A_\lambda \quad s.t. \quad y = f(x)$
$\Rightarrow \forall \lambda \in \Lambda, \exists x \in A_\lambda \quad s.t. \quad y = f(x)$
$\Leftrightarrow \forall \lambda \in \Lambda, y \in f(A_\lambda)$
$\Leftrightarrow y \in \bigcap_{\lambda \in \Lambda} f(A_\lambda).$

(3) $x \in f^{-1}(\bigcup_{\mu \in M} C_\mu) \Leftrightarrow f(x) \in \bigcup_{\mu \in M} C_\mu$
$\Leftrightarrow \exists \mu \in M \quad s.t. \quad f(x) \in C_\mu$
$\Leftrightarrow \exists \mu \in M \quad s.t. \quad x \in f^{-1}(C_\mu)$
$\Leftrightarrow x \in \bigcup_{\mu \in M} f^{-1}(C_\mu).$

(4) $x \in f^{-1}(\bigcap_{\mu \in M} C_\mu) \Leftrightarrow f(x) \in \bigcap_{\mu \in M} C_\mu$
$\Leftrightarrow \forall \mu \in M, f(x) \in C_\mu$
$\Leftrightarrow \forall \mu \in M, x \in f^{-1}(C_\mu)$
$\Leftrightarrow x \in \bigcap_{\mu \in M} f^{-1}(C_\mu).$ ■

注意 1章の命題 1.14 (4) より,命題 2.3 の (2) は一般に等号が成立しない.

2.1.3 2項関係

自然数全体の集合 $\mathbb{N}$ において,7 と 12 はともに 5 で割った余りが 2 であるとか,13 は 6 より大きいなど,集合の 2 つの元どうしの数学的な関係について,集合と論理の言葉で定式化してみよう.

定義 2.4（2 項関係）空集合でない集合 X と X 自身の直積集合 $X \times X$ において，空集合でない部分集合 $R \subset X \times X$ を X の **2 項関係**という．$X \times X$ の元 (a,b) が R に含まれることを aRb と表し，2 項関係 R に関して a は b と関係しているという．

例題 2.3 直積集合について以下の等式が成立するか調べよ．
(1) $A \times (B \cup C) = (A \times B) \cup (A \times C)$．
(2) $A \times (B \cap C) = (A \times B) \cap (A \times C)$．
(3) $(A \times B) \cup (C \times D) = (A \cup C) \times (B \cup D)$．
(4) $(A \times B) \cap (C \times D) = (A \cap C) \times (B \cap D)$．

解 論理記号のみを用いて証明を書いてみよう．

(1) $(x,y) \in A \times (B \cup C) \Leftrightarrow x \in A \land y \in B \cup C$
$\Leftrightarrow x \in A \land (y \in B \lor y \in C)$
$\Leftrightarrow (x \in A \land y \in B) \lor (x \in A \land y \in C)$
$\Leftrightarrow (x,y) \in A \times B \lor (x,y) \in A \times C$
$\Leftrightarrow (x,y) \in (A \times B) \cup (A \times C)$．

(2) $(x,y) \in A \times (B \cap C) \Leftrightarrow x \in A \land y \in B \cap C$
$\Leftrightarrow x \in A \land (y \in B \land y \in C)$
$\Leftrightarrow (x \in A \land y \in B) \land (x \in A \land y \in C)$
$\Leftrightarrow (x,y) \in A \times B \land (x,y) \in A \times C$
$\Leftrightarrow (x,y) \in (A \times B) \cap (A \times C)$．

(3) 等号が成立しない例として，$\mathbb{R}$ の部分集合として $A = B = [0,1]$，$C = D = [2,3]$ とすると，$\mathbb{R}^2$ の部分集合として $(A \times B) \cup (C \times D)$ は $(A \cup C) \times (B \cup D)$

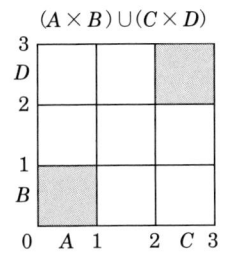

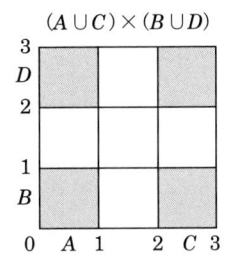

の真部分集合になる.

(4) $(x,y) \in (A \times B) \cap (C \times D)$
$\Leftrightarrow (x,y) \in A \times B \land (x,y) \in C \times D$
$\Leftrightarrow (x \in A \land y \in B) \land (x \in C \land y \in D)$
$\Leftrightarrow (x \in A \land x \in C) \land (y \in B \land y \in D)$
$\Leftrightarrow (x \in A \cap C) \land (y \in B \cap D)$
$\Leftrightarrow (x,y) \in (A \cap C) \times (B \cap D)$. ∎

例 2.2 整数全体の集合 $\mathbb{Z}$ の 2 項関係をいくつか挙げてみよう.

(1) （等号関係）$R = \{(a,b) \in \mathbb{Z} \times \mathbb{Z} \mid a = b\}$ とすると, aRb とは a と b は等しいことを意味する.

(2) （大小関係）$R = \{(a,b) \in \mathbb{Z} \times \mathbb{Z} \mid a \leqq b\}$ とすると, aRb とは b は a 以上であることを意味する.

(3) （剰余関係）$R = \{(a,b) \in \mathbb{Z} \times \mathbb{Z} \mid a - b \text{ は } 6 \text{ の倍数}\}$ とすると, aRb とは a と b は 6 で割った余りが等しいことを意味する.

2 項関係の性質のうち以下の 4 つが重要である.

- （**反射律**）X の任意の元 x に対し, xRx が成り立つ.
- （**対称律**）X の任意の 2 元 x,y に対し, xRy ならば yRx が成り立つ.
- （**反対称律**）X の任意の 2 元 x,y に対し, xRy かつ yRx ならば $x = y$ が成り立つ.
- （**推移律**）X の任意の 3 元 x,y,z に対し, xRy かつ yRz ならば xRz が成り立つ.

定義 2.5 （**同値関係, 順序関係**）2 項関係 R が**同値関係**であるとは, 反射律と対称律と推移律を満たすこととする. 2 項関係 R が**順序関係**であるとは, 反射律と反対称律と推移律を満たすこととする.

例題 2.4 (1) 集合 X の 2 つの元 a,b に対し, aRb を $a = b$ で定義すると, X の 2 項関係 R は同値関係になる.

(2) 自然数 n を 1 つ固定する. 2 つの整数 a,b に対し, aRb を $a - b$ は n で割り切れることと定義すると, $\mathbb{Z}$ における 2 項関係 R は同値関係になる.

解 (1) は明らかなので，(2) の 2 項関係 R が同値関係になることを示そう．

任意の整数 a に対し，$a-a=0$ は自然数 n の倍数より R は反射律を満たす．次に任意の 2 つの整数 a,b に対し，$a-b$ が n の倍数ならば $b-a=-(a-b)$ も n の倍数より R は対称律を満たす．最後に任意の 3 つの整数 a,b,c に対し，$a-b$ と $b-c$ が n の倍数ならば $a-c=(a-b)+(b-c)$ も n の倍数より R は推移律を満たす．

以上より R は同値関係である．■

例 2.3 (1) 2 つの実数 $a,b \in \mathbb{R}$ に対し，aRb を $a \leqq b$ と定義すると，$\mathbb{R}$ における 2 項関係 R は順序関係になる．

(2) 2 つの自然数 a,b に対し，aRb を b は a の倍数であることと定義すると，$\mathbb{N}$ における 2 項関係 R は順序関係になる．

(3) 集合 X の 2 つの部分集合 A,B に対し，ARB を $A \subset B$ で定義すると，X のベキ集合 $\mathscr{P}(X)$ における 2 項関係 R は順序関係になる．

2.2 同値関係

2.2.1 同値類，商集合

集合 X は空集合でないとする．X の 2 項関係 R が同値関係であるとは次の 3 つの条件を満たすことであった．

- （反射律）X の任意の元 x に対し，xRx が成り立つ．
- （対称律）X の任意の 2 元 x,y に対し，xRy ならば yRx が成り立つ．
- （推移律）X の任意の 3 元 x,y,z に対し，xRy かつ yRz ならば xRz が成り立つ．

同値関係 aRb を $a \sim b$ と表す．

例 2.4 (1) 2 つの自然数 x,y に対し，$x+y$ が偶数であるとき xRy とすると，R は $\mathbb{N}$ の同値関係になる．実際，任意の自然数 x に対し $x+x=2x$ は偶数なので xRx となり R は反射律を満たす．また任意の自然数 x,y に対し，xRy ならば $x+y$ は偶数より $y+x$ も偶数なので yRx と

なる．よって R は対称律を満たす．最後に任意の自然数 x, y, z に対し，xRy かつ yRz ならば $x+y$ と $y+z$ はともに偶数より，それらの和 $(x+y)+(y+z) = x+z+2y$ も偶数なので $x+z$ も偶数になる．よって R は推移律を満たす．

(2) 2つの実数 $x, y \in \mathbb{R}$ に対し，$xy \geqq 0$ であるとき xRy とすると，R は $\mathbb{R}$ の同値関係にならない．たとえば $1R0$ かつ $0R(-1)$ だが $1R(-1)$ ではないので推移律を満たさない．

例題 2.5

(1) 次の二項関係 xRy は $\mathbb{N}$ の同値関係か調べよ．

　　(i) $x^2 + y$ は偶数． (ii) $x + y \geqq 2$．

(2) 次の二項関係 xRy は $\mathbb{R}$ の同値関係か調べよ．

　　(i) $|x| = |y|$． (ii) $|x - y| \leqq 1$．

解　(1) (i) は同値関係である．実際

- (反射律) 任意の自然数 x に対し，$x^2 + x = x(x+1)$ は偶数より xRx が成り立つ．
- (対称律) 任意の2つの自然数 x, y に対し，xRy ならば $x^2 + y$ が偶数より，x と y はともに偶数かともに奇数である．よって $y^2 + x$ も偶数なので yRx が成り立つ．
- (推移律) 任意の3つの自然数 x, y, z に対し，xRy かつ yRz ならば $x^2 + y$ が偶数かつ $y^2 + z$ も偶数より，x と y はともに偶数かともに奇数かつ，y と z もともに偶数かともに奇数である．よって x と z もともに偶数かともに奇数なので，$x^2 + z$ は偶数になり xRz が成り立つ．

(ii) も同値関係である．実際任意の2つの自然数 x, y に対し，$x, y \geqq 1$ より $x + y \geqq 2$ となり，同値関係の3つの条件を満たす．

(2) (i) は同値関係である．実際

- (反射律) 任意の実数 x に対し，$|x| = |x|$ より xRx が成り立つ．
- (対称律) 任意の2つの実数 x, y に対し，xRy ならば $|x| = |y|$ より，$|y| = |x|$ なので yRx が成り立つ．
- (推移律) 任意の3つの実数 x, y, z に対し，xRy かつ yRz ならば $|x| = |y|$ かつ $|y| = |z|$ より，$|x| = |z|$ なので xRz が成り立つ．

(ii) は同値関係ではない．たとえば $1R0$ かつ $0R(-1)$ だが $1R(-1)$ ではないので推移律を満たさない．■

定義 2.6（**同値類，代表元，商集合，商写像**）集合 X の同値関係 $\sim$ について，X の元 a の**同値類**とは $x \sim a$ を満たす X の元 x の全体で $[a]$ と表す．つまり集合の記号で表すと

$$[a] = \{x \in X \mid x \sim a\}$$

となる．$[a]$ の元を同値類 $[a]$ の**代表元**という．X の同値類の全体からなる X の部分集合族を，同値関係 $\sim$ による X の**商集合**といい $X/\sim$ と表す．X の元 a に同値類 $[a]$ を対応させる全射を**商写像** $\pi: X \to X/\sim$ という．

つまり互いに同値な元たちをひとまとめにしたグループが同値類で，グループの集まりが商集合で，自分がどのグループに属するかを表す写像が商写像である．

例 2.5 自然数 n を 1 つ固定する．2 つの整数 a, b に対し，$a \sim b$ を $a - b$ は n で割り切れることと定義すると，$\mathbb{Z}$ における 2 項関係 $\sim$ は同値関係であった（例題 2.4 の (2)）．この同値関係による $\mathbb{Z}$ の同値類を n を法とする**剰余類**といい，商集合 $\mathbb{Z}/\sim$ を $\mathbb{Z}_n$ と表す．たとえば $n = 6$ とすると，$\mathbb{Z}_6 = \{[0], [1], [2], [3], [4], [5]\}$ であり，1 も 13 も -5 も同値類 $[1] \in \mathbb{Z}_6$ の代表元である．

補題 2.7 同値類 $[a]$ の任意の代表元 c に対し，$[a] = [c]$ が成り立つ．

証明 $c \in [a]$ より $c \sim a$ となる．よって同値類 $[c]$ の任意の元 x に対し，$x \sim c$ なので同値関係 $\sim$ の推移律より，$x \sim c$ かつ $c \sim a$ から $x \sim a$ となる．よって $x \in [a]$ となり $[c] \subset [a]$ となる．また同値関係 $\sim$ の対称律から $c \sim a$ より $a \sim c$ となる．よって同値類 $[a]$ の任意の元 y に対し，$y \sim a$ なので同値関係 $\sim$ の推移律より，$y \sim a$ かつ $a \sim c$ から $y \sim c$ となる．よって $y \in [c]$ となり $[a] \subset [c]$ となる．■

命題 2.8 集合 X の同値関係 $\sim$ による同値類について以下が成り立つ．

(1) 任意の $[a] \in X/\sim$ に対し $[a] \neq \emptyset$．
(2) $X = \bigcup_{a \in X} [a]$．
(3) $[a] \cap [b] \neq \emptyset$ ならば $[a] = [b]$．

証明 (1) 任意の $[a] \in X/\sim$ に対し，同値関係 $\sim$ は反射律 $a \sim a$ を満たすので，$a \in [a]$ となり，$[a] \neq \emptyset$ である．

(2) 同値類 $[a]$ は X の部分集合より，$X \supset \bigcup_{a \in X} [a]$ となる．逆に任意の $a \in X$ に対し，同値関係 $\sim$ は反射律 $a \sim a$ を満たすので，$a \in [a]$ となり，$X \subset \bigcup_{a \in X} [a]$ となる．

(3) $[a] \cap [b] \neq \emptyset$ ならばある元 $c \in [a] \cap [b]$ が存在する．よって補題 2.7 より $[a] = [c] = [b]$ となる．■

例題 2.6 平面 $\mathbb{R}^2$ における次の同値関係 $(x_1, y_1) \sim (x_2, y_2)$ について，点 $P(0,0)$ の同値類と点 $Q(2,1)$ の同値類を平面に図示せよ．

(1) $x_1 + y_2 = x_2 + y_1$, (2) $x_1 y_1 = x_2 y_2$.

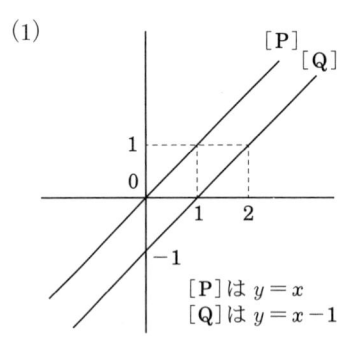

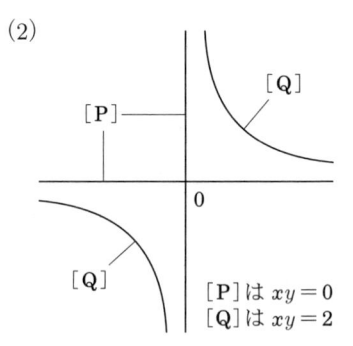

解

(1) [P] は $y = x$
[Q] は $y = x - 1$

(2) [P] は $xy = 0$
[Q] は $xy = 2$ ■

2.2.2 集合の分割

このように集合の同値関係により，その集合は空集合でない部分集合に分けられ，相異なる部分集合どうしは共通部分を持たない．このような集合の分け方を数学的に定式化しておこう．

定義 2.9（集合の分割）集合 X は空集合でないとする．X の部分集合族 $\{A_\lambda \mid \lambda \in \Lambda\}$ が X の **分割** であるとは

(1) 任意の $\lambda \in \Lambda$ に対し $A_\lambda \neq \emptyset$.

(2) $X = \bigcup_{\lambda \in \Lambda} A_\lambda$.

(3) $A_\lambda \cap A_\mu \neq \emptyset$ ならば $A_\lambda = A_\mu$.

例 2.6 日本列島を都道府県ごとに分けるのは日本列島の分割である.

次の定理から集合を分割することと同値関係を考えることとは同じであることが分かる.

定理 2.10（同値関係の基本定理）
(1) X の同値関係 $\sim$ による商集合は X の分割を与える.
(2) X の分割 $\{A_\lambda \mid \lambda \in \Lambda\}$ に対し, X の 2 項関係 $\sim$ を次のように定義する. X の元 a, b に対しある $\lambda \in \Lambda$ が存在して, $a, b \in A_\lambda$ を満たすとき $a \sim b$ とする. このとき $\sim$ は X の同値関係になる.
(3) (2) で定義された同値関係 $\sim$ による商集合 $X/\sim$ は, 最初に与えられた X の分割 $\{A_\lambda \mid \lambda \in \Lambda\}$ に一致する.

証明 (1) 命題 2.8 より明らか.
(2) 同値関係の 3 つの条件を確かめる.
- （反射律）X の任意の元 a に対し, 分割の条件（定義 2.9 (2)）よりある $\lambda \in \Lambda$ が存在して $a \in A_\lambda$ となる. よって $a \sim a$ となり反射律を満たす.
- （対称律）X の任意の 2 元 a, b に対し, $a \sim b$ と仮定すると, ある $\lambda \in \Lambda$ が存在して $a, b \in A_\lambda$ となる. よって $b \sim a$ でもあるので対称律を満たす.
- （推移律）X の任意の 3 元 a, b, c に対し, $a \sim b$ かつ $b \sim c$ と仮定すると, ある $\lambda, \mu \in \Lambda$ が存在して $a, b \in A_\lambda$ かつ $b, c \in A_\mu$ となる. ここで $b \in A_\lambda \cap A_\mu$ より, 分割の条件（定義 2.9 (3)）より $A_\lambda = A_\mu$ となり, $a, c \in A_\lambda$ より $a \sim c$ となるので推移律も満たす.

(3) $\{A_\lambda \mid \lambda \in \Lambda\}$ から $X/\sim$ への写像 $\varphi : \{A_\lambda \mid \lambda \in \Lambda\} \to X/\sim$ を以下のように定義する.
分割の条件（定義 2.9 (1)）より任意の A_λ は空集合ではないので, 任意に元 $a \in A_\lambda$ を選び, その同値類 $[a]$ を対応させる. つまり $\varphi(A_\lambda) = [a]$ と定義する. このとき $\varphi(A_\lambda)$ は元 a の選び方によらない. なぜならばたとえば別の元 $b \in A_\lambda$ を選んだとすると, $a, b \in A_\lambda$ より同値関係の定義から $[a] = [b]$ となるからであ

る．以下 φ が全単射を示す．任意の $[a] \in X/\sim$ に対し，ある $\lambda \in \Lambda$ が存在して $a \in A_\lambda$ となるので，$\varphi(A_\lambda) = [a]$ となり φ は全射である．また $\varphi(A_\lambda) = \varphi(A_\mu) = [a] \in X/\sim$ ならば，$a \in A_\lambda \cap A_\mu$ より，分割の条件（定義 2.9 (3)）より $A_\lambda = A_\mu$ となり φ は単射である．■

つまり同値関係とは，集合をグループに分けて巨視的に見ることを数学的に定式化した概念である[2]．

2.2.3 Well-defined（定義可能）

上記の写像 $\varphi: \{A_\lambda \mid \lambda \in \Lambda\} \to X/\sim$ の定義のように，代表元を取って写像を定義する際には，代表元の取り方によらないことを確かめる必要がある．この作業を well-defined（定義可能）を確かめるという．

例題 2.7 自然数 n による $\mathbb{Z}$ の剰余類全体 $\mathbb{Z}_n$ に，次のように和と積を定義すると well-defined になる．

$$[a] + [b] = [a+b], \quad [a] \cdot [b] = [a \cdot b].$$

解 $[a] = [c]$ かつ $[b] = [d]$ とすると，ある $p, q \in \mathbb{Z}$ が存在して $a - c = pn$ かつ $b - d = qn$ と表される．

まず $[a] + [b] = [a+b]$ が well-defined であることをいうには，$[a+b] = [c+d]$ を示せばよいが，

$$(a+b) - (c+d) = (a-c) + (b-d) = pn + qn = (p+q)n$$

となり $[a+b] = [c+d]$ が分かる．

次に $[a] \cdot [b] = [a \cdot b]$ が well-defined であることをいうには，$[a \cdot b] = [c \cdot d]$ を示せばよいが，

$$(a \cdot b) - (c \cdot d) = (a-c)b + c(b-d) = pnb + cqn = (pb + cq)n$$

となり $[a \cdot b] = [c \cdot d]$ が分かる．■

---

[2] 植物を個々の差異をひとまず忘れて，イネ科，キク科，マメ科などに大きく分類して，各科に共通な性質を調べる作業に似ている．

同値関係の応用として自然数から整数を構成してみよう．この作り方では整数は同値類なので，加法や乗法を定義する際に well-defined であることを確かめる必要がある．

命題 2.11（自然数から整数の構成）
直積集合 $\mathbb{N} \times \mathbb{N}$ の2項関係 R を，$\mathbb{N} \times \mathbb{N}$ の2つの元 $(a,b), (c,d)$ に対し，
$$(a,b)R(c,d) \Leftrightarrow a+d = b+c$$
と定義する．このとき
(1) $\mathbb{N} \times \mathbb{N}$ の2項関係 R は同値関係である．
(2) 以下 $\mathbb{N} \times \mathbb{N}$ の同値関係 R を $\sim$ と表す．商集合 $\mathbb{N} \times \mathbb{N}/\sim$ における2つの同値類 $[(a,b)], [(c,d)]$ の和を
$$[(a,b)] + [(c,d)] = [(a+c, b+d)]$$
と定義すると，well-defined になる．
(3) 2つの同値類 $[(a,b)], [(c,d)]$ の積を
$$[(a,b)] \cdot [(c,d)] = [(ac+bd, ad+bc)]$$
と定義すると，well-defined になる．
(4) 商集合 $\mathbb{N} \times \mathbb{N}/\sim$ から $\mathbb{Z}$ への写像 $\varphi : \mathbb{N} \times \mathbb{N}/\sim \to \mathbb{Z}$ を $\varphi([(a,b)]) = a - b$ で定義すると，well-defined かつ全単射になる．
(5) φ は和と積を保つ，つまり2つの同値類 $[(a,b)], [(c,d)] \in \mathbb{N} \times \mathbb{N}/\sim$ に対し
$$\varphi([(a,b)] + [(c,d)]) = \varphi([(a,b)]) + \varphi([(c,d)]),$$
$$\varphi([(a,b)] \cdot [(c,d)]) = \varphi([(a,b)]) \cdot \varphi([(c,d)])$$
となる．

証明 (1) R が同値関係の3つの条件を満たすことを確かめる．
- （反射律）任意の $(a,b) \in \mathbb{N} \times \mathbb{N}$ に対し，$a+b = b+a$ より $(a,b)R(a,b)$ となる．
- （対称律）任意の $(a,b), (c,d) \in \mathbb{N} \times \mathbb{N}$ に対し，$(a,b)R(c,d)$ ならば $a+d = b+c$ となる．よって $c+b = d+a$ となるので $(c,d)R(a,b)$ となる．

- （推移律）任意の $(a,b),(c,d),(e,f) \in \mathbb{N} \times \mathbb{N}$ に対し，$(a,b)R(c,d)$ かつ $(c,d)R(e,f)$ ならば $a+d=b+c$ かつ $c+f=d+e$ となる．両辺どうしを足して $a+d+c+f=b+c+d+e$ となり $a+f=b+e$ となるので $(a,b)R(e,f)$ となる．

(2) $(a,b) \sim (p,q)$ かつ $(c,d) \sim (r,s)$ ならば $(a+c,b+d) \sim (p+r,q+s)$ を示せばよい．$(a,b) \sim (p,q)$ かつ $(c,d) \sim (r,s)$ より $a+q=b+p$ かつ $c+s=d+r$ となる．両辺どうしを足して $a+q+c+s=b+p+d+r$ となるので $(a+c,b+d) \sim (p+r,q+s)$ となる．

(3) $(a,b) \sim (p,q)$ かつ $(c,d) \sim (r,s)$ ならば $(ac+bd,ad+bc) \sim (pr+qs,ps+qr)$ を示せばよい．$(a,b) \sim (p,q)$ かつ $(c,d) \sim (r,s)$ より $a+q=b+p$ かつ $c+s=d+r$ となる．よって $a-b=p-q$ かつ $c-d=r-s$ となる．両辺どうしを掛けて $(a-b)(c-d)=(p-q)(r-s)$ となるので $ac+bd+ps+qr=ad+bc+pr+qs$ となり $(ac+bd,ad+bc) \sim (pr+qs,ps+qr)$ となる．

(4) まず $(a,b) \sim (p,q)$ ならば $a+q=b+p$ より $a-b=p-q$ となるので φ は well-defined になる．次に $[(a,b)],[(c,d)] \in \mathbb{N} \times \mathbb{N}/\sim$ に対し $\varphi([(a,b)])=\varphi([(c,d)])$ ならば，$a-b=c-d$ より $a+d=b+c$ なので $[(a,b)]=[(c,d)]$ となり φ は単射である．最後に任意の整数 n に対し，$n>0$ ならば $\varphi([(n+1,1)])=n$，$n \leqq 0$ ならば $\varphi([(1,1-n)])=n$ となり φ は全射である．

(5) (2) と (3) および φ の定義を用いて式変形をしてみる．

$$\varphi([(a,b)]+[(c,d)])=\varphi([(a+c,b+d)])=(a+c)-(b+d)$$
$$=(a-b)+(c-d)=\varphi([(a,b)])+\varphi([(c,d)]).$$
$$\varphi([(a,b)] \cdot [(c,d)])=\varphi([(ac+bd,ad+bc)])=(ac+bd)-(ad+bc)$$
$$=(a-b) \cdot (c-d)=\varphi([(a,b)]) \cdot \varphi([(c,d)]). \blacksquare$$

例題 2.8（整数から有理数の構成）直積集合 $\mathbb{Z} \times \mathbb{N}$ の 2 項関係 R を，$\mathbb{Z} \times \mathbb{N}$ の 2 つの元 $(a,b),(c,d)$ に対し，

$$(a,b)R(c,d) \Leftrightarrow ad=bc$$

と定義する．

(1) $\mathbb{Z} \times \mathbb{N}$ の 2 項関係 R は同値関係であることを示せ．

(2) 以下 $\mathbb{Z} \times \mathbb{N}$ の同値関係 R を $\sim$ と表す．商集合 $\mathbb{Z} \times \mathbb{N}/\sim$ における 2 つの同値類 $[(a,b)], [(c,d)] \in \mathbb{Z} \times \mathbb{N}/\sim$ の和を

$$[(a,b)] + [(c,d)] = [(ad+bc, bd)]$$

と定義すると，well-defined になることを示せ．

(3) 2 つの同値類 $[(a,b)], [(c,d)] \in \mathbb{Z} \times \mathbb{N}/\sim$ の積を

$$[(a,b)] \cdot [(c,d)] = [(ac, bd)]$$

と定義すると，well-defined になることを示せ．

(4) 商集合 $\mathbb{Z} \times \mathbb{N}/\sim$ から $\mathbb{Q}$ への写像 $\varphi : \mathbb{Z} \times \mathbb{N}/\sim \to \mathbb{Q}$ を $\varphi([(a,b)]) = \dfrac{a}{b}$ で定義すると，well-defined かつ全単射になることを示せ．

(5) φ は和と積を保つ，つまり 2 つの同値類 $[(a,b)], [(c,d)] \in \mathbb{Z} \times \mathbb{N}/\sim$ に対し

$$\varphi([(a,b)] + [(c,d)]) = \varphi([(a,b)]) + \varphi([(c,d)]),$$
$$\varphi([(a,b)] \cdot [(c,d)]) = \varphi([(a,b)]) \cdot \varphi([(c,d)])$$

を示せ．

解 (1) R が同値関係の 3 つの条件を満たすことを確かめる．

- （反射律）任意の $(a,b) \in \mathbb{Z} \times \mathbb{N}$ に対し，$ab = ba$ より $(a,b)R(a,b)$ となる．
- （対称律）任意の $(a,b), (c,d) \in \mathbb{Z} \times \mathbb{N}$ に対し，$(a,b)R(c,d)$ ならば $ad = bc$ となる．よって $cb = da$ となるので $(c,d)R(a,b)$ となる．
- （推移律）任意の $(a,b), (c,d), (e,f) \in \mathbb{Z} \times \mathbb{N}$ に対し，$(a,b)R(c,d)$ かつ $(c,d)R(e,f)$ ならば $ad = bc$ かつ $cf = de$ となる．両辺どうしを掛けて $adcf = bcde$ となる．両辺を $d \neq 0$ で割ると $acf = bce$ となる．ここで $c \neq 0$ のとき両辺を c で割ると $af = be$ となるので $(a,b)R(e,f)$ となる．また $c = 0$ のとき $ad = bc$ かつ $cf = de$ より $a = e = 0$ となり，この場合も $af = be$ となるので $(a,b)R(e,f)$ となる．

(2) $(a,b) \sim (p,q)$ かつ $(c,d) \sim (r,s)$ ならば $(ad+bc, bd) \sim (ps+qr, qs)$ を示せばよい．$(a,b) \sim (p,q)$ かつ $(c,d) \sim (r,s)$ より $aq = bp$ かつ $cs = dr$ となる．よって $adqs = bdps$ かつ $bcqs = bdqr$ となる．両辺どうしを足して $(ad+bc)qs = bd(ps+qr)$ となるので $(ad+bc, bd) \sim (ps+qr, qs)$ となる．

(3) $(a,b) \sim (p,q)$ かつ $(c,d) \sim (r,s)$ ならば $(ac,bd) \sim (pr,qs)$ を示せばよい. $(a,b) \sim (p,q)$ かつ $(c,d) \sim (r,s)$ より $aq = bp$ かつ $cs = dr$ となる. よって両辺どうしを掛けて $aqcs = bpdr$ となるので $(ac,bd) \sim (pr,qs)$ となる.

(4) まず $(a,b) \sim (p,q)$ ならば $aq = bp$ より $\dfrac{a}{b} = \dfrac{p}{q}$ となるので φ は well-defined になる. 次に $[(a,b)], [(c,d)] \in \mathbb{N} \times \mathbb{N}/\sim$ に対し $\varphi([(a,b)]) = \varphi([(c,d)])$ ならば, $\dfrac{a}{b} = \dfrac{c}{d}$ より $ad = bc$ なので $[(a,b)] = [(c,d)]$ となり φ は単射である. 最後に任意の $\dfrac{a}{b} \in \mathbb{Q}$ に対し, $\varphi([(a,b)]) = \dfrac{a}{b}$ となり φ は全射である.

(5) (2) と (3) および φ の定義を用いて式変形してみる.

$$\varphi([(a,b)] + [(c,d)]) = \varphi([(ad+bc, bd)]) = \frac{ad+bc}{bd}$$
$$= \frac{a}{b} + \frac{c}{d} = \varphi([(a,b)]) + \varphi([(c,d)]).$$
$$\varphi([(a,b)] \cdot [(c,d)]) = \varphi([(ac, bd)]) = \frac{ac}{bd}$$
$$= \frac{a}{b} \cdot \frac{c}{d} = \varphi([(a,b)]) \cdot \varphi([(c,d)]). \blacksquare$$

2.3 順序関係

集合 X は空集合でないとする. X の 2 項関係 R が順序関係であるとは次の 3 つの条件を満たすことであった.

- (反射律) X の任意の元 x に対し, xRx が成り立つ.
- (反対称律) X の任意の 2 元 x, y に対し, xRy かつ yRx ならば $x = y$ が成り立つ.
- (推移律) X の任意の 3 元 x, y, z に対し, xRy かつ yRz ならば xRz が成り立つ.

定義 2.12 (順序集合, 比較可能, 全順序) 順序関係 R を $\leqq$ と表し, 特に $\leqq$ かつ $\neq$ を $<$ と表す. $(X, \leqq)$ を順序集合という. 順序集合 $(X, \leqq)$ の 2 つの元 a, b が**比較可能**であるとは, $a \leqq b$ または $b \leqq a$ のいずれかを満たすこととする. 特に X の任意の 2 つの元が比較可能な場合に $\leqq$ を**全順序**といい, $(X, \leqq)$ を**全順序集合**という.

例 2.7 例 2.3 において，(1) の順序集合 $(\mathbb{R}, \leqq)$ は全順序集合であるが，(2) の順序集合 $(\mathbb{N}, \leqq)$ は全順序集合ではない．たとえば 3 と 12 は比較可能だが，8 と 14 は比較可能ではない．同様に (3) の順序集合 $(\mathscr{P}(X), \subseteq)$ も，X が 2 個以上の元を含む場合は全順序集合ではない．

順序集合の部分集合の性質について以下にまとめておこう．

定義 2.13（上（下）界，上（下）に有界，最大（小）元，上（下）限）

$(X, \leqq)$ を順序集合とする．X の空でない部分集合 A と X の元 p と q に対し，

(1) p は A の**上界**（の 1 つ[3]）であるとは，A の任意の元 a に対し，$a \leqq p$ が成り立つこととする．

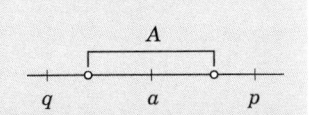

(2) q は A の**下界**（の 1 つ）であるとは，A の任意の元 a に対し，$q \leqq a$ が成り立つこととする．

(3) A は**上に有界**であるとは，A の上界が存在することとする．

(4) A は**下に有界**であるとは，A の下界が存在することとする．

(5) A は**有界**であるとは，上に有界かつ下に有界であることとする．

(6) p は A の**最大元**であるとは，p は A の元であり，かつ A の上界であることとする．記号で $\max A$ と表す．

(7) q は A の**最小元**であるとは，q は A の元であり，かつ A の下界であることとする．記号で $\min A$ と表す．

(8) A を上に有界とする．このとき p は A の**上限**であるとは，上界の最小値，つまり B を A の上界全体の集合とするとき，$p = \min B$ であることとする．記号で $\sup A$ と表す．

(9) A を下に有界とする．このとき q は A の**下限**であるとは，下界の最大値，つまり C を A の下界全体の集合とするとき，$q = \max C$ であることとする．記号で $\inf A$ と表す．

例題 2.9 次の $\mathbb{R}$ の部分集合は上に有界か，下に有界か，有界か調べよ．また上

---

[3] 上界が 1 つ見つかればそれより大きい元は全て上界なので，上界は一般に複数存在する．下界についても同様である．

限，下限，最大値，最小値の存在を調べよ．

$$A = (-1, 2) \cup \{3, 5\}, \quad B = \left\{1 - \frac{1}{n} \mid n \in \mathbb{N}\right\}, \quad C = \left\{\frac{1}{n} \mid n \in \mathbb{N}\right\} \cup \mathbb{N}.$$

解 答えのみ記す．A は有界で，$\sup A = \max A = 5$, $\inf A = -1$ かつ $\min A$ は存在しない．B は有界で，$\sup B = 1$, $\max B$ は存在せず，$\inf B = \min B = 0$ である．C は下に有界で，$\sup C$ も $\max C$ も存在せず，$\inf C = 0$ で $\min C$ は存在しない．∎

最大元や最小元に比べて，上限や下限は最初なかなか分かりにくい概念である．それらの関係は次のとおりである．

命題 2.14 $(X, \leqq)$ を順序集合とする．X の空でない部分集合 A に対し以下が成り立つ．
(1) A の最大元は存在するならばただ 1 つである．
(2) A の最小元は存在するならばただ 1 つである．
(3) A の上限は存在するならばただ 1 つである．
(4) A の下限は存在するならばただ 1 つである．
(5) $\max A$ が存在するならば，$\sup A$ も存在して $\max A = \sup A$ である．
(6) $\min A$ が存在するならば，$\inf A$ も存在して $\min A = \inf A$ である．
(7) $\sup A$ が存在しても $\max A$ が存在するとは限らない．
(8) $\inf A$ が存在しても $\min A$ が存在するとは限らない．

証明 (1) p と q はともに A の最大元とする．このとき p も q も A の元である．また p も q も A の上界なので，$q \leqq p$ かつ $p \leqq q$ となる．よって $\leqq$ は反対称律を満たすので $p = q$ となり，A の最大元は存在すればただ 1 つである．

(2) p と q はともに A の最小元とする．このとき p も q も A の元である．また p も q も A の下界なので，$p \leqq q$ かつ $q \leqq p$ となる．よって $\leqq$ は反対称律を満たすので $p = q$ となり，A の最小元は存在すればただ 1 つである．

(3) p と q はともに A の上限とする．B を A の上界全体の集合とするとき，p も q も B の最小元なので，(2) より $p = q$ となる．よって A の上限は存在すればただ 1 つである．

(4) p と q はともに A の下限とする．C を A の下界全体の集合とするとき，p も q も C の最大元なので，(1) より $p = q$ となる．よって A の下限は存在すればただ 1 つである．

(5) $p = \max A$ とすると，p は A の上界である．一方 q を A の上界とすると，p は A の元より $p \leqq q$ となる．よって p は A の上界全体の最小元より $p = \sup A$，つまり $\max A = \sup A$ となる．

(6) $p = \min A$ とすると，p は A の下界である．一方 q を A の下界とすると，p は A の元より $q \leqq p$ となる．よって p は A の下界全体の最大元より $p = \inf A$，つまり $\min A = \inf A$ となる．

(7) $X = \mathbb{R}$ として，$A = (-\infty, 1)$ とする．このとき $\sup A = 1$ だが $\max A$ は存在しない．実際，1 は A の上界であり，1 より小さい任意の実数 p に対し，$\dfrac{p+1}{2} \in A$ かつ $p < \dfrac{p+1}{2}$ より p は A の上界ではない．よって 1 は A の上界の最小値より $\sup A = 1$ となる．また $\max A$ が存在したとすると，(5) より $\max A = \sup A = 1$ となるが，$1 \notin A$ より矛盾．よって $\max A$ は存在しない．

(8) $X = \mathbb{R}$ として，$A = (0, +\infty)$ とする．このとき $\inf A = 0$ だが $\min A$ は存在しない．実際，0 は A の下界であり，0 より大きい任意の実数 q に対し，$\dfrac{q}{2} \in A$ かつ $\dfrac{q}{2} < q$ より q は A の下界ではない．よって 0 は A の下界の最大値より $\inf A = 0$ となる．また $\min A$ が存在したとすると，(6) より $\min A = \inf A = 0$ となるが，$0 \notin A$ より矛盾．よって $\min A$ は存在しない．■

2 つの部分集合の上限や下限の順序関係についてまとめておこう．

命題 2.15 $(X, \leqq)$ を順序集合とする．X の空でない部分集合 A, B に対し次を示せ．

(1) $\sup A$ と $\sup B$ が存在して A の任意の元 a と B の任意の元 b に対し $a \leqq b$ が成り立つならば，$\sup A \leqq \sup B$ である．

(2) $\sup A, \sup B$ が存在して $A \subset B$ ならば，$\sup A \leqq \sup B$ である．

(3) $\inf A$ と $\inf B$ が存在して A の任意の元 a と B の任意の元 b に対し $a \leqq b$ が成り立つならば，$\inf A \leqq \inf B$ である．

(4) $\inf A$ と $\inf B$ が存在して $A \subset B$ ならば，$\inf B \leqq \inf A$ である．

(5) $\sup A, \inf B$ がともに存在して A の任意の元 a と B の任意の元 b に対し $a \leqq b$ ならば，$\sup A \leqq \inf B$ である．

証明 (1) A の任意の元 a と B の任意の元 b に対し $a \leqq b$ より，B の任意の元 b は A の上界である．よって $\sup A \leqq b$ となる．ここで b は B の任意の元より $\sup A \leqq \sup B$ となる．

(2) $A \subset B$ より B の任意の上界は A の上界でもある．よって B の上限 $\sup B$ も A の上界になるので，$\sup A \leqq \sup B$ である．

(3) A の任意の元 a と B の任意の元 b に対し $a \leqq b$ より，A の任意の元 a は B の下界である．よって $a \leqq \inf B$ となる．ここで a は A の任意の元より $\inf A \leqq \inf B$ となる．

(4) $A \subset B$ より B の任意の下界は A の下界でもある．よって B の下限 $\inf B$ も A の下界になるので，$\inf B \leqq \inf A$ である．

(5) A の任意の元 a と B の任意の元 b に対し $a \leqq b$ ならば，B の任意の元 b は A の上界である．よって $\sup A \leqq b$ となる．ここで b は B の任意の元より $\sup A$ は B の下界になるので，$\sup A \leqq \inf B$ である． ■

次の実数における上限および下限の特徴付けはとても有用である．

定理 2.16（実数における上限および下限の特徴付け）
(1) $\mathbb{R}$ の空でない部分集合 A が上に有界とする．このとき $b \in \mathbb{R}$ が $\sup A$ であるための必要十分条件は，次の 2 つの条件を満たすことである．
  (i) $\forall a \in A, \ a \leqq b$.
  (ii) $\forall \varepsilon > 0, \ \exists a \in A \quad s.t. \quad b - \varepsilon < a$.
(2) $\mathbb{R}$ の空でない部分集合 A が下に有界とする．このとき $c \in \mathbb{R}$ が $\inf A$ であるための必要十分条件は，次の 2 つの条件を満たすことである．
  (i) $\forall a \in A, \ a \geqq c$.
  (ii) $\forall \varepsilon > 0, \ \exists a \in A \quad s.t. \quad c + \varepsilon > a$.

証明 定義より $\sup A$ は A の上界なので条件 (i) を満たす．さらに $\sup A$ は A の上界の最小値より，任意の $\varepsilon > 0$ に対し，$\sup A - \varepsilon$ は A の上界ではない．よっ

て A の元 a が存在して $\sup A - \varepsilon < a$ となり条件 (ii) を満たす.

逆に $b \in \mathbb{R}$ は条件 (i) と (ii) を満たすと仮定する. 条件 (i) より b は A の上界である. ここでもし b が A の上界の最小値でなければ, b より小さい A の上界 p が存在する. このとき $\varepsilon = b - p > 0$ とすると, 条件 (ii) より A の元 a が存在して $p = b - \varepsilon < a$ となり p が A の上界であることに矛盾する. よって b は A の上界の最小値 $\sup A$ となる.

$\inf A$ についても同様である. ∎

例題 2.10 有理数の全体 $\mathbb{Q}$ の部分集合 A, B が次の 2 つの条件を満たすとき, 対 $\langle A \mid B \rangle$ を**有理数の切断**という.

- A, B は $\mathbb{Q}$ の分割である. つまり $A \neq \varnothing, B \neq \varnothing, A \cap B = \varnothing, A \cup B = \mathbb{Q}$ を満たす.
- A の任意の元 a と B の任意の元 b に対し, $a < b$ が成り立つ.

このとき次の 4 通りが考えられる.

(i)　$\max A$ は存在するが $\min B$ は存在しない.

(ii)　$\max A$ は存在しないが $\min B$ は存在する.

(iii)　$\max A$ も $\min B$ も存在しない.

(iv)　$\max A$ も $\min B$ も存在する.

以下の問いに答えよ.

(1)　(i), (ii), (iii) を満たす A, B の例をそれぞれ挙げよ.

(2)　(iv) が起こらないことを示せ.

解　(1) たとえば (i) の例としては
$$A = \{r \in \mathbb{Q} \mid r \leqq 2\}, \ B = \{s \in \mathbb{Q} \mid s > 2\}.$$
(ii) の例としては
$$A = \{r \in \mathbb{Q} \mid r < 2\}, \ B = \{s \in \mathbb{Q} \mid s \geqq 2\}.$$
(iii) の例としては
$$A = \{r \in \mathbb{Q} \mid r < \sqrt{2}\}, \ B = \{s \in \mathbb{Q} \mid s > \sqrt{2}\}$$
などがある.

(2) 背理法で示す．$a_0 = \max A$ と $b_0 = \min B$ が存在すると仮定しよう．有理数の切断の定義より $a_0 < b_0$ となる．ここで $c_0 = \dfrac{a_0 + b_0}{2} \in \mathbb{Q}$ とすると，$c_0 > a_0 = \max A$ より $c_0 \notin A$ となり，また $c_0 < b_0 = \min B$ より $c_0 \notin B$ となる．一方 $A \cup B = \mathbb{Q}$ より $c_0 \notin \mathbb{Q}$ となり矛盾である．∎

注意 $\sqrt{2}$ が有理数ではないこと，実数として存在することは次節の例題 2.12 で示す．

2.4 実数の完備性

前節では順序集合に上限や下限が存在することを仮定して，その性質を調べた．この節では順序集合としての $\mathbb{R}$ の性質を考察する．まず最初に $\mathbb{R}$ の有界な部分集合には上限および下限が存在することを示す．その帰結として，$\mathbb{R}$ ではコーシー列は収束列になることを証明する．この結果は実数の完備性と呼ばれ，解析学の出発点となる重要な定理である．

定理 2.17（上限および下限の存在） $\mathbb{R}$ の空集合でない部分集合 A が上に有界ならば上限 $\sup A$ が存在する．同様に A が下に有界ならば下限 $\inf A$ が存在する．

証明 実数が無限小数であることを用いて証明する．

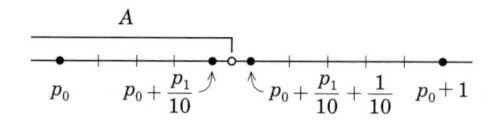

A は上に有界より，ある整数 p_0 が存在して，p_0 は A の上界ではないが，$p_0 + 1$ は A の上界である．区間 $[p_0, p_0 + 1]$ を 10 等分することを考えると，0 以上 9 以下の整数 p_1 が存在して，有限小数 $p_0 + \dfrac{p_1}{10}$ は A の上界ではないが，$p_0 + \dfrac{p_1}{10} + \dfrac{1}{10}$ は A の上界である．

さらに区間 $\left[p_0 + \dfrac{p_1}{10}, p_0 + \dfrac{p_1}{10} + \dfrac{1}{10}\right]$ を 10 等分することを考えると，0 以上 9 以下の整数 p_2 が存在して，有限小数 $p_0 + \dfrac{p_1}{10} + \dfrac{p_2}{10^2}$ は A の上界ではないが，$p_0 + \dfrac{p_1}{10} + \dfrac{p_2}{10^2} + \dfrac{1}{10^2}$ は A の上界である．

この操作を帰納的に繰り返すと，任意の自然数 n に対し，2 つの有限小数

$$\begin{cases} s_n = p_0 + \dfrac{p_1}{10} + \cdots + \dfrac{p_n}{10^n} \\ t_n = p_0 + \dfrac{p_1}{10} + \cdots + \dfrac{p_n}{10^n} + \dfrac{1}{10^n} \end{cases}$$

が存在して，s_n は A の上界ではないが，t_n は A の上界である．

以下無限小数 $r = p_0 + \dfrac{p_1}{10} + \cdots + \dfrac{p_n}{10^n} + \cdots$ が A の上限 $\sup A$ になることを，上限の判定法である定理 2.16 を用いて示す．まず r が A の上界であることを背理法で示す．r が A の上界でないとすると，A のある元 a が存在して $r < a$ を満たす．一方 $\lim_{n \to \infty} t_n = r$ より十分大きな自然数 n で $t_n < a$ となり t_n が A の上界であることに矛盾する．以上より r は A の上界である．

次に任意の $\varepsilon > 0$ に対し A の元 a が存在して $r - \varepsilon < a$ を満たすことを示す．$\varepsilon > 0$ に対しある自然数 n が存在して $\dfrac{1}{10^n} < \varepsilon$ を満たす．よって $r - \varepsilon < t_n - \dfrac{1}{10^n} = s_n$ となり，仮定より s_n は A の上界ではないので，$r - \varepsilon$ も A の上界ではない．よって A の元 a が存在して $r - \varepsilon < a$ を満たす．以上より実数 $r = p_0 + \dfrac{p_1}{10} + \cdots + \dfrac{p_n}{10^n} + \cdots$ は A の上限になる．下限についても同様である．∎

定理 2.17（上限および下限の存在）から次の定理が導かれる．

定理 2.18（有界単調列は収束する）$\mathbb{R}$ の単調増加数列が上に有界ならば収束する．同様に $\mathbb{R}$ の単調減少数列が下に有界ならば収束する．

証明 数列 $\{a_n\}$ は単調増加で上に有界ならば，定理 2.17 より $\sup a_n$ が存在する．ここで $\sup a_n$ は $\mathbb{R}$ の部分集合 $\{a_n \in \mathbb{R} \mid n \in \mathbb{N}\}$ の上限を表すことにする．さらに定理 2.16 より，任意の正の実数 $\varepsilon > 0$ に対しある自然数 n_0 が存在して $\sup a_n - \varepsilon < a_{n_0} \leqq \sup a_n$ を満たす．一方 $\{a_n\}$ は単調増加なので $n \geqq n_0$ を満たす任意の自然数 n に対し，$a_{n_0} \leqq a_n \leqq \sup a_n$ となるので $|\sup a_n - a_n| < \varepsilon$ となる．これは $\lim_{n \to \infty} a_n = \sup a_n$ を意味する．

数列 $\{a_n\}$ が単調減少で下に有界な場合も同様である．∎

次の定理は定理 2.18 の帰結である．

定理 2.19（カントールの区間縮小定理）有界閉区間 $I_n = [a_n, b_n]$ の列 $\{I_n\}$ が任意の自然数 n に対し $I_{n+1} \subset I_n$ を満たし，$\lim_{n \to \infty} |a_n - b_n| = 0$ を満たすとする．このとき $\{a_n\}$ と $\{b_n\}$ は同じ極限 c に収束して $\bigcap_{k=1}^{\infty} I_k$ は 1 点集合 $\{c\}$ になる．

証明 仮定 $I_{n+1} \subset I_n$ より数列 $\{a_n\}$ は単調増加で，任意の自然数 n に対し $a_n \leqq b_n \leqq b_1$ より上に有界．よって定理 2.18 から数列 $\{a_n\}$ は $\sup a_n$ に収束する．この極限を $a = \sup a_n$ とすると $a_n \leqq a \leqq b_n$ となる．

同じく数列 $\{b_n\}$ は単調減少で任意の自然数 n に対し $a_1 \leqq a_n \leqq b_n$ より下に有界．よって定理 2.18 から数列 $\{b_n\}$ は $\inf b_n$ に収束する．この極限を $b = \inf b_n$ とすると $a_n \leqq b \leqq b_n$ となる．$a_n \leqq b_n$ より例題 1.9 (1) から $a \leqq b$ となる．つまり任意の自然数 n に対し $a_n \leqq a \leqq b \leqq b_n$ となる．

また仮定 $\lim_{n \to \infty} |a_n - b_n| = 0$ より $a = b$ となる．これを新たに c で表す．このとき任意の自然数 n に対し $a_n \leqq c \leqq b_n$ より $c \in \bigcap_{k=1}^{\infty} I_k$ となることから $\bigcap_{k=1}^{\infty} I_k \neq \emptyset$ が分かる．そこで $\bigcap_{k=1}^{\infty} I_k$ の任意の元 d をとると，任意の自然数 n に対し $a_n \leqq d \leqq b_n$ より命題 1.23（はさみうちの原理）から $c = d$ より，$\bigcap_{k=1}^{\infty} I_k = \{c\}$ となる．∎

さらに定理 2.19 より次の定理が導かれる．

定理 2.20（ボルツァノ–ワイエルシュトラスの定理）有界閉区間 I の数列は I の点に収束する収束部分列を持つ．

証明 以下 2 分法という証明の方法を紹介しよう．

有界閉区間 $I = [a, b]$ を $\left[a, \dfrac{a+b}{2}\right]$ と $\left[\dfrac{a+b}{2}, b\right]$ に 2 分割する．$[a, b]$ の数列 $\{x_n\}$ に対し，$\left\{n \in \mathbb{N} \mid x_n \in \left[a, \dfrac{a+b}{2}\right]\right\}$ と $\left\{n \in \mathbb{N} \mid x_n \in \left[\dfrac{a+b}{2}, b\right]\right\}$ について，$\mathbb{N}$ は無限集合なのでどちらか少なくとも一方は無限集合である．無限集合になるほうの分割区間を新たに $[a_1, b_1]$ と表し[4]，$\{n \in \mathbb{N} \mid x_n \in [a_1, b_1]\}$ の元を 1 つ選んで i_1

---

4) 両方とも無限集合の場合はどちらでもよい．

とする．次に有界閉区間 $[a_1,b_1]$ を $\left[a_1,\dfrac{a_1+b_1}{2}\right]$ と $\left[\dfrac{a_1+b_1}{2},b_1\right]$ に 2 分割する．数列 $\{x_n\}$ に対し，$\left\{n\in\mathbb{N}\mid x_n\in\left[a_1,\dfrac{a_1+b_1}{2}\right]\right\}$ と $\left\{n\in\mathbb{N}\mid x_n\in\left[\dfrac{a_1+b_1}{2},b_1\right]\right\}$ について，$[a_1,b_1]$ の選び方より $\{n\in\mathbb{N}\mid x_n\in[a_1,b_1]\}$ は無限集合なので，どちらか少なくとも一方は無限集合である．

無限集合になるほうの分割区間を新たに $[a_2,b_2]$ と表し，$\{n\in\mathbb{N}\mid x_n\in[a_2,b_2]\}$ の元のうち i_1 より大きい元を 1 つ選んで i_2 とする．この操作を帰納的に繰り返してゆくと，有界閉区間 $I_k=[a_k,b_k]$ の列 $\{I_k\}$ と，I_k の元 x_{i_k} からなる $\{x_n\}$ の部分列 $\{x_{i_k}\}$ が得られ，任意の自然数 n に対し $I_{n+1}\subset I_n$ を満たし，$\displaystyle\lim_{n\to\infty}|a_n-b_n|=\lim_{n\to\infty}\dfrac{b-a}{2^n}=0$ を満たす．このとき定理 2.19（カントールの区間縮小定理）より $\{a_n\}$ と $\{b_n\}$ は同じ点 c に収束する．

一方，任意の自然数 k に対し $a_k\leqq x_{i_k}\leqq b_k$ より命題 1.23（はさみうちの原理）から数列 $\{x_n\}$ の部分列 $\{x_{i_k}\}$ は $c\in[a,b]$ に収束する．■

例題 2.11 （中間値の定理）関数 f が有界閉区間 $I=[a,b]$ において連続ならば，$f(a)$ と $f(b)$ の間の任意の実数 r に対し，ある $c\in I$ が存在して $f(c)=r$ となる．

解 $f(a)\leqq f(b)$ の場合，$f(a)\leqq r\leqq f(b)$ を満たす任意の実数 r に対し，$f(a)\leqq r\leqq f(\dfrac{a+b}{2})$ ならば $a_1=a,b_1=\dfrac{a+b}{2}$ とおく．$f(\dfrac{a+b}{2})\leqq r\leqq f(b)$ ならば $a_1=\dfrac{a+b}{2},b_1=b$ とおく．いずれの場合も $f(a_1)\leqq r\leqq f(b_1)$ となる．

次に $f(a_1)\leqq r\leqq f(\dfrac{a_1+b_1}{2})$ ならば $a_2=a_1,b_2=\dfrac{a_1+b_1}{2}$ とおく．$f(\dfrac{a_1+b_1}{2})\leqq r\leqq f(b_1)$ ならば $a_2=\dfrac{a_1+b_1}{2},b_2=b_1$ とおく．いずれの場合も $f(a_2)\leqq r\leqq f(b_2)$ となる．

この操作を帰納的に繰り返してゆくと，有界閉区間 $I_n=[a_n,b_n]$ の列 $\{I_n\}$ で任意の自然数 n に対し $I_{n+1}\subset I_n$ を満たし，$\displaystyle\lim_{n\to\infty}|a_n-b_n|=0$ を満たすものが構成できる．このとき定理 2.19（カントールの区間縮小定理）より $\{a_n\}$ と $\{b_n\}$ は区間 I の同じ点 c に収束する．一方，任意の自然数 k に対し $f(a_k)\leqq r\leqq f(b_k)$ より f の連続性から定理 1.32 と命題 1.23（3）より

$$f(c)=f(\lim_{k\to\infty}a_k)=\lim_{k\to\infty}f(a_k)\leqq r\leqq \lim_{k\to\infty}f(b_k)=f(\lim_{k\to\infty}b_k)=f(c)$$

が成り立ち $f(c) = r$ となる．

$f(a) \geqq f(b)$ の場合も同様である．■

例題 2.12　（無理数 $\sqrt{2}$ の存在）
(1) 方程式 $x^2 = 2$ を満たす有理数は存在しない．
(2) 方程式 $x^2 = 2$ を満たす正の実数がただ 1 つ存在する．

解　(1) 背理法で示す．既約分数 $\dfrac{p}{q}$ が $\left(\dfrac{p}{q}\right)^2 = 2$ を満たすと仮定する．このとき $p^2 = 2q^2$ より p は 2 の倍数になるので $p = 2r$ と表せる．すると $q^2 = 2r^2$ となり q も 2 の倍数になるので $\dfrac{p}{q}$ が既約分数という仮定に矛盾する．

(2) 連続関数 $y = x^2$ を有界閉区間 $[1,2]$ で考えると $f(1) = 1 < 2 < 4 = f(2)$ より，例題 2.11（中間値の定理）より $c^2 = 2$ を満たす $c \in [1,2]$ が存在する．関数 $y = x^2$ は正の実軸上で単調増加なので，この c が方程式 $x^2 = 2$ を満たすただ 1 つの正の実数である．■

例題 2.13　（有界閉区間上の連続関数の最大値と最小値の定理）
関数 f が有界閉区間 $[a,b]$ において連続ならば，$[a,b]$ において f は最大値も最小値もとる．

解　まず $f([a,b])$ が $\mathbb{R}$ の有界集合であることを背理法で示す．

$f([a,b])$ が有界ではないとすると $f\left(\left[a, \dfrac{a+b}{2}\right]\right)$ か $f\left(\left[\dfrac{a+b}{2}, b\right]\right)$ かの少なくとも一方は有界ではない．そこで f による像が有界でないほうの分割区間を $[a_1, b_1]$ とする．$f([a_1, b_1])$ が有界でないので $f\left(\left[a_1, \dfrac{a_1+b_1}{2}\right]\right)$ か $f\left(\left[\dfrac{a_1+b_1}{2}, b_1\right]\right)$ かの少なくとも一方は有界ではない．そこで f による像が有界でないほうの分割区間を $[a_2, b_2]$ とする．この操作を帰納的に繰り返してゆくと，有界閉区間 $I_n = [a_n, b_n]$ の列 $\{I_n\}$ で任意の自然数 n に対し $I_{n+1} \subset I_n$ を満たし，$\displaystyle\lim_{n \to \infty} |a_n - b_n| = \displaystyle\lim_{n \to \infty} \dfrac{b-a}{2^n} = 0$ を満たすものが構成できる．このとき定理 2.19（カントールの区間縮小定理）より $\{a_n\}$ と $\{b_n\}$ は区間 $[a,b]$ の同じ点 c に収束する．

一方 f は c で連続より，任意の $\varepsilon > 0$ に対しある $\delta > 0$ が存在して $f(U(c;\delta)) \subset U(f(c);\varepsilon)$ となる．ここで $c = \displaystyle\lim_{k \to \infty} a_k = \displaystyle\lim_{k \to \infty} b_k$ より十分大きい n で $I_n \subset U(c;\delta)$ となるので，$f(I_n) \subset f(U(c;\delta)) \subset U(f(c);\varepsilon)$ となり $f(I_n)$ が有界ではないことに矛盾する．よって $f([a,b])$ は有界である．

定理 2.17 より $\sup f([a,b])$ と $\inf f([a,b])$ が存在する．以下ではこれらが $\max f([a,b])$ と $\min f([a,b])$ であることを示す．

まず $\sup f([a,b]) = \max f([a,b])$ を示す．$s = \sup f([a,b])$ とすると定理 2.16 より任意の自然数 n に対し $c_n \in [a,b]$ が存在して $s - \dfrac{1}{n} < f(c_n) \leqq s$ となる．このようにして定まる数列 $\{c_n\}$ は有界閉区間 $[a,b]$ に含まれるので，定理 2.20（ボルツァノ–ワイエルシュトラスの定理）から収束部分列 $\{c_{i_k}\}$ が存在する．その極限を $c = \lim\limits_{k \to \infty} c_{i_k} \in [a,b]$ とすると，f の連続性から定理 1.32 より

$$s = \lim_{k \to \infty} f(c_{i_k}) = f(\lim_{k \to \infty} c_{i_k}) = f(c)$$

となり，$s = \sup f([a,b]) = \max f([a,b])$ となる．

$\inf f([a,b]) = \min f([a,b])$ も同様である．■

以上から，解析学全体の基本的定理である実数の完備性が得られる．

定理 2.21（実数の完備性） $\mathbb{R}$ のコーシー列 $\{a_n\}$ は収束列である．

証明 命題 1.26 (2) よりコーシー列 $\{a_n\}$ は有界列なので，ある有界閉区間 I の数列になる．このとき定理 2.20（ボルツァノ–ワイエルシュトラスの定理）より I の点に収束する収束部分列 $\{a_{i_k}\}$ が存在する．よって命題 1.26 (3) より $\{a_n\}$ 自身も収束列である．■

例題 2.14　（自然対数の底 e の定義）

次の極限が存在することを示せ．

$$\lim_{n \to \infty} \left(1 + \frac{1}{n}\right)^n$$

この値を e と表し**自然対数の底**という．

解　定理 2.18 より $a_n = \left(1 + \dfrac{1}{n}\right)^n$ とすると数列 $\{a_n\}$ が上に有界かつ単調増加を示せばよい．まずは上に有界であることを示す．

$$a_n = \left(1 + \frac{1}{n}\right)^n = \sum_{k=0}^{n} \binom{n}{k} \left(\frac{1}{n}\right)^k$$

$$= 1 + \sum_{k=1}^{n} \frac{1}{k!} \cdot \frac{n-k+1}{n} \cdot \cdots \cdot \frac{n-1}{n} \cdot \frac{n}{n}$$

$$\leqq 1+\sum_{k=1}^{n}\frac{1}{k!}\leqq 1+\sum_{k=1}^{n}\left(\frac{1}{2}\right)^{k-1}<3.$$

次に単調増加を示す．

$$a_n=\left(1+\frac{1}{n}\right)^n=\sum_{k=0}^{n}\binom{n}{k}\left(\frac{1}{n}\right)^k$$

$$=1+\sum_{k=1}^{n}\frac{1}{k!}\cdot\frac{n-k+1}{n}\cdot\ldots\cdot\frac{n-1}{n}\cdot\frac{n}{n}$$

$$=1+\sum_{k=1}^{n}\frac{1}{k!}\cdot\left(1-\frac{k-1}{n}\right)\cdot\ldots\cdot\left(1-\frac{1}{n}\right)\cdot\left(1-\frac{0}{n}\right)$$

$$\leqq 1+\sum_{k=1}^{n}\frac{1}{k!}\cdot\left(1-\frac{k-1}{n+1}\right)\cdot\ldots\cdot\left(1-\frac{1}{n+1}\right)\cdot\left(1-\frac{0}{n+1}\right)$$

$$=1+1+\frac{n}{2(n+1)}+\frac{n(n-1)}{3!(n+1)^2}+\cdots+\frac{n(n-1)\cdot\ldots\cdot 2}{n!(n+1)^{n-1}}$$

$$=\sum_{k=0}^{n}\binom{n+1}{k}\left(\frac{1}{n+1}\right)^k<\sum_{k=0}^{n+1}\binom{n+1}{k}\left(\frac{1}{n+1}\right)^k$$

$$=\left(1+\frac{1}{n+1}\right)^{n+1}=a_{n+1}.\blacksquare$$

例題 2.15 （数列空間 ℓ^1）

$\sum_{n=1}^{\infty}|x_n|=\lim_{N\to\infty}\sum_{n=1}^{N}|x_n|<\infty$ を満たす実数列 $\{x_n\}$ の全体を ℓ^1 とする．

(1) 任意の $\{x_n\}\in\ell^1$ と任意の実数 $c\in\mathbb{R}$ に対して $c\{x_n\}=\{cx_n\}$ と定義すると，$c\{x_n\}\in\ell^1$ となることを示せ．

(2) 任意の $\{x_n\},\{y_n\}\in\ell^1$ に対して $\{x_n\}+\{y_n\}=\{x_n+y_n\}$ と定義すると，$\{x_n\}+\{y_n\}\in\ell^1$ となることを示せ．

(3) ℓ^1 は $\mathbb{R}$ 上のベクトル空間となることを示せ．

解 (1) 任意の自然数 N に対し $\sum_{n=1}^{N}|cx_n|=|c|\sum_{n=1}^{N}|x_n|\leqq|c|\lim_{N\to\infty}\sum_{n=1}^{N}|x_n|<\infty$ となる．よって数列 $\{\sum_{n=1}^{N}|cx_n|\}$ は上に有界かつ単調増加なので定理 2.18 より収束する．つまり $\sum_{n=1}^{\infty}|cx_n|=\lim_{N\to\infty}\sum_{n=1}^{N}|cx_n|<\infty$ より $c\{x_n\}=\{cx_n\}\in\ell^1$ となる．

(2) 任意の自然数 N に対し三角不等式より $\sum_{n=1}^{N}|x_n+y_n|\leqq\sum_{n=1}^{N}|x_n|+$

$\sum\limits_{n=1}^{N}|y_n| \leq \sum\limits_{n=1}^{\infty}|x_n| + \sum\limits_{n=1}^{\infty}|y_n| < \infty$ となる．よって数列 $\{\sum\limits_{n=1}^{N}|x_n+y_n|\}$ は上に有界かつ単調増加なので定理 2.18 より収束する．つまり $\lim\limits_{N\to\infty}\sum\limits_{n=1}^{N}|x_n+y_n| = \sum\limits_{n=1}^{\infty}|x_n+y_n| < \infty$ より $\{x_n\}+\{y_n\} = \{x_n+y_n\} \in \ell^1$ となる．

(3) ベクトル空間の条件を確かめる．たとえば任意の $\{x_n\}, \{y_n\} \in \ell^1$ と任意の実数 $c \in \mathbb{R}$ に対して

$$c(\{x_n\}+\{y_n\}) = c\{x_n+y_n\} = \{c(x_n+y_n)\} = \{cx_n+cy_n\}$$
$$= \{cx_n\}+\{cy_n\} = c\{x_n\}+c\{y_n\}$$

となるので $c(\{x_n\}+\{y_n\}) = c\{x_n\}+c\{y_n\}$ が分かる．ベクトル空間の他の条件については「まえがき」v ページの定義を参照のこと．■

2.5 実数の性質

この節では前節の実数の完備性から導かれる解析学の基本的な定理についてまとめておこう．特に有界閉区間上の連続関数について詳しく考察してゆく．

2.5.1 一様連続性

関数の連続性とは，定義域の各点のまわりでの性質であった．では定義域をたとえば有界閉区間に制限すると，何かより強い性質が関数に現れるだろうか．

定義 2.22（一様連続） $\mathbb{R}$ の部分集合 A 上の関数 $f: A \to \mathbb{R}$ が**一様連続**であるとは，任意の $\varepsilon > 0$ に対し，ある $\delta > 0$ が存在して，$|a_1 - a_2| < \delta$ を満たす任意の 2 点 $a_1, a_2 \in A$ に対して $|f(a_1) - f(a_2)| < \varepsilon$ が成り立つこととする．論理式で表すと

$$\forall \varepsilon > 0, \exists \delta > 0 \quad s.t. \quad \forall a_1, a_2 \in A, |a_1 - a_2| < \delta \Rightarrow |f(a_1) - f(a_2)| < \varepsilon$$

となる．

注意 連続と一様連続の違い　$\mathbb{R}$ の部分集合 A 上の関数 $f: A \to \mathbb{R}$ が連続であるとは，任意の $\varepsilon > 0$ と A の任意の点 a_1 に対し，ある $\delta > 0$ が存在して，$|a_1 - a_2| < \delta$ を満たす任意の点 $a_2 \in A$ に対して $|f(a_1) - f(a_2)| < \varepsilon$ が成り立つことであった．論理式で表すと

$$\forall \varepsilon>0, \forall a_1\in A, \exists \delta>0 \quad s.t. \quad \forall a_2\in A, |a_1-a_2|<\delta \Rightarrow |f(a_1)-f(a_2)|<\varepsilon$$

となる．つまり連続の場合の δ は $\varepsilon>0$ だけでなく A の点 a_1 にも依存してよかったが，一様連続の場合の δ は $\varepsilon>0$ のみに依存して，点 a_1 には依存しない．

例 2.8 区間 $(0,\infty)$ で連続な関数 $f(x)=\dfrac{1}{x}$ は，区間 $[1,\infty)$ では一様連続であるが，区間 $(0,1]$ では一様連続ではない．実際，区間 $[1,\infty)$ では任意の $\varepsilon>0$ に対し $\delta=\varepsilon$ とすれば，$|a_1-a_2|<\varepsilon$ を満たす任意の 2 点 $a_1,a_2\in[1,\infty)$ に対して

$$|f(a_1)-f(a_2)|=\left|\frac{1}{a_1}-\frac{1}{a_2}\right|=\frac{|a_1-a_2|}{a_1 a_2}$$
$$\leqq |a_1-a_2|<\varepsilon$$

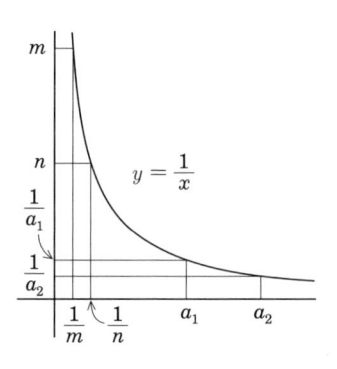

が成り立つので区間 $[1,\infty)$ で f は一様連続である．一方，区間 $(0,1]$ では，任意の $\delta>0$ に対しある $m,n\in\mathbb{N}$ が存在して $\left|\dfrac{1}{m}-\dfrac{1}{n}\right|<\delta$ かつ $f\left(\dfrac{1}{m}\right)-f\left(\dfrac{1}{n}\right)=|m-n|\geqq 1$ となるので，区間 $(0,1]$ で f は一様連続ではない．

命題 2.23 有界閉区間 I 上の連続関数 f は一様連続である．

証明 背理法で示す．つまりある $\varepsilon_0>0$ が存在して，任意の $\delta>0$ に対しある 2 点 $a_\delta,b_\delta\in I$ が存在して，$|a_\delta-b_\delta|<\delta$ かつ $|f(a_\delta)-f(b_\delta)|\geqq\varepsilon_0$ となると仮定する．$\delta>0$ は任意より，特に任意の自然数 n に対し $\delta=\dfrac{1}{n}$ として，対応する 2 点を $a_n,b_n\in I$ とすると，$|a_n-b_n|<\dfrac{1}{n}$ かつ $|f(a_n)-f(b_n)|\geqq\varepsilon_0$ となる．よって有界閉区間 I の数列 $\{a_n\}$ は定理 2.20 (ボルツァノ–ワイエルシュトラスの定理) より I のある元 c に収束する部分列 $\{a_{n_k}\}$ を持つ．このとき $|a_{n_k}-b_{n_k}|<\dfrac{1}{n_k}$ より数列 $\{b_n\}$ の部分列 $\{b_{n_k}\}$ も c に収束し，f は c で連続であることから $\lim_{k\to\infty}f(a_{n_k})=\lim_{k\to\infty}f(b_{n_k})=f(c)$ となる．これは仮定 $|f(a_n)-f(b_n)|\geqq\varepsilon_0$ に矛盾する．■

2.5.2 リーマン積分

有界閉区間 $I=[a,b]$ の**分割**とは

$$a = x_0 < x_1 < \cdots < x_{n-1} < x_n = b$$

を満たす I の点列 $\{x_0, x_1, \cdots, x_n\}$ のことである．この分割を Δ で表し，各小区間 $[x_{k-1}, x_k]$ を I_k として，その長さを $|I_k| = x_k - x_{k-1}$ と表す．I で定義された有界関数 f に対し，I の分割 Δ の各小区間 I_k における f の下限を m_k として $L(\Delta, f) = \sum_{k=1}^{n} m_k |I_k|$ とする．同様に I_k における f の上限を M_k として $U(\Delta, f) = \sum_{k=1}^{n} M_k |I_k|$ とする．定義より $U(\Delta, f) \geqq L(\Delta, f)$ である．

定義 2.24（リーマン可積分）f が区間 I でリーマン可積分であるとは，任意の $\varepsilon > 0$ に対し I のある分割 Δ が存在して，$U(\Delta, f) - L(\Delta, f) < \varepsilon$ を満たすこととする．

区間 I の 2 つの分割 Δ_1, Δ_2 に対し，Δ_2 は Δ_1 の**細分**であるとは，点集合として Δ_1 は Δ_2 の部分集合になっていること，つまり Δ_1 にさらに有限個の点を付け加えて Δ_2 が得られることとする．このとき定義より $L(\Delta_2, f) \geqq L(\Delta_1, f)$ かつ $U(\Delta_2, f) \leqq U(\Delta_1, f)$ である．特に $U(\Delta_2, f) - L(\Delta_2, f) \leqq U(\Delta_1, f) - L(\Delta_1, f)$ となる．

リーマン可積分な関数の性質をみておこう．

命題 2.25（リーマン可積分関数の定積分）
(1) 区間 I の 2 つの分割 Δ_1, Δ_2 に対し，$U(\Delta_1, f) \geqq L(\Delta_2, f)$ である．
(2) $U(f) = \inf_{\Delta} U(\Delta, f)$ と $L(f) = \sup_{\Delta} L(\Delta, f)$ が存在して，$U(f) \geqq L(f)$ となる．
(3) f がリーマン可積分ならば $U(f) = L(f)$ となる．この値を $\int_a^b f(x)\, dx$ と表し，区間 $I = [a, b]$ における f の定積分という．

証明 (1) Δ_1, Δ_2 に共通な細分 Δ_3（たとえば $\Delta_1 \cup \Delta_2$）を取れば $U(\Delta_1, f) \geqq U(\Delta_3, f) \geqq L(\Delta_3, f) \geqq L(\Delta_2, f)$ となる．
(2) $A = \{L(\Delta, f) \mid \Delta \text{ は } I \text{ の分割}\}$ は $\mathbb{R}$ の有界集合より，定理 2.17 から上限 $L(f) = \sup A$ が存在する．同様に $B = \{U(\Delta, f) \mid \Delta \text{ は } I \text{ の分割}\}$ も $\mathbb{R}$ の有界集合より，定理 2.17 から下限 $U(f) = \inf B$ が存在する．また A, B の任意の元

$L(\Delta_2, f) \in A, U(\Delta_1, f) \in B$ に対し, (1) より $L(\Delta_2, f) \leqq U(\Delta_1, f)$ が成り立つので, 命題 2.15 (5) から $L(f) \leqq U(f)$ となる.

(3) $f(x)$ がリーマン可積分ならば 任意の $\varepsilon > 0$ に対し I のある分割 Δ が存在して, $U(\Delta, f) - L(\Delta, f) < \varepsilon$ を満たす. よって $U(f) \leqq U(\Delta, f) < L(\Delta, f) + \varepsilon \leqq L(f) + \varepsilon$ となるので, $U(f) \geqq L(f)$ と合わせて $U(f) = L(f)$ となる. ∎

例題 2.16 有界閉区間 I で定義された有界関数 f に対し, I の 2 つの分割 Δ_2, Δ_1 において, Δ_2 が Δ_1 の細分であるとき, $L(\Delta_2, f) \geqq L(\Delta_1, f)$ かつ $U(\Delta_2, f) \leqq U(\Delta_1, f)$ となることを示せ.

解 分割 Δ_1 の小区間 I_k が分割 Δ_2 の有限個の小区間 $J_s, J_{s+1}, \cdots, J_t$ に細分されているとする. 小区間 $I_k, J_s, \cdots, J_t$ における f の下限をそれぞれ $m_k, n_s, \cdots, n_t$ とすると, $m_k \leqq n_\ell \ (s \leqq \forall \ell \leqq t)$ が成り立つので

$$\sum_{\ell=s}^{t} n_\ell |J_\ell| \geqq \sum_{\ell=s}^{t} m_k |J_\ell| = m_k \sum_{\ell=s}^{t} |J_\ell| = m_k |I_k|$$

となる. よって各小区間 I_k ごとに足し合わせると $L(\Delta_2, f) \geqq L(\Delta_1, f)$ となる. $U(\Delta_2, f) \leqq U(\Delta_1, f)$ も同様である. ∎

例題 2.17 有界閉区間 I で定義された有界関数 f, g と I の分割 Δ に対し, $U(\Delta, f+g) \leqq U(\Delta, f) + U(\Delta, g)$ かつ $L(\Delta, f+g) \geqq L(\Delta, f) + L(\Delta, g)$ となることを示せ.

解 分割 Δ の小区間 I_k における $f, g, f+g$ の上限をそれぞれ $M_k(f), M_k(g), M_k(f+g)$ とすると, 任意の $\varepsilon > 0$ に対しある $x_0 \in I_k$ が存在して

$$M_k(f+g) - \varepsilon \leqq (f+g)(x_0) = f(x_0) + g(x_0) \leqq M_k(f) + M_k(g)$$

となる. よって $M_k(f+g) \leqq M_k(f) + M_k(g)$ より $M_k(f+g)|I_k| \leqq M_k(f)|I_k| + M_k(g)|I_k|$ となる. 各小区間 I_k ごとに足し合わせると, $U(\Delta, f+g) \leqq U(\Delta, f) + U(\Delta, g)$ が分かる. $L(\Delta, f+g) \geqq L(\Delta, f) + L(\Delta, g)$ も同様である. ∎

例題 2.18 区間 I で定義された有界関数 f と I の分割 Δ および正の定数 $c > 0$ に対し, $U(\Delta, cf) = cU(\Delta, f)$ かつ $L(\Delta, cf) = cL(\Delta, f)$ となることを示せ.

解 分割 Δ の小区間 I_k における f, cf の上限を $M_k(f), M_k(cf)$ とすると，任意の $\varepsilon > 0$ に対しある $x_0 \in I_k$ が存在して

$$M_k(cf) - \varepsilon < (cf)(x_0) = cf(x_0) \leqq cM_k(f)$$

となる．同様に $\varepsilon > 0$ に対しある $x_1 \in I_k$ が存在して

$$cM_k(f) - \varepsilon < cf(x_1) = (cf)(x_1) \leqq M_k(cf)$$

となる．以上より任意の $\varepsilon > 0$ に対し $|cM_k(f) - M_k(cf)| < \varepsilon$ が成り立つので $cM_k(f) = M_k(cf)$ となり，$M_k(cf)|I_k| = cM_k(f)|I_k|$ が分かる．よって各小区間 I_k ごとに足し合わせると $U(\Delta, cf) = U(\Delta, f)$ となる．$L(\Delta, cf) = cL(\Delta, f)$ も同様である．■

ではどんな関数がリーマン可積分なのだろうか．

命題 2.26 有界閉区間 $I = [a, b]$ 上の連続関数 f はリーマン可積分である．

証明 命題 2.23 より f は I 上で一様連続なので，任意の $\varepsilon > 0$ に対しある $\delta > 0$ が存在して $|p_1 - p_2| < \delta$ を満たす任意の $p_1, p_2 \in I$ に対し $|f(p_1) - f(p_2)| < \varepsilon$ となる．そこで I の分割 Δ を各小区間の長さが δ 未満になるように取れば（たとえば $b - a < n\delta$ を満たす n で I を n 等分するなど），$U(\Delta, f) - L(\Delta, f) \leqq \varepsilon(b-a)$ を満たすので f はリーマン可積分である．■

リーマン可積分な関数の定積分の性質についてまとめておこう．

命題 2.27 区間 I 上の有界関数 f, g はリーマン可積分とする．このとき

(1) $f + g$ もリーマン可積分で，$\displaystyle\int_a^b f(x) + g(x)\, dx = \int_a^b f(x)\, dx + \int_a^b g(x)\, dx$ となる．

(2) 任意の実数 $c \in \mathbb{R}$ に対し cf もリーマン可積分で，$\displaystyle\int_a^b cf(x)\, dx = c\int_a^b f(x)\, dx$ となる．

(3) I 上で $f(x) \leqq g(x)$ ならば，$\displaystyle\int_a^b f(x)\, dx \leqq \int_a^b g(x)\, dx$ となる．

(4) $|f|$ もリーマン可積分で，$\displaystyle\left|\int_a^b f(x)\, dx\right| \leqq \int_a^b |f(x)|\, dx$ となる．

証明 (1) I の任意の分割 Δ に対し, $U(\Delta, f+g) \leqq U(\Delta, f) + U(\Delta, g)$ かつ $L(\Delta, f+g) \geqq L(\Delta, f) + L(\Delta, g)$ となる. f と g はリーマン可積分より任意の $\varepsilon > 0$ に対し I の分割 Δ_1 と Δ_2 が存在して, $U(\Delta_1, f) - L(\Delta_1, f) < \varepsilon$ かつ $U(\Delta_2, g) - L(\Delta_2, g) < \varepsilon$ を満たす. そこで Δ_1 と Δ_2 の共通の細分（たとえば Δ_1 と Δ_2 の和集合）Δ_3 を取れば, $U(\Delta_3, f+g) - L(\Delta_3, f+g) < 2\varepsilon$ となり $f+g$ もリーマン可積分である. よって $\int_a^b f(x) + g(x)\,dx = U(f+g) = L(f+g)$ とすると, $U(\Delta_3, f+g) \geqq U(f+g) = L(f+g) \geqq L(\Delta_3, f+g)$ より,

$$\int_a^b f(x) + g(x)\,dx = U(f+g) \leqq U(\Delta_3, f+g) \leqq L(\Delta_3, f) + L(\Delta_3, g) + 2\varepsilon$$

$$\leqq \int_a^b f(x)\,dx + \int_a^b g(x)\,dx + 2\varepsilon$$

となる. 同様に

$$\int_a^b f(x) + g(x)\,dx = L(f+g) \geqq L(\Delta_3, f+g) \geqq U(\Delta_3, f) + U(\Delta_3, g) - 2\varepsilon$$

$$\geqq \int_a^b f(x)\,dx + \int_a^b g(x)\,dx - 2\varepsilon$$

となり, $\int_a^b f(x) + g(x)\,dx = \int_a^b f(x)\,dx + \int_a^b g(x)\,dx$ が分かる.

(2) $c > 0$ の場合に示す. I の任意の分割 Δ に対し, $U(\Delta, cf) = cU(\Delta, f)$ かつ $L(\Delta, cf) = cL(\Delta, f)$ となる. f はリーマン可積分より任意の $\varepsilon > 0$ に対し I の分割 Δ_1 が存在して, $U(\Delta_1, f) - L(\Delta_1, f) < \varepsilon$ を満たすので $U(\Delta_1, cf) - L(\Delta_1, cf) < c\varepsilon$ となり cf もリーマン可積分である. よって $\int_a^b cf(x)\,dx = U(cf) = L(cf)$ とすると,

$$\int_a^b cf(x)\,dx = U(cf) \leqq U(\Delta_1, cf) \leqq cL(\Delta_1, f) + c\varepsilon$$

$$\leqq c\int_a^b f(x)\,dx + c\varepsilon$$

となる. 同様に

$$\int_a^b cf(x)\,dx = L(cf) \geqq L(\Delta_1, cf) \geqq cU(\Delta_1, f) - c\varepsilon$$

$$\geqq c\int_a^b f(x)\,dx - c\varepsilon$$

となり，$\int_a^b cf(x)\,dx = c\int_a^b f(x)\,dx$ が分かる．$c \leqq 0$ の場合も同様である．

  (3)　(1)，(2) より I 上で $f(x) \geqq 0$ ならば，$\int_a^b f(x)\,dx \geqq 0$ を示せばよい．I 上で $f(x) \geqq 0$ より I の任意の分割 Δ に対し，$U(\Delta, f) \geqq 0$ かつ $L(\Delta, f) \geqq 0$ である．よって $\int_a^b f(x)\,dx = U(f) = L(f) \geqq 0$ となる．

  (4)　f はリーマン可積分より任意の $\varepsilon > 0$ に対し I の分割 Δ_1 が存在して，$U(\Delta_1, f) - L(\Delta_1, f) < \varepsilon$ を満たす．Δ_1 の各小区間 J で $0 \leqq \sup_{x \in J}|f(x)| - \inf_{x \in J}|f(x)| \leqq \sup_{x \in J} f(x) - \inf_{x \in J} f(x)$ より $U(\Delta_1, |f|) - L(\Delta_1, |f|) < \varepsilon$ となるので $|f|$ もリーマン可積分である．さらに I 上で $-|f(x)| \leqq f(x) \leqq |f(x)|$ より，(2) と (3) から $-\int_a^b |f(x)|\,dx \leqq \int_a^b f(x)\,dx \leqq \int_a^b |f(x)|\,dx$ となる．よって $|\int_a^b f(x)\,dx| \leqq \int_a^b |f(x)|\,dx$ が分かる．■

2.5.3　一様収束

この節では関数列 $\{f_n\}$ の収束について考えてみる．定義域の点 p を固定すれば，数列 $\{f_n(p)\}$ が得られるので収束の議論ができる．また p と q と 2 点取った場合，2 つの数列 $\{f_n(p)\}$ と $\{f_n(q)\}$ の収束の速さを比較することもできる．

定義 2.28 $\mathbb{R}$ の部分集合 A 上で定義された関数族 $\{f_n\}$ と関数 f について

  (1)　(各点収束) $\{f_n\}$ は f に**各点収束**するとは，A の任意の点 p と任意の $\varepsilon > 0$ に対しある自然数 n_0 が存在して，$n > n_0$ を満たす任意の自然数 n に対して $|f(p) - f_n(p)| < \varepsilon$ が成り立つこととする．論理式で表すと

$$\forall \varepsilon > 0, \forall p \in A, \exists n_0 \in \mathbb{N} \quad s.t. \quad \forall n \in \mathbb{N}, n > n_0 \Rightarrow |f_n(p) - f(p)| < \varepsilon$$

となる．

(2) （一様収束）$\{f_n\}$ は f に**一様収束**するとは，任意の $\varepsilon > 0$ に対しある自然数 n_0 が存在して，A の任意の点 p と $n > n_0$ を満たす任意の自然数 n に対して $|f(p) - f_n(p)| < \varepsilon$ が成り立つこととする．論理式で表すと

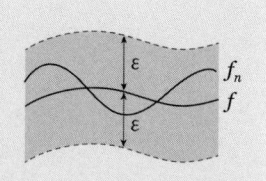

$$\forall \varepsilon > 0, \exists n_0 \in \mathbb{N} \quad s.t. \quad \forall p \in A, \forall n \in \mathbb{N}, n > n_0 \Rightarrow |f_n(p) - f(p)| < \varepsilon$$

となる．

注意 各点収束と一様収束の違い　任意の自然数 $n > n_0$ で $|f(p) - f_n(p)| < \varepsilon$ が成り立つための自然数 n_0 は，各点収束の場合だと位置 p と誤差 ε の両方に依存してもよいのに対し，一様収束の場合には位置 p には無関係で誤差 ε のみに依存する点が違う．

例題 2.19 区間 $[0,1]$ において関数 $f_n(x) = x^n$ は関数

$$f(x) = \begin{cases} 0 & (0 \leq x < 1) \\ 1 & (x = 1) \end{cases}$$

に各点収束するが，一様収束しない．

解 $0 \leq x < 1$ ならば $\lim_{n \to \infty} x^n = 0$ より，f_n は $[0,1]$ において f に各点収束する．もし f_n が $[0,1]$ において f に一様収束したとすると，$\varepsilon = \dfrac{1}{2} > 0$ に対しある自然数 n_0 が存在して，$n > n_0$ を満たす任意の自然数 n に対し $|f_n(x)| < \dfrac{1}{2}$ $(0 \leq x < 1)$ かつ $f_n(1) = 1$ となる．これは f_n が $[0,1]$ 上の連続関数であることに矛盾する．∎

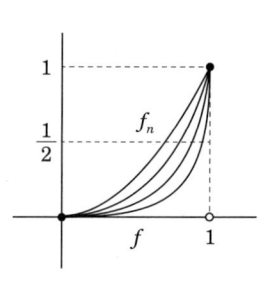

一様収束性の判定条件として次の結果は有用である．

命題 2.29（一様収束のコーシーの判定条件）　関数列 $\{f_n\}$ が区間 I で一様収束するための必要十分条件は

$$\forall \varepsilon > 0, \exists n_0 \in \mathbb{N} \quad s.t. \quad \forall p \in I, \forall m, n > n_0, |f_m(p) - f_n(p)| < \varepsilon \tag{C}$$

である．

証明 関数列 $\{f_n\}$ が区間 I で関数 f に一様収束すると仮定すると,
$$\forall \varepsilon > 0, \exists n_0 \in \mathbb{N}, \forall p \in I, \forall n \in \mathbb{N}, n > n_0 \Rightarrow |f_n(p) - f(p)| < \varepsilon$$
となる. よって任意の $m, n > n_0$ に対し, 三角不等式より
$$|f_m(p) - f_n(p)| \leqq |f_m(p) - f(p)| + |f(p) - f_n(p)| < 2\varepsilon$$
となるので条件 (C) を満たす. 逆に関数列 $\{f_n\}$ が区間 I で条件 (C) を満たすと仮定する. このとき任意の $p \in I$ において数列 $\{f_n(p)\}$ はコーシー列より, 定理 2.21 (実数の完備性) から $\{f_n(p)\}$ は収束列になる. その極限値を $f(p)$ とすると区間 I で関数 f が得られる. ここで条件 (C) において $m \to \infty$ とすると, $f_m(p) \to f(p)$ となるので
$$\forall \varepsilon > 0, \exists n_0 \in \mathbb{N} \quad s.t. \quad \forall p \in I, \forall n > n_0, |f(p) - f_n(p)| \leqq \varepsilon$$
となり, 関数列 $\{f_n\}$ は区間 I で関数 f に一様収束する. ∎

次の結果は連続関数列の極限関数に連続性が遺伝するための条件を教えてくれる.

命題 2.30 ある区間 I で定義された連続関数列 $\{f_n\}$ が関数 f に I で一様収束するならば, f も連続である.

証明 I の任意の点 x_0 に対し, f が x_0 で連続になることを示す. $\{f_n\}$ が f に I で一様収束することから, 任意の $\varepsilon > 0$ に対しある自然数 n_0 が存在して, I の任意の元 x と任意の自然数 $n > n_0$ に対し $|f(x) - f_n(x)| < \varepsilon$ が成り立つ. また各 f_n は x_0 で連続より, 任意の $\varepsilon > 0$ に対しある $\delta > 0$ が存在して, $|x - x_0| < \delta$ を満たす任意の $x \in I$ に対し $|f_n(x) - f_n(x_0)| < \varepsilon$ が成り立つ. よって三角不等式により
$$|f(x) - f(x_0)| \leqq |f(x) - f_n(x)| + |f_n(x) - f_n(x_0)| + |f_n(x_0) - f(x_0)| < 3\varepsilon$$
となり示せた. ∎

注意 例題 2.19 のように, 連続関数列の各点収束の極限関数は必ずしも連続関数とは限らない.

リーマン可積分な関数列の極限関数の定積分については次が成り立つ.

命題 2.31 ある区間 $I = [a,b]$ で定義されたリーマン可積分な関数列 $\{f_n\}$ がリーマン可積分な関数 f に I で一様収束するならば,

$$\lim_{n \to \infty} \int_a^b f_n(x)\,dx = \int_a^b \lim_{n \to \infty} f_n(x)\,dx = \int_a^b f(x)\,dx$$

となる. つまり一様収束の場合, 積分と極限は交換可能である.

証明 関数列 $\{f_n\}$ が f に I で一様収束することから, 任意の $\varepsilon > 0$ に対しある自然数 n_0 が存在して, I の任意の元 x と任意の自然数 $n > n_0$ に対し $|f(x) - f_n(x)| < \varepsilon$ が成り立つ. よって命題 2.27 の (4) より

$$\left| \int_a^b f_n(x)\,dx - \int_a^b f(x)\,dx \right| = \left| \int_a^b (f_n(x) - f(x))dx \right|$$
$$\leqq \int_a^b |f_n(x) - f(x)|\,dx < \varepsilon(b-a)$$

となり, 数列 $\left\{ \int_a^b f_n(x)\,dx \right\}$ は $\int_a^b f(x)\,dx$ に収束する. ∎

注意 一様収束という条件がないと, この積分と極限の交換可能は一般に成り立たない. たとえば区間 $[0,1]$ において連続関数

$$f_n(x) = \begin{cases} 4n^2 x & \left(0 \leqq x \leqq \dfrac{1}{2n}\right) \\ 4n - 4n^2 x & \left(\dfrac{1}{2n} \leqq x \leqq \dfrac{1}{n}\right) \\ 0 & \left(\dfrac{1}{n} \leqq x \leqq 1\right) \end{cases}$$

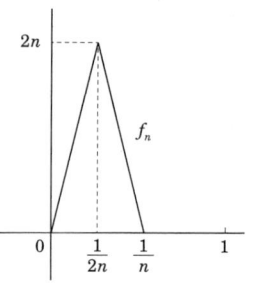

は恒等的に 0 な定数関数 $f = 0$ に各点収束するが一様収束しない. この場合, 連続関数列 $\{f_n\}$ とその各点収束極限の関数 f に対し, $\int_a^b f_n(x)\,dx = 1$ かつ $\int_a^b \lim_{n \to \infty} f_n(x)\,dx = \int_a^b f(x)\,dx = 0$ となり, 積分と極限が交換できない.

2.6 実数の構成

たとえば $\sqrt{2} = 1.41421356\cdots$ と $\pi = 3.14159265\cdots$ のかけ算はどうやって計算するのだろう．有限小数どうしのかけ算なら，一番小さい桁の数どうしの積から計算を始められるが，一番小さい桁などない無限小数どうしではどう考えればよいのだろう．この素朴な疑問に答えるために，2.2 節で自然数から整数を，整数から有理数を構成したように，有理数から実数を構成してみよう．そして有理数の四則演算を用いて，実数の四則演算を定義するのである．実数 a とは無限小数 $a = x_0 . x_1 x_2 \cdots x_n \cdots$ のことなので，a の小数第 n 位までの有限小数 $a_n = x_0 . x_1 x_2 \cdots x_n$ からなる有理数列 $\{a_n\}$ について，任意の $m > n$ に対し $a_m - a_n$ は小数第 n 位まで 0 が続くので $\{a_n\}$ はコーシー列になっている．そこで逆に有理数からなるコーシー列を出発点として，実数を構成することを考えてみよう[5]．

2.6.1 商集合 $\mathscr{G}$

以下しばらく有理数しかない（つまりあえて実数を考えない）世界を思い浮かべてみよう．その世界において，有理数列 $\{a_n\}$ が有理数 a に収束するとは，任意の正の「有理数」$\varepsilon > 0$ に対し，ある自然数 n_0 が存在して，任意の自然数 $n > n_0$ に対し $|a_n - a| < \varepsilon$ を満たすこととする．同じく有理数列 $\{a_n\}$ がコーシー列であるとは，任意の正の「有理数」$\varepsilon > 0$ に対し，ある自然数 n_1 が存在して，任意の自然数 $m, n > n_1$ に対し $|a_m - a_n| < \varepsilon$ を満たすこととする．また有理数列 $\{a_n\}$ が有界列であるとは，正の「有理数」$M > 0$ が存在して，任意の自然数 n に対し，$|a_n| \leqq M$ を満たすこととする．

有理数列のコーシー列や収束列に関する基本的な性質は，1.3 節の実数列のコーシー列や収束列に関する基本的な性質と全く同じである．以下にまとめておこう．

命題 2.32 有理数列について以下が成り立つ．
(1) 収束列はコーシー列である．
(2) コーシー列は有界列である．

---
[5] 例題 2.10 で考察した有理数の切断を用いても実数を構成することができる．

命題 2.33 有理数列 $\{x_n\}, \{y_n\}$ が収束列とする．このとき
(1) 有理数列 $\{x_n + y_n\}$ も収束列である．
(2) 有理数列 $\{x_n - y_n\}$ も収束列である．
(3) 有理数列 $\{x_n y_n\}$ も収束列である．

命題 2.34 有理数列 $\{x_n\}, \{y_n\}$ がコーシー列とする．このとき
(1) 有理数列 $\{x_n + y_n\}$ もコーシー列である．
(2) 有理数列 $\{x_n - y_n\}$ もコーシー列である．
(3) 有理数列 $\{x_n y_n\}$ もコーシー列である．
(4) ある有理数 $c > 0$ が存在して，任意の自然数 n に対し $|x_n| > c$ と仮定する．このとき有理数列 $\left\{\dfrac{1}{x_n}\right\}$ もコーシー列である．

まずはコーシー列である有理数列全体を考えよう．

定義 2.35 コーシー列であるような有理数列 $\{a_n\}$ の全体を $\mathscr{F}$ とする．また 0 に収束する有理数列 $\{z_n\}$ の全体を $\mathscr{N}$ とする．

$\mathscr{F}$ と $\mathscr{N}$ の基本的な性質をまとめておく．

命題 2.36 (1) $\mathscr{N} \subset \mathscr{F}$ となる．
(2) $\{z_n\}, \{w_n\} \in \mathscr{N}$ に対し，$\{z_n + w_n\} \in \mathscr{N}$ となる．
(3) $\{z_n\}, \{w_n\} \in \mathscr{N}$ に対し，$\{z_n - w_n\} \in \mathscr{N}$ となる．
(4) $\{a_n\} \in \mathscr{F}$ と $\{z_n\} \in \mathscr{N}$ に対し，$\{a_n z_n\} \in \mathscr{N}$ となる．

証明 (1) は命題 2.32 より，(2) と (3) は命題 2.33 より分かるので，以下 (4) のみ示す．命題 2.32 からコーシー列は有界列なので，$\{a_n\} \in \mathscr{F}$ に対しある有理数 $M > 0$ が存在して，任意の自然数 n に対し $|a_n| \leqq M$ となる．一方 $\{z_n\} \in \mathscr{N}$ より，任意の有理数 $\varepsilon > 0$ に対しある自然数 n_0 が存在して，$n > n_0$ となる任意の自然数 n に対し $|z_n| < \varepsilon$ を満たす．このとき $|a_n z_n| < M\varepsilon$ となるので $\{a_n z_n\} \in \mathscr{N}$ が分かる．■

$\mathscr{N}$ を用いて $\mathscr{F}$ の 2 項関係を定義しよう．

2.6 | 実数の構成

定義 2.37 $\mathscr{F}$ の 2 項関係 R を以下のように定義する．$\{a_n\}, \{b_n\} \in \mathscr{F}$ に対し，ある $\{z_n\} \in \mathscr{N}$ が存在して，任意の自然数 n に対し $b_n = a_n + z_n$ となるとき $\{a_n\} R \{b_n\}$ とする．

つまり同じ「極限」に向かうコーシー列どうしを関係づけようというわけである．

命題 2.38 この 2 項関係 R は $\mathscr{F}$ の同値関係になる．

証明 任意の自然数 n において $z_n = 0$ である有理数列 $\{z_n\}$ は $\mathscr{N}$ の元で，任意の $\{a_n\} \in \mathscr{F}$ に対し $a_n = a_n + 0$ より $\{a_n\} R \{a_n\}$ となる．また $\{a_n\} R \{b_n\}$ ならば，ある $\{z_n\} \in \mathscr{N}$ が存在して，任意の自然数 n に対し $b_n = a_n + z_n$ となる．ここで $a_n = b_n - z_n$ かつ $\{-z_n\} \in \mathscr{N}$ より $\{b_n\} R \{a_n\}$ となる．最後に $\{a_n\} R \{b_n\}$ かつ $\{b_n\} R \{c_n\}$ ならば，ある $\{z_n\}, \{w_n\} \in \mathscr{N}$ が存在して，任意の自然数 n に対し $b_n = a_n + z_n$ かつ $c_n = b_n + w_n$ となる．このとき $c_n = a_n + (z_n + w_n)$ かつ $\{z_n + w_n\} \in \mathscr{N}$ より $\{a_n\} R \{c_n\}$ となる．■

以下この $\mathscr{F}$ の同値関係 R を $\sim$ で表すことにする．

定義 2.39 上記の同値関係 $\sim$ による商集合 $\mathscr{F}/\sim$ を $\mathscr{G}$ とし，$\{x_n\}$ の同値類を $[\{x_n\}] \in \mathscr{G}$ と表す．

有理数 a に対し，任意の自然数 n において $a_n = a$ となる有理数列 $\{a_n\}$ を $\{a\}$ とするとき，a に $[\{a\}]$ を対応させる $\mathbb{Q}$ から $\mathscr{G}$ への写像 $i : \mathbb{Q} \to \mathscr{G}$ は，同値関係 $\sim$ の定義より単射であることに注意する．

2.6.2 $\mathscr{G}$ の四則演算

有理数の四則演算を利用して，$\mathscr{G}$ に四則演算を定義してみよう．

命題 2.40 ($\mathscr{G}$ の四則演算) $\mathscr{G}$ の 2 つの元 $\alpha = [\{a_n\}], \beta = [\{b_n\}]$ において，
  (1) 2 項演算 $\alpha + \beta = [\{a_n + b_n\}]$ は well-defined である．
  (2) 2 項演算 $\alpha - \beta = [\{a_n - b_n\}]$ は well-defined である．
  (3) 2 項演算 $\alpha \cdot \beta = [\{a_n \cdot b_n\}]$ は well-defined である．

(4) $\beta \in \mathscr{G}$ が $\beta \neq 0$ ならば，β の代表元 $\{c_n\}$ で $\left\{\dfrac{1}{c_n}\right\} \in \mathscr{F}$ となるものが存在する．さらにそのような β の別の代表元 $\{d_n\}$ に対し $\left[\left\{\dfrac{1}{c_n}\right\}\right] = \left[\left\{\dfrac{1}{d_n}\right\}\right]$ となる．よって特に $\dfrac{\alpha}{\beta} = \left[\left\{\dfrac{a_n}{c_n}\right\}\right]$ は well-defined である．

証明 (1) $[\{a_n\}] = [\{p_n\}]$ とすると $\{z_n\} \in \mathscr{N}$ が存在して，任意の自然数 n において $p_n = a_n + z_n$ となる．同様に $[\{b_n\}] = [\{q_n\}]$ とすると $\{w_n\} \in \mathscr{N}$ が存在して，任意の自然数 n において $q_n = b_n + w_n$ となる．よって任意の自然数 n で $p_n + q_n = a_n + b_n + (z_n + w_n)$ となり，命題 2.36 (2) から $\{z_n + w_n\} \in \mathscr{N}$ より $[\{a_n + b_n\}] = [\{p_n + q_n\}]$ となる．

(2) $[\{a_n\}] = [\{p_n\}]$ とすると $\{z_n\} \in \mathscr{N}$ が存在して，任意の自然数 n において $p_n = a_n + z_n$ となる．同様に $[\{b_n\}] = [\{q_n\}]$ とすると $\{w_n\} \in \mathscr{N}$ が存在して，任意の自然数 n において $q_n = b_n + w_n$ となる．よって任意の自然数 n で $p_n - q_n = a_n - b_n + (z_n - w_n)$ となり，命題 2.36 (3) から $\{z_n - w_n\} \in \mathscr{N}$ より $[\{a_n - b_n\}] = [\{p_n - q_n\}]$ となる．

(3) $[\{a_n\}] = [\{p_n\}]$ とすると $\{z_n\} \in \mathscr{N}$ が存在して，任意の自然数 n において $p_n = a_n + z_n$ となる．同様に $[\{b_n\}] = [\{q_n\}]$ とすると $\{w_n\} \in \mathscr{N}$ が存在して，任意の自然数 n において $q_n = b_n + w_n$ となる．よって任意の自然数 n で $p_n \cdot q_n = a_n \cdot b_n + (a_n \cdot w_n + z_n \cdot b_n + z_n \cdot w_n)$ となり，命題 2.36 (2) と (4) から $\{a_n \cdot w_n + z_n \cdot b_n + z_n \cdot w_n\} \in \mathscr{N}$ より $[\{a_n \cdot b_n\}] = [\{p_n \cdot q_n\}]$ となる．

(4) $\beta = [\{b_n\}] \neq [0]$ より $[\{b_n\}]$ の任意の代表元 $\{b_n\} \in \mathscr{F}$ は $\mathscr{N}$ の元ではない．よってある有理数 $\varepsilon_0 > 0$ が存在して，任意の自然数 n_0 に対しある自然数 $n_1 > n_0$ が存在して $|b_{n_1}| \geqq \varepsilon_0$ を満たす．ここで有理数列 $\{b_n\}$ はコーシー列より，$\dfrac{\varepsilon_0}{2} > 0$ に対しある自然数 n_2 が存在して，任意の自然数 $m, n > n_2$ に対し $|b_m - b_n| < \dfrac{\varepsilon_0}{2}$ となる．

一方 $|b_{n_1}| \geqq \varepsilon_0$ より任意の $n > n_2$ に対し $|b_n| > \dfrac{\varepsilon_0}{2}$ となる．よって有理数列 $\{c_n\}$ を $1 \leqq n \leqq n_2$ に対して，たとえば $c_n = 1$ とし，$n > n_2$ に対し $c_n = b_n$ とすれば，$\{c_n\}$ は $[\{b_n\}]$ の代表元かつ命題 2.34 (4) より $\left\{\dfrac{1}{c_n}\right\} \in \mathscr{F}$ となる．さらに $\left\{\dfrac{1}{d_n}\right\} \in \mathscr{F}$ となる $[\{b_n\}]$ の別の代表元 $\{d_n\}$ に対し，ある $\{z_n\} \in \mathscr{N}$ が存

在して, 任意の自然数 n で $c_n = d_n + z_n$ となる. よって $\frac{1}{d_n} - \frac{1}{c_n} = \frac{c_n - d_n}{c_n d_n} = \frac{z_n}{c_n d_n}$ となり命題 2.36 (4) より $\left\{\frac{z_n}{c_n d_n}\right\} \in \mathcal{N}$ となるので, $\frac{1}{c_n} \sim \frac{1}{d_n}$ である. ∎

この $\mathscr{G}$ の四則演算と自然な単射 $i : \mathbb{Q} \to \mathscr{G}$ の定義より次は明らかであろう.

系 2.41 写像 $i : \mathbb{Q} \to \mathscr{G}$ は四則演算を保つ. たとえば $a, b \in \mathbb{Q}$ に対し $i(a+b) = i(a) + i(b)$ や $i(ab) = i(a) \cdot i(b)$ が成り立つ.

2.6.3 $\mathscr{G}$ の順序関係

次に $\mathscr{G}$ に順序関係を定義する.

定義 2.42 $\mathscr{G}$ に次のような 2 項関係 R を考える. 2 つの元 $\alpha, \beta \in \mathscr{G}$ に対し, $\alpha R \beta$ とは, α の任意の代表元 $\{a_n\}$ に対し β のある代表元 $\{b_n\}$ とある自然数 n_0 が存在して, 任意の $n > n_0$ に対し $a_n \leqq b_n$ を満たすこととする.

命題 2.43 この 2 項関係は $\mathscr{G}$ の順序関係になる.

証明 $\alpha \in \mathscr{G}$ の任意の代表元 $\{a_n\}$ に対し任意の自然数 n に対し $a_n \leqq a_n$ より $\alpha R \alpha$ である. 次に $\alpha, \beta \in \mathscr{G}$ に対し, $\alpha R \beta$ かつ $\beta R \alpha$ とする. $\alpha R \beta$ より α の任意の代表元 $\{a_n\}$ に対し β のある代表元 $\{b_n\}$ とある自然数 n_0 が存在して, 任意の $n > n_0$ に対し $a_n \leqq b_n$ を満たす. 一方 $\beta R \alpha$ より, この $\{b_n\}$ に対し α のある代表元 $\{c_n\}$ とある自然数 n_1 が存在して, 任意の $n > n_1$ に対し $b_n \leqq c_n$ を満たす. よって $n_2 = \max\{n_0, n_1\}$ とすれば, 任意の $n > n_2$ に対し $a_n \leqq c_n$ を満たす. ここで $\{a_n\} \sim \{c_n\}$ より $\{z_n\} \in \mathcal{N}$ が存在して, 任意の自然数 n に対し $c_n = a_n + z_n$ となる. 特に任意の $n > n_2$ に対し $a_n \leqq b_n \leqq c_n = a_n + z_n$ より, $w_n = b_n - a_n$ とすると任意の $n > n_2$ に対し $0 \leqq w_n \leqq z_n$ となる. よって $\{w_n\} \in \mathcal{N}$ より $\{a_n\} \sim \{b_n\}$, つまり $\alpha = \beta$ となる.

最後に $\alpha, \beta, \gamma \in \mathscr{G}$ に対し, $\alpha R \beta$ かつ $\beta R \gamma$ とする. $\alpha R \beta$ より α の任意の代表元 $\{a_n\}$ に対し β のある代表元 $\{b_n\}$ とある自然数 n_0 が存在して, 任意の $n > n_0$ に対し $a_n \leqq b_n$ を満たす. 一方 $\beta R \gamma$ より, この $\{b_n\}$ に対し γ のある代表元 $\{c_n\}$ とある自然数 n_1 が存在して, 任意の $n > n_1$ に対し $b_n \leq c_n$ を満たす.

よって $n_2 = \max\{n_0, n_1\}$ とすれば，任意の $n > n_2$ に対し $a_n \leqq c_n$ を満たすので $\alpha R \gamma$ となる．■

以下この $\mathscr{G}$ の順序関係 R を $\leqq$ で表すことにすると，自然な単射 $i : \mathbb{Q} \to \mathscr{G}$ の定義より次は明らかであろう．

系 2.44 写像 $i : \mathbb{Q} \to \mathscr{G}$ は順序関係を保つ．つまり $a, b \in \mathbb{Q}$ に対し，$a \leqq b$ ならば $i(a) \leqq i(b)$ が成り立つ．

さらに $\mathscr{G}$ の四則演算と順序関係は次の両立関係を満たす．

命題 2.45 任意の $\alpha, \beta, \gamma \in \mathscr{G}$ に対し，$\alpha \leqq \beta$ ならば
(1) $\alpha + \gamma \leqq \beta + \gamma$ となる．
(2) $0 < \gamma$ ならば $\alpha \cdot \gamma \leqq \beta \cdot \gamma$ となる．

証明 $\alpha \leqq \beta$ より，α の任意の代表元 $\{a_n\}$ に対し β のある代表元 $\{b_n\}$ とある自然数 n_0 が存在して，任意の $n > n_0$ に対し $a_n \leqq b_n$ を満たす．

(1) よって γ の任意の代表元 $\{c_n\}$ に対し，$a_n + c_n \leqq b_n + c_n$ が任意の $n > n_0$ に対し成り立つので $\alpha + \gamma \leqq \beta + \gamma$ となる．

(2) $0 < \gamma$ ならば γ の任意の代表元 $\{d_n\}$ に対し，ある $n_1 > n_0$ が存在して，任意の $n > n_1$ に対し $0 < d_n$ を満たす．よって任意の $n > n_1$ に対し，$a_n d_n \leqq b_n d_n$ が成り立つので $\alpha \cdot \gamma \leqq \beta \cdot \gamma$ となる．■

2.6.4 $\mathscr{G}$ と $\mathbb{R}$ の同一視

以上の準備のもとで，$\mathscr{G}$ から $\mathbb{R}$ への全単射を構成してみよう．$\mathscr{G}$ の元 α の任意の代表元は有理数のコーシー列より，$x_0 \leqq \alpha < x_0 + 1$ を満たす整数 x_0 がただ 1 つ存在する．ここで自然な単射 $i : \mathbb{Q} \to \mathscr{G}$ により整数 x_0 と $i(x_0) \in \mathscr{G}$ を同一視している．そこで $\alpha_1 = 10(\alpha - x_0) \in \mathscr{G}$ とすると，命題 2.45 より $0 \leqq x_1 \leqq 9$ を満たす整数 x_1 がただ 1 つ存在して，$x_1 \leqq \alpha_1 < x_1 + 1$ を満たす．次に $\alpha_2 = 10(\alpha_1 - x_1) \in \mathscr{G}$ とすると，$0 \leqq x_2 \leqq 9$ を満たす整数 x_2 がただ 1 つ存在して，$x_2 \leqq \alpha_2 < x_2 + 1$ を満たす．この操作を繰り返すと任意の $\alpha \in \mathscr{G}$ に対し無限小数 $x_0 + \dfrac{x_1}{10} + \dfrac{x_2}{10^2} + \cdots \in \mathbb{R}$ がただ 1 つ定まる．この写像を $\varphi : \mathscr{G} \to \mathbb{R}$ とする．

定理 2.46 $\varphi : \mathscr{G} \to \mathbb{R}$ は全単射である.

証明 まず φ が全射を示す. この節の冒頭で述べたように, 実数 $a = x_0 + \frac{x_1}{10} + \frac{x_2}{10^2} + \cdots + \frac{x_n}{10^n} \cdots$ の小数第 n 位までの有限小数 $a_n = x_0 + \frac{x_1}{10} + \frac{x_2}{10^2} + \cdots + \frac{x_n}{10^n}$ からなる有理数列 $\{a_n\}$ はコーシー列なので, $\{a_n\} \in \mathscr{F}$ でありその同値類を $\alpha = [\{a_n\}] \in \mathscr{G}$ とすれば $\varphi(\alpha) = a$ となる. よって φ は全射である. 次に単射を示す. $\varphi(\alpha)$ の小数第 n 位までを $b_n = x_0 + \frac{x_1}{10} + \frac{x_2}{10^2} + \cdots + \frac{x_n}{10^n}$ とすると

$$\alpha = b_0 + \frac{\alpha_1}{10} = b_1 + \frac{\alpha_2}{10^2} = \cdots = b_n + \frac{\alpha_{n+1}}{10^{n+1}}$$

となることから $\alpha = [\{b_n\}]$ が成り立つので φ は単射である. ∎

この同一視 $\varphi : \mathscr{G} \to \mathbb{R}$ により, $\mathscr{G}$ の四則演算から, 実数すなわち無限小数の全体 $\mathbb{R}$ に四則演算が定まる.

演 習 問 題

問 2.1 平面 $\mathbb{R}^2$ において, 次のように定めた二項関係 R は反射律, 対称律, 推移律, 反対称律を満たすか調べよ. $(a,b),(c,d) \in \mathbb{R}^2$ に対し
(1) $(a,b) R (c,d)$ を $a + d = b + c$ と定義する.
(2) $(a,b) R (c,d)$ を $ad = bc$ と定義する.
(3) $(a,b) R (c,d)$ を $ab = cd$ と定義する.

問 2.2 写像 $f : X \to Y$ は全射とする.
(1) X の 2 元 a, b に対し aRb を $f(a) = f(b)$ と定義すると, X の 2 項関係 R は同値関係になることを示せ.
(2) この X の同値関係 R を $\sim$ と表す. 商集合 $X/\sim$ から Y への写像 $g : X/\sim \to Y$ を $g([x]) = f(x)$ と定義すると, 写像 g は well-defined かつ全単射になることを示せ.

問 2.3 2 つの順序集合 $(X, \leqq_X)$ と $(Y, \leqq_Y)$ が順序同型であるとは, 全単射 $f : X \to Y$ が存在して, $x_1 \leqq_X x_2$ ならば $f(x_1) \leqq_Y f(x_2)$ を満たし, かつ $y_1 \leqq_Y y_2$ ならば $f^{-1}(y_1) \leqq_X f^{-1}(y_2)$ を満たすこととする.

(1) $\mathbb{N}$ と $\mathbb{Z}$ は順序同型でないことを示せ.
(2) $\mathbb{Z}$ と $\mathbb{Q}$ も順序同型でないことを示せ.

第3章

距離空間

3.1 ユークリッド空間

3.1.1 $\mathbb{R}$ の開集合,閉集合

$\mathbb{R}$ の絶対値を用いて $\mathbb{R}$ の部分集合 A に以下のような3種類の定義をしよう.

定義 3.1($\mathbb{R}$ の有界集合)$\mathbb{R}$ の空集合でない部分集合 A が**有界**であるとは,ある $M > 0$ が存在して,A の任意の元 a に対し $|a| \leqq M$ を満たすこととする.

定義 3.2($\mathbb{R}$ の開集合)
$\mathbb{R}$ の部分集合 A が**開集合**であるとは $A = \varnothing$ か,空集合でない A の任意の点 p に対し,ある $\varepsilon > 0$ が存在して,$U(p;\varepsilon) = \{x \in \mathbb{R} \mid |x - p| < \varepsilon\} \subset A$ を満たすこととする.

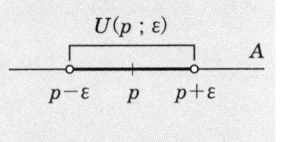

例 3.1 $\mathbb{R}$ 自身,開区間 $(-\infty, b), (a, +\infty)$,$(a, b)$ は開集合である.

定義 3.3($\mathbb{R}$ の閉集合)$\mathbb{R}$ の部分集合 B が**閉集合**であるとは,B の $\mathbb{R}$ における補集合 B^c が開集合になることである.

例 3.2 $\mathbb{R}$ 自身,閉区間 $(-\infty, b], [a, +\infty)$,$[a, b]$ は閉集合である.特に1点集合は閉集合である.

次の結果は $\mathbb{R}$ の閉集合に関する基本定理と言えよう.

定理 3.4（$\mathbb{R}$ の閉集合に関する基本定理） $\mathbb{R}$ の空集合でない部分集合 B が閉集合であるための必要十分条件は，B の元からなる収束列 $\{b_n\}$ の極限もまた B の元になることである．

証明 B は閉集合とする．B の元からなる収束列 $\{b_n\}$ を 1 つ固定する．$B = \mathbb{R}$ ならば $\{b_n\}$ の極限はもちろん $B = \mathbb{R}$ の元である．$B \neq \mathbb{R}$ ならば B^c は空集合でない開集合である．もし $\{b_n\}$ が B^c の点 p に収束するならば，任意の $\varepsilon > 0$ に対しある自然数 n_0 が存在して $n > n_0$ を満たす任意の自然数 n に対し $b_n \in U(p;\varepsilon)$ となる．しかし B^c は開集合なので，ある $\delta > 0$ が存在して $U(p;\delta) \subset B^c$ つまり $U(p;\delta) \cap B = \varnothing$ となるので矛盾．よって B の元からなる収束列 $\{b_n\}$ の極限もまた B の元になる．

逆に B の元からなる任意の収束列の極限もまた B の元になるとする．$B = \mathbb{R}$ ならば B は閉集合である．$B \neq \mathbb{R}$ ならば B^c は空集合ではない．B^c の任意の点 p は B の元からなる収束列の極限ではない．つまりある $\delta > 0$ が存在して $U(p;\delta) \cap B = \varnothing$ つまり $U(p;\delta) \subset B^c$ となるので B^c は開集合である．よって B は閉集合になる．■

例題 3.1 $\mathbb{R}$ の区間 A 上の連続関数 $f : A \to \mathbb{R}$ に対し，A の像 $f(A)$ も区間になることを示せ．

解 $f(A)$ が 1 点集合の場合は明らか．$f(A)$ が 2 点以上含むとする．$f(A)$ の任意の 2 点 $p < q$ に対し，A の 2 点 a, b が存在して $f(a) = p, f(b) = q$ となる．$a < b$ の場合，例題 2.11（中間値の定理）より，$p < r < q$ を満たす任意の点 r に対し $a < c < b$ を満たす点 c が存在して $f(c) = r$，つまり $r \in f(A)$ となるので $[p, q] \subset f(A)$ となり，$f(A)$ は区間である．

$a \geqq b$ の場合も同様である．■

3.1.2 平面における直線距離

しばらく 2 次元平面 $\mathbb{R}^2$ で考える（n 次元空間 $\mathbb{R}^n$ は 3.1.6 節で扱う）．$\mathbb{R}^2$

の点 $p = (a,b)$ から $q = (c,d)$ への直線距離 $d(p,q)$ を考える．

直角三角形に関するピタゴラスの定理から

$$d(p,q)^2 = |a-c|^2 + |b-d|^2$$

が成り立つ．これは 3.2 節で距離の公理と呼ばれる以下の3つの条件を満たす．

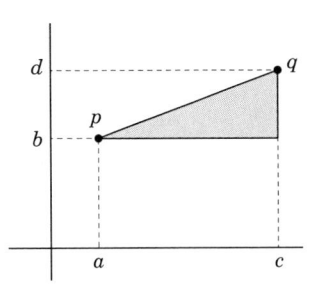

命題 3.5

(1) （正定値性）$\mathbb{R}^2$ の任意の 2 点 p,q に対して $d(p,q) \geqq 0$ である．また $d(p,q) = 0$ となるための必要十分条件は $p=q$ である．

(2) （対称性）$\mathbb{R}^2$ の任意の 2 点 p,q に対して $d(p,q) = d(q,p)$ である．

(3) （三角不等式）$\mathbb{R}^2$ の任意の 3 点 p,q,r に対して**三角不等式**

$$d(p,r) \leqq d(p,q) + d(q,r)$$

が成り立つ．

1番目の「正定値性」は相異なる2点間の距離は正で，2点が一致していることと距離がゼロであることは同じであることを述べている．2番目の「対称性」は2点間の距離はどちらから測ろうと同じであることを述べている．そして，3番目の「三角不等式」は3角形の2辺の和は他の1辺より長いという当たり前のことを述べているだけである．

点 p から距離が $\varepsilon > 0$ 未満の点全体を p の ε-近傍といい $U(p;\varepsilon)$ と表す．

$$U(p;\varepsilon) = \{q \in \mathbb{R}^2 \mid d(p,q) < \varepsilon\}.$$

$U(p;r)$ の形状は円板で，境界の円周は $U(p;r)$ に含まれないことに注意する．

3.1.3 平面の点列

$\mathbb{R}^2$ の点 $p_n = (a_n, b_n)$ からなる点列 $\{p_n\}$ を考える．

定義 3.6 ($\mathbb{R}^2$ の有界列，収束列，コーシー列)

(1) 点列 $\{p_n\}$ が**有界列**であるとは，正の実数 $M > 0$ が存在して，任意の自然数 n に対し，$d(o, p_n) \leqq M$ を満たすこととする．ここで o は $\mathbb{R}^2$ の原点 $(0, 0)$ を表す．

(2) 点列 $\{p_n\}$ が**収束列**であるとは，$\mathbb{R}^2$ のある点 p が存在して，任意の正の実数 $\varepsilon > 0$ に対しある自然数 n_0 が存在して，$n > n_0$ を満たす任意の自然数 n に対し，$d(p, p_n) < \varepsilon$ となることである．近傍の言葉で言えば $p_n \in U(p; \varepsilon)$ ということである．

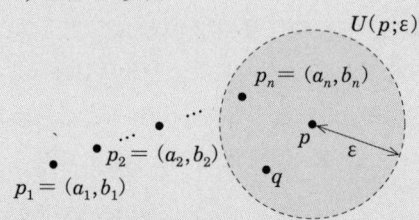

(3) 点列 $\{p_n\}$ が**コーシー列**であるとは任意の正の実数 $\varepsilon > 0$ に対しある自然数 n_0 が存在して，$m, n > n_0$ を満たす任意の自然数 m, n に対し，$d(p_m, p_n) < \varepsilon$ となることである．

このとき直線距離の定義から次が分かる．

命題 3.7 点列 $\{p_n = (a_n, b_n)\}$ とその各成分である数列 $\{a_n\}$ と $\{b_n\}$ について以下が成り立つ．

(1) 点列 $\{p_n\}$ が有界列であるための必要十分条件は，数列 $\{a_n\}$ と $\{b_n\}$ がともに有界列になることである．

(2) 点列 $\{p_n\}$ が収束列であるための必要十分条件は，数列 $\{a_n\}$ と $\{b_n\}$ がともに収束列になることである．

(3) 点列 $\{p_n\}$ がコーシー列であるための必要十分条件は，数列 $\{a_n\}$ と $\{b_n\}$ がともにコーシー列になることである．

証明 (1) 点列 $\{p_n\}$ が有界列ならば，ある正の実数 $M > 0$ が存在して，任意の自然数 n に対し $d(o, p_n) \leqq M$ を満たす．よって

$$d(o, p_n)^2 = a_n^2 + b_n^2 \leqq M^2$$

より $|a_n| \leqq M$ かつ $|b_n| \leqq M$ となるので，数列 $\{a_n\}$ と $\{b_n\}$ はともに有界列になる．逆に数列 $\{a_n\}$ と $\{b_n\}$ がともに有界列にならば，ある正の実数 $M > 0$ が存在して，任意の自然数 n に対し $|a_n| \leqq M$ かつ $|b_n| \leqq M$ を満たす．よって

$$d(o, p_n)^2 = a_n^2 + b_n^2 \leqq 2M^2$$

となるので，点列 $\{p_n\}$ は有界列になる．

(2) 点列 $\{p_n\}$ が収束列ならば，$\mathbb{R}^2$ のある点 $p = (a, b)$ が存在して，任意の正の実数 $\varepsilon > 0$ に対しある自然数 n_0 が存在して，$n > n_0$ を満たす任意の自然数 n に対し $d(p, p_n) < \varepsilon$ となる．よって

$$d(p, p_n)^2 = (a - a_n)^2 + (b - b_n)^2 < \varepsilon^2$$

より $|a - a_n| < \varepsilon$ かつ $|b - b_n| < \varepsilon$ となるので，数列 $\{a_n\}$ と $\{b_n\}$ はともに収束列になる．逆に数列 $\{a_n\}$ と $\{b_n\}$ がともに収束列ならば，ある実数 a, b が存在して，任意の正の実数 $\varepsilon > 0$ に対しある自然数 n_0 が存在して，$n > n_0$ を満たす任意の自然数 n に対し $|a - a_n| < \varepsilon$ かつ $|b - b_n| < \varepsilon$ となる．よって

$$d(p, p_n)^2 = (a - a_n)^2 + (b - b_n)^2 < 2\varepsilon^2$$

となるので，点列 $\{p_n\}$ は収束列になる．

(3) 点列 $\{p_n\}$ がコーシー列ならば，任意の正の実数 $\varepsilon > 0$ に対しある自然数 n_0 が存在して，$m, n > n_0$ を満たす任意の自然数 m, n に対し $d(p_m, p_n) < \varepsilon$ となる．よって

$$d(p_m, p_n)^2 = (a_m - a_n)^2 + (b_m - b_n)^2 < \varepsilon^2$$

より $|a_m - a_n| < \varepsilon$ かつ $|b_m - b_n| < \varepsilon$ となるので，数列 $\{a_n\}$ と $\{b_n\}$ はともにコーシー列になる．逆に数列 $\{a_n\}$ と $\{b_n\}$ がともにコーシー列ならば，任意の正の実数 $\varepsilon > 0$ に対しある自然数 n_0 が存在して，$m, n > n_0$ を満たす任意の自然数 m, n に対し $|a_m - a_n| < \varepsilon$ かつ $|b_m - b_n| < \varepsilon$ となる．よって

$$d(p_m, p_n)^2 = (a_m - a_n)^2 + (b_m - b_n)^2 < 2\varepsilon^2$$

となるので，点列 $\{p_n\}$ はコーシー列になる．∎

つまり $\mathbb{R}^2$ の点列 $\{p_n = (a_n, b_n)\}$ の性質は，その第 1 成分の数列 $\{a_n\}$ と第 2 成分の数列 $\{b_n\}$ の性質から決まるということである．命題 3.7 と命題 1.23 より

次が成り立つ.

命題 3.8
(1) 点列 $\{p_n\}$ が収束列ならば有界列である.
(2) 点列 $\{p_n\}$ が p にも q にも収束するならば，$p=q$ となる.
(3) 点列 $\{p_n\}$ が p に収束するならば，$\{p_n\}$ の任意の部分列 $\{p_{i_k}\}$ も p に収束する.

証明 (1) 点列 $\{p_n = (a_n, b_n)\}$ が収束列ならば命題 3.7 (1) より数列 $\{a_n\}$ と $\{b_n\}$ もともに収束列である．よって命題 1.23 (1) より収束列は有界列なので，再び命題 3.7 (1) より $\{p_n\}$ も有界列である．

(2) 点列 $\{p_n = (a_n, b_n)\}$ が $p = (a, b)$ にも $q = (c, d)$ にも収束するならば，命題 3.7 (2) より数列 $\{a_n\}$ は a にも c にも収束して，$\{b_n\}$ は b にも d にも収束する．よって命題 1.23 (2) より $a = c$ かつ $b = d$, つまり $p = q$ となる．

(3) 点列 $\{p_n = (a_n, b_n)\}$ は $p = (a, b)$ に収束するので，命題 3.7 (2) より数列 $\{a_n\}$ は a に収束して，数列 $\{b_n\}$ は b に収束する．このとき命題 1.23 (4) より $\{p_n\}$ の任意の部分列 $\{p_{i_k} = (a_{i_k}, b_{i_k})\}$ に対し, 数列 $\{a_{i_k}\}$ は a に収束して, 数列 $\{b_{i_k}\}$ は b に収束するので, 再び命題 3.7 (2) より $\{p_{i_k}\}$ は p に収束する. ∎

実数の完備性より次が成り立つ.

定理 3.9 $\mathbb{R}^2$ は完備である．すなわちコーシー列は収束列である．

証明 $\{p_n = (a_n, b_n)\}$ をコーシー列とすると，命題 3.7 (3) より点列 $\{p_n\}$ の各成分である数列 $\{a_n\}$ と $\{b_n\}$ はともにコーシー列になる．よって定理 2.21 (実数の完備性) よりある実数 a, b が存在して $\{a_n\}$ と $\{b_n\}$ はそれぞれ a と b に収束する．つまり任意の $\varepsilon > 0$ に対しある自然数 n_0 が存在して，$n > n_0$ を満たす任意の自然数 n に対し，$|a_n - a| < \varepsilon$ かつ $|b_n - b| < \varepsilon$ となる．そこで $p = (a, b)$ とすると，$n > n_0$ ならば

$$d(p_n, p) = \sqrt{|a_n - a|^2 + |b_n - b|^2} < \sqrt{\varepsilon^2 + \varepsilon^2} = \sqrt{2}\varepsilon$$

となるので，$\{p_n\}$ は p に収束する． ∎

3.1.4 平面上の連続関数

平面上の関数 $f\colon \mathbb{R}^2 \to \mathbb{R}$ を考える．つまり $f(x,y)$ は 2 変数関数である．

定義 3.10 ($\mathbb{R}^2$ の連続関数) $\mathbb{R}^2$ の部分集合 A で定義された関数 $f\colon A \to \mathbb{R}$ が A の点 p で**連続**であるとは，任意の正の実数 $\varepsilon > 0$ に対し，ある正の実数 $\delta > 0$ が存在して，$d(p,q) < \delta$ を満たす A の任意の元 q に対して $|f(p) - f(q)| < \varepsilon$ が成り立つことである．近傍の言葉で言えば $q \in U(p;\delta) \cap A$ ならば $f(q) \in U(f(p);\varepsilon)$ ということである．f が A 上の**連続関数**であるとは，A の任意の点 p で f が連続であることとする．

2 変数関数の連続の定義より次は明らかであろう．

命題 3.11 $\mathbb{R}^2$ の部分集合 A で定義された関数 $f\colon A \to \mathbb{R}$ が A の点 $p = (a,b)$ で連続であるための必要条件は，1 変数関数 $f(x,b)$ と $f(a,y)$ がそれぞれ $x = a$ と $y = b$ で連続になることである．

次は $\mathbb{R}^2$ 上の連続関数の基本定理であり，定理 1.32 の 2 変数版である．

定理 3.12 ($\mathbb{R}^2$ の連続関数の基本定理) $\mathbb{R}^2$ の部分集合 A で定義された関数 $f\colon A \to \mathbb{R}$ と A の点 p について，次の (1) と (2) は同値である．
 (1) f は p で連続である．
 (2) p に収束する A の任意の点列 $\{p_n\}$ に対し，数列 $\{f(p_n)\}$ は $f(p)$ に収束する．つまり f と $\lim_{n \to \infty}$ は交換可能である．
$$\lim_{n \to \infty} f(p_n) = f(\lim_{n \to \infty} p_n).$$

証明 (1) f は p で連続より，任意の正の実数 $\varepsilon > 0$ に対し，ある正の実数 $\delta > 0$ が存在して，$d(p,q) < \delta$ を満たす A の任意の元 q に対して $|f(p) - f(q)| < \varepsilon$ を満たす．

一方点列 $\{p_n\}$ が p に収束するならば，この $\delta > 0$ に対しある自然数 n_0 が存在して，$n > n_0$ を満たす任意の自然数 n に対し，$d(p,p_n) < \delta$ となる．よって $|f(p) - f(p_n)| < \varepsilon$ となるので数列 $\{f(p_n)\}$ は $f(p)$ に収束する．

(2) 対偶命題「f が p で連続ではないならば，次の性質を満たす点列 $\{p_n\}$ が存在する．$\{p_n\}$ は p に収束するが，数列 $\{f(p_n)\}$ は $f(p)$ に収束しない」ことを示す．f は p で連続ではないので，ある正の実数 $\varepsilon_0 > 0$ が存在して，任意の $\delta > 0$ に対しある点 p_δ が存在して，$d(p, p_\delta) < \delta$ かつ $|f(p) - f(p_\delta)| \geqq \varepsilon_0$ を満たす．ここで $\delta > 0$ は任意より，任意の自然数 n に対し $\delta = 1/n$ として p_δ を p_n と表すことにすると，$d(p, p_n) < 1/n$ かつ $|f(p) - f(p_n)| \geqq \varepsilon_0$ を満たす．これは点列 $\{p_n\}$ は p に収束するが，数列 $\{f(p_n)\}$ は $f(p)$ に収束しないことを意味する．■

3.1.5 平面の開集合，閉集合

$\mathbb{R}$ の開集合や閉集合とまったく同様にして，$\mathbb{R}^2$ の開集合や閉集合が定義できる．

定義 3.13（$\mathbb{R}^2$ の開集合）$\mathbb{R}^2$ の部分集合 A が開集合であるとは $A = \emptyset$ か，空集合でない A の任意の点 p に対し，ある $\varepsilon > 0$ が存在して，$U(p; \varepsilon) \subset A$ を満たすこととする．

例題 3.2 $\mathbb{R}^2$ は開集合である．点 p の r-近傍 $U(p; r)$ は開集合である．

解 $\mathbb{R}^2$ が開集合であることは定義より明らか．以下 $U(p; r)$ が開集合であることを示す．q を $U(p; r)$ の任意の点とすると，定義より $r - d(p, q) > 0$ が成り立つ．そこで s を $U(q; r - d(p, q))$ の任意の点とすると，定義より $d(q, s) < r - d(p, q)$ が成り立つ．よって三角不等式より

$$d(p, s) \leqq d(p, q) + d(q, s)$$
$$< d(p, q) + r - d(p, q) = r$$

となり $s \in U(p; r)$，つまり $U(q; r - d(p, q)) \subset U(p; r)$ が成り立つ．よって $U(p; r)$ は開集合である．■

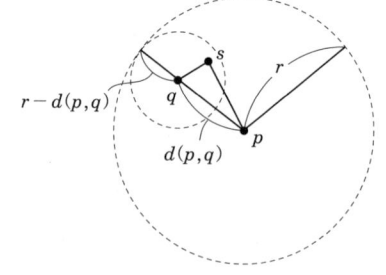

閉集合も $\mathbb{R}$ のときと同様に定義できる．

定義 3.14（$\mathbb{R}^2$ の閉集合）$\mathbb{R}^2$ の部分集合 B が閉集合であるとは，B の $\mathbb{R}^2$ における補集合 B^c が開集合になることである．

例題 3.3 $\mathbb{R}^2$ や空集合は閉集合である．点 P の r-閉近傍 $\overline{U(p;r)}$ を
$$\overline{U(p;r)} = \{q \in \mathbb{R}^2 \mid d(p,q) \leqq r\}$$
と定義すると $\overline{U(p;r)}$ は閉集合である．

解 空集合 や $\mathbb{R}^2$ は開集合であった．それらの補集合である $\mathbb{R}^2$ や空集合は定義より閉集合である．以下 $\overline{U(p;r)}$ が閉集合，つまり $\overline{U(p;r)}^c$ が開集合を示す．q を $\overline{U(p;r)}^c$ の任意の点とすると，定義より $d(p,q) - r > 0$ が成り立つ．そこで s を $U(q; d(p,q) - r)$ の任意の点とすると，定義より $d(q,s) < d(p,q) - r$ が成り立つ．よって三角不等式より $d(p,q) \leqq d(p,s) + d(s,q)$ が成り立つので

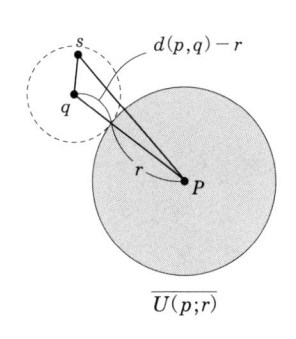

$$d(p,s) \geqq d(p,q) - d(q,s) > d(p,q) + r - d(p,q) = r$$

となり $s \in \overline{U(p;r)}^c$，つまり $U(q; d(p,q) - r) \subset \overline{U(p;r)}^c$ が成り立つ．よって $\overline{U(p;r)}^c$ は開集合なので $\overline{U(p;r)}$ は閉集合である．■

次の結果は $\mathbb{R}^2$ の閉集合に関する基本定理である．

定理 3.15 （$\mathbb{R}^2$ の閉集合に関する基本定理） $\mathbb{R}^2$ の空集合でない部分集合 B が閉集合であるための必要十分条件は，B の元からなる収束列 $\{b_n\}$ の極限もまた B の元になることである．

証明 B は閉集合とする．B の元からなる収束列 $\{b_n\}$ を 1 つ固定する．$B = \mathbb{R}^2$ ならば $\{b_n\}$ の極限はもちろん $B = \mathbb{R}^2$ の元である．$B \neq \mathbb{R}^2$ ならば B^c は空集合でない開集合である．もし $\{b_n\}$ が B^c の点 p に収束するならば，任意の $\varepsilon > 0$ に対しある自然数 n_0 が存在して $n > n_0$ を満たす任意の自然数 n に対し $b_n \in U(p; \varepsilon)$ となる．しかし B^c は開集合なのである $\delta > 0$ が存在して $U(p; \delta) \subset B^c$ つまり $U(p; \delta) \cap B = \emptyset$ となるので矛盾．よって B の元からなる収束列 $\{b_n\}$ の極限もまた B の元になる．

逆に B の元からなる任意の収束列の極限もまた B の元になるとする．$B = \mathbb{R}^2$ ならば B は閉集合である．$B \neq \mathbb{R}^2$ ならば B^c は空集合ではない．B^c の任意

の点 p は B の元からなる収束列の極限ではない．つまりある $\delta > 0$ が存在して $U(p;\delta) \cap B = \varnothing$ つまり $U(p;\delta) \subset B^c$ となるので B^c は開集合である．よって B は閉集合になる．■

> **定義 3.16**（$\mathbb{R}^2$ の有界集合）$\mathbb{R}^2$ の部分集合 A が**有界**であるとは，ある正の実数 $M > 0$ が存在して A の任意の点 p に対して $d(p,o) \leqq M$ を満たすこととする．ここで o は $\mathbb{R}^2$ の原点 $(0,0)$ を表す．

例題 3.4 　　(1) $\mathbb{R}$ の有界部分集合 A 上の連続関数 $f: A \to \mathbb{R}$ に対し，A の像 $f(A)$ が有界集合でないような例を挙げよ．

(2) $\mathbb{R}$ の閉区間 A 上の連続関数 $f: A \to \mathbb{R}$ に対し，A の像 $f(A)$ が閉区間でないような例を挙げよ．

(3) $\mathbb{R}$ の有界閉区間 A 上の連続関数 $f: A \to \mathbb{R}$ に対し，A の像 $f(A)$ も有界閉区間になることを示せ．

解 　　(1) 有界集合 $A = (0,1)$ 上の連続関数 $f(x) = \dfrac{1}{x}$ について，$f(A) = (1, +\infty)$ は有界ではない．

(2) 閉区間 $[1, +\infty)$ 上の連続関数 $f(x) = \dfrac{1}{x}$ について，$f(A) = (0, 1]$ は閉区間ではない．

(3) 例題 2.13 と例題 3.1 より明らか．■

3.1.6 ユークリッド空間

$\mathbb{R}$ の n 個の直積 $\mathbb{R}^n = \mathbb{R} \times \mathbb{R} \times \cdots \times \mathbb{R}$ を考える．$\mathbb{R}^n$ の任意の 2 つの元 $x = (x_1, x_2, \cdots, x_n), y = (y_1, y_2, \cdots, y_n)$ と任意の実数 c に対し

$$x + y = (x_1 + y_1, x_2 + y_2, \cdots, x_n + y_n), \quad cx = (cx_1, cx_2, \cdots, cx_n)$$

と定義すると $\mathbb{R}^n$ は $\mathbb{R}$ 上のベクトル空間になる．

$\mathbb{R}^n$ の**ユークリッド内積**を次のように定義する．$\mathbb{R}^n$ の任意の 2 つの元 $x = (x_1, x_2, \cdots, x_n), y = (y_1, y_2, \cdots, y_n)$ に対し

$$\langle x, y \rangle = \sum_{i=1}^{n} x_i y_i.$$

ユークリッド内積は次の性質を満たす．

(1) $\mathbb{R}^n$ の任意の元 x に対し $\langle x,x \rangle \geqq 0$ である．また $\langle x,x \rangle = 0$ となるための必要十分条件は $x = 0$ である．
(2) $\mathbb{R}^n$ の任意の2つの元 x,y に対し $\langle x,y \rangle = \langle y,x \rangle$ である．
(3) $\mathbb{R}^n$ の任意の3元 x,y,z と任意の実数 a,b に対し
$$\langle ax+by, z \rangle = a\langle x,z \rangle + b\langle y,z \rangle$$
である．

(2) と (3) から $\mathbb{R}^n$ の任意の3元 x,y,z と任意の実数 a,b に対し
$$\langle x, ay+bz \rangle = a\langle x,y \rangle + b\langle x,z \rangle$$
も成り立つことに注意する．

$\mathbb{R}^n$ の**ユークリッドノルム**を次のように定義する．$\mathbb{R}^n$ の任意の元 x に対し
$$\|x\| = \sqrt{\langle x,x \rangle}.$$

特に $n=1$ の場合 $\mathbb{R}$ の元 x のユークリッドノルム $\|x\|$ は絶対値 $|x|$ に等しい．ユークリッドノルムは次の性質を満たす．

命題 3.17

(1) $\mathbb{R}^n$ の任意の元 x に対し $\|x\| \geqq 0$ である．また $\|x\| = 0$ となるための必要十分条件は $x = 0$ である．
(2) $\mathbb{R}^n$ の任意の元 x と任意の実数 a に対し $\|ax\| = |a|\|x\|$ である．
(3) $\mathbb{R}^n$ の任意の2元 x,y に対し
$$\|x+y\| \leqq \|x\| + \|y\|$$
である．

証明 (1) と (2) は定義より明らかである．
(3) まず $\mathbb{R}^n$ の2点 $a = (a_1, a_2, \cdots, a_n), b = (b_1, b_2, \cdots, b_n)$ に対し，次の**コーシー–シュワルツの不等式**が成り立つ．
$$(\sum_{i=1}^n a_i b_i)^2 \leq (\sum_{i=1}^n a_i^2)(\sum_{i=1}^n b_i^2).$$
実際，$\sum_{i=1}^n (a_i t + b_i)^2 = \|a\|^2 t^2 + 2(a|b)t + \|b\|^2 \geqq 0$ より判別式 $(a|b)^2 - \|a\|^2 \|b\|^2 \leqq$

0 となる.

そこで $\mathbb{R}^n$ の 2 つの元 $x=(x_1,x_2,\cdots,x_n), y=(y_1,y_2,\cdots,y_n)$ に対し

$$\|x+y\|^2 = \sum_{i=1}^{n} |x_i+y_i|^2$$
$$\leqq \sum_{i=1}^{n} (|x_i|+|y_i|)^2 \text{ (絶対値の三角不等式より)}$$
$$= \sum_{i=1}^{n} |x_i|^2 + \sum_{i=1}^{n} |y_i|^2 + 2\sum_{i=1}^{n} |x_i||y_i|$$
$$\leqq (\|x\|+\|y\|)^2 \text{ (コーシー–シュワルツの不等式)}. \blacksquare$$

$\mathbb{R}^n$ の任意の 2 つの元 x,y に対し**ユークリッド距離** $d(x,y)$ を次のように定義する.

$$d(x,y) = \|x-y\|.$$

特に $n=1$ の場合 $\mathbb{R}$ の 2 つの元 x,y に対し,ユークリッド距離 $d(x,y)$ はこれまで考えてきた $\mathbb{R}$ での 2 点 x,y の距離 $|x-y|$ に等しい.また $n=2$ の場合 $\mathbb{R}^2$ の 2 つの元 x,y に対し,ユークリッド距離 $d(x,y)$ はこれまで考えてきた $\mathbb{R}^2$ での 2 点 x,y の直線距離に等しい.

ユークリッドノルムに関する命題 3.17 から次が成り立つ

命題 3.18 ユークリッド距離は次の性質を満たす.
(1) $\mathbb{R}^n$ の任意の 2 点 a,b に対して $d(a,b) \geqq 0$ である.また $d(a,b)=0$ となるための必要十分条件は $a=b$ である.
(2) $\mathbb{R}^n$ の任意の 2 点 a,b に対して $d(a,b) = d(b,a)$ である.
(3) $\mathbb{R}^n$ の任意の 3 点 a,b,c に対して**三角不等式**
$$d(a,c) \leqq d(a,b) + d(b,c)$$
が成り立つ.

定義 3.19 $\mathbb{R}^n$ とユークリッド距離 $d(x,y)$ の組 $(\mathbb{R}^n, d)$ を n 次元ユークリッド空間という.

3.2 距離空間

3.2.1 距離関数

$\mathbb{R}$ の数列の収束や関数の連続性を議論する際に，絶対値を用いて 2 点間の距離を測った．この絶対値の役割をする関数を，一般の集合の上で考えることがこの節の目標である．ではこの関数にどういう役割を期待すべきだろう．

定義 3.20（距離関数，距離空間）
(1) 集合 X は空集合ではないとする．直積集合 $X \times X$ で定義された関数 $d: X \times X \to \mathbb{R}$ が X の**距離関数**であるとは，次の 3 つの条件を満たすこととする．
- （正定値性）X の任意の 2 点 a, b に対して $d(a, b) \geqq 0$ である．また $d(a, b) = 0$ となるための必要十分条件は $a = b$ である．
- （対称性）X の任意の 2 点 a, b に対して $d(a, b) = d(b, a)$ である．
- （三角不等式）X の任意の 3 点 a, b, c に対して**三角不等式**
$$d(a, c) \leqq d(a, b) + d(b, c)$$
が成り立つ．

(2) 集合 X と X の距離関数 d の組 (X, d) を**距離空間**という．

注意 X の距離関数の定義域は X の直積集合 $X \times X$ であって，X 自身ではないことに注意する．

3.1 節でみたように $\mathbb{R}^n$ のユークリッド距離は $\mathbb{R}^n$ の距離関数である．しかし $\mathbb{R}^n$ で考えうる距離関数はユークリッド距離だけとは限らない．

例題 3.5 $\mathbb{R}^n$ の 2 点 x, y に対し $d_0(x, y) = \max\{|x_1 - y_1|, \cdots, |x_n - y_n|\}$ とすると，d_0 も $\mathbb{R}^n$ の距離関数である．

解 正定値性と対称性は明らかなので，三角不等式のみ示す．$x, y, z \in \mathbb{R}^n$ に対し，$d_0(x, y) = |x_i - y_i|, d_0(y, z) = |y_k - z_k|, d_0(x, z) = |x_\ell - z_\ell|$ を満たす $i, k, \ell \in \{1, 2, \cdots, n\}$ が存在する．このとき
$$d_0(x, z) = |x_\ell - z_\ell|$$

$$\leq |x_\ell - y_\ell| + |y_\ell - z_\ell|$$
$$\leq |x_i - y_i| + |y_k - z_k|$$
$$= d_0(x,y) + d_0(y,z)$$

となる． ∎

例題 3.6 $\mathbb{R}^n$ の 2 点 x, y に対し $d_1(x,y) = \sum\limits_{k=1}^{n} |x_k - y_k|$ とすると，d_1 も $\mathbb{R}^n$ の距離関数である．

解 三角不等式のみ示す．任意の $k = 1, 2, \cdots, n$ に対し $|x_k - z_k| \leq |x_k - y_k| + |y_k - z_k|$ より

$$d_1(x,z) = \sum_{k=1}^{n} |x_k - z_k|$$
$$\leq \sum_{k=1}^{n} (|x_k - y_k| + |y_k - z_k|)$$
$$= \sum_{k=1}^{n} |x_k - y_k| + \sum_{k=1}^{n} |y_k - z_k|$$
$$= d_1(x,y) + d_1(y,z)$$

となる． ∎

これらの例のように一般に 1 つの集合にはいくつもの距離関数が定義できる．では距離が定義できない集合はあるのだろうか．

命題 3.21 X を空集合ではない集合とする．任意の $x, y \in X$ に対し

$$d(x,y) = \begin{cases} 1 & (x \neq y) \\ 0 & (x = y) \end{cases}$$

とすると，d は X の距離関数になる．

証明 三角不等式のみ示す．$x, y, z \in X$ に対し，$x = z$ ならば $d(x,z) = 0 \leq d(x,y) + d(y,z)$ となる．また $x \neq z$ ならば $x \neq y$ または $y \neq z$ より，$d(x,y) = 1$ または $d(y,z) = 1$ となる．よって $d(x,z) = 1 \leq d(x,y) + d(y,z)$ となる． ∎

このように空集合ではないどんな集合にも距離関数が定義できる．

定義 3.22（離散距離）上記の距離関数を集合 X の**離散距離**という．

距離空間を調べる際には，これまでにも登場した ε-近傍が基本的な道具になる．

定義 3.23（ε-近傍）正の実数 $\varepsilon > 0$ に対し，距離空間 (X, d) の点 p における ε-近傍を次のように定義する．
$$U(p; \varepsilon) = \{x \in X \mid d(p, x) < \varepsilon\}.$$

たとえば $\mathbb{R}^2$ でユークリッド距離 d に関する点 p の ε-近傍 $U(p; \varepsilon)$ は丸いが，例題 3.5 で考えた距離 d_0 に関する点 p の ε-近傍は四角い．このように距離によって ε-近傍の形は様々であるが，$U(p; \varepsilon)$ が点 p を（境界ではなく）内部に含んでいることは共通した性質であることに着目してほしい．

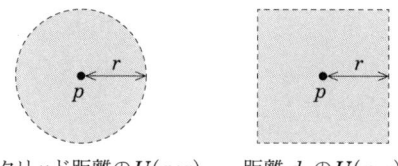

ユークリッド距離の $U(p; r)$　　距離 d_0 の $U(p; r)$

定義 3.24（有界集合）距離空間 (X, d) の部分集合 A が**有界**であるとは，X のある点 b と正の実数 $M > 0$ が存在して，A の任意の点 a に対し $d(a, b) \leqq M$ を満たすこととする．

ユークリッド空間 $\mathbb{R}^n$ には原点という特別な点があったので，そこからの距離を測って有界性を定義できたが，一般の集合 X にはそのような特別な点がないので上記のような定義を採用した．

3.2.2　部分距離空間，直積距離空間

1 つの集合の部分集合や，集合どうしの直積集合を考えたのと同じ発想で，1 つの距離空間から次々と新しい距離空間を作ることができる．まずは距離空間の部分集合に自然な距離関数が定まることを見てみよう．

命題 3.25 距離空間 (X,d) の部分集合 A に対し，A と A 自身の直積集合 $A \times A$ 上で定義された実数値関数 $d_A : A \times A \to \mathbb{R}$ を，A の任意の 2 点 $a, b \in A$ に対し
$$d_A(a,b) = d(a,b)$$
と定義すると，d_A は A 上の距離関数になる．

証明 d が X 上の距離関数の定義 3.20 を満たすことから，d_A も A 上の距離関数の定義を満たす．■

定義 3.26（部分距離空間）距離空間 (X,d) の部分集合 A に対し，上記の距離関数 d_A を考えた距離空間 (A, d_A) を，(X,d) の**部分距離空間**という．

この方法によりユークリッド空間内の図形（たとえば円や球など）はすべて距離空間となる．たとえば 2×2 の実正則行列全体の集合を $GL(2, \mathbb{R})$ と表すと，2×2 行列には 4 つ成分があることから $GL(2, \mathbb{R})$ をユークリッド空間 $\mathbb{R}^4$ の部分集合と思うことで距離空間にもなる．

次に 2 つの距離空間の直積集合に自然な距離関数が定まることをみる．

命題 3.27 2 つの距離空間 (X, d_X) と (Y, d_Y) に対し，直積集合 $X \times Y$ の直積 $(X \times Y) \times (X \times Y)$ 上の実数値関数 $d : (X \times Y) \times (X \times Y) \to \mathbb{R}$ を
$$d((a,b),(c,d)) = \sqrt{d_X(a,c)^2 + d_Y(b,d)^2}$$
と定義すると，d は $X \times Y$ の距離関数になる．

証明 三角不等式のみ示す．$X \times Y$ の 3 点 $(a_1, b_1), (a_2, b_2), (a_3, b_3)$ に対し，d_X と d_Y は三角不等式を満たすので，コーシー–シュワルツの不等式より

$$\begin{aligned}
d((a_1,b_1),(a_3,b_3))^2 &= d_X(a_1,a_3)^2 + d_Y(b_1,b_3)^2 \\
&\leqq (d_X(a_1,a_2) + d_X(a_2,a_3))^2 + (d_Y(b_1,b_2) + d_Y(b_2,b_3))^2 \\
&\leqq (d((a_1,b_1),(a_2,b_2)) + d((a_2,b_2),(a_3,b_3)))^2. \quad \blacksquare
\end{aligned}$$

さらに n 個の距離空間の直積集合に自然な距離関数が定まることをみる．

命題 3.28 n 個の距離空間 $(X_1, d_1), \cdots, (X_n, d_n)$ に対し，直積集合 $X_1 \times \cdots \times X_n$ の直積 $(X_1 \times \cdots \times X_n) \times (X_1 \times \cdots \times X_n)$ 上の実数値関数 $d : (X_1 \times \cdots \times X_n) \times (X_1 \times \cdots \times X_n) \to \mathbb{R}$ を

$$d(x, y) = \sqrt{\sum_{i=1}^{n} d_i(x_i, y_i)^2}$$

と定義すると，d は $X_1 \times \cdots \times X_n$ の距離関数になる．

証明 n に関する帰納法で三角不等式のみ示す．$n = 1$ の場合は仮定である．$n = k-1$ まで成立すると仮定する．つまり $d'(x, y) = \sqrt{\sum_{i=1}^{k-1} d_i(x_i, y_i)^2}$ は三角不等式を満たすので $(X_1 \times \cdots \times X_{k-1}, d')$ は距離空間になる．$n = k$ の場合，$X_1 \times \cdots \times X_k$ の 3 点 x, y, z に対し，

$$d(x, z)^2 = \sum_{i=1}^{k} d_i(x_i, z_i)^2$$
$$= \sum_{i=1}^{k-1} d_i(x_i, z_i)^2 + d_k(x_k, y_k)^2$$
$$= d'(x, z)^2 + d_k(x_k, y_k)^2$$

となり，命題 3.27 より d は三角不等式を満たす．∎

定義 3.29 （直積距離空間）n 個の距離空間 $(X_1, d_1), \cdots, (X_n, d_n)$ の直積集合 $X_1 \times \cdots \times X_n$ に対し，上記の距離関数 d を考えた距離空間 $(X_1 \times \cdots \times X_n, d)$ を，$(X_1, d_1), \cdots, (X_n, d_n)$ の**直積距離空間**という．

この見方により $\mathbb{R}^2$ は $\mathbb{R}$ どうしの直積距離空間と思える．$\mathbb{R}^3$ は $\mathbb{R}$ の 3 つの直積距離空間とも思えるし，$\mathbb{R}$ と $\mathbb{R}^2$ の直積距離空間とも思える．

例題 3.7 距離空間 (X, d) の任意の 2 点 $x, y \in X$ に対し $d'(x, y) = \dfrac{d(x, y)}{1 + d(x, y)}$ とするとき，d' も X 上の距離関数になることを示せ．

解 三角不等式のみ示す．距離空間 (X, d) の任意の 3 点 $x, y, z \in X$ に対し，$a = d(x, y), b = d(y, z), c = d(x, z)$ とすると $a, b, c \geqq 0$ かつ d が三角不等式をみたすので $a + b - c \geqq 0$ となる．よって

$$d'(x,y) + d'(y,z) - d'(x,z) = \frac{a+b-c+2ab+abc}{(1+a)(1+b)(1+c)} \geqq 0$$

となり，d' も三角不等式をみたす．■

例題 3.8 距離空間 (X,d) の部分集合 A が有界ならば，X の任意の点 c に対し，正の実数 $M > 0$ が存在して，A の任意の点 a に対し $d(a,c) \leqq M$ を満たすことを示せ．

解 A は有界より，X のある点 b と正の実数 $K > 0$ が存在して，A の任意の点 a に対し $d(a,b) \leqq K$ を満たす．そこで $M = K + d(b,c)$ とすると，距離関数 d は三角不等式を満たすことから，任意の $a \in A$ に対し $d(a,c) \leqq d(a,b) + d(b,c) \leqq K + d(b,c) = M$ となる．■

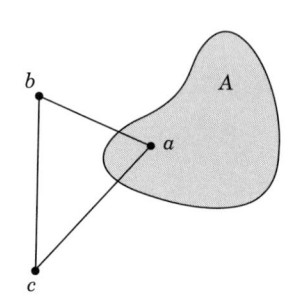

例題 3.9 （関数空間 $(C[a,b], d_1)$）

閉区間 $[a,b]$ 上の連続関数全体の集合を $C[a,b]$ とする．$d_1(f,g) = \sup\{|f(x) - g(x)| \mid x \in [a,b]\}$ は $C[a,b]$ の距離関数になることを示せ．

解 $f, g \in C[a,b]$ に対し，$f + g \in C[a,b]$ かつ $f \in C[a,b]$ と $c \in \mathbb{R}$ に対し，$cf \in C[a,b]$ となる．$C[a,b]$ は $\mathbb{R}$ 上のベクトル空間になる．さらに $f \in C[a,b]$ に対し，$|f| \in C[a,b]$ でもある．

$f, g \in C[a,b]$ に対し，$|f - g| \in C[a,b]$ は有界閉区間 $[a,b]$ で最大値を取るので，$d_1(f,g) = \sup\{|f(x) - g(x)| \mid x \in [a,b]\} = \max\{|f(x) - g(x)| \mid x \in [a,b]\}$ となる．三角不等式のみ示す．$f, g, h \in C[a,b]$ に対し，

$$\begin{aligned}
d_1(f,h) &= \max\{|f(x) - h(x)| \mid x \in [a,b]\} \\
&= |f(x_0) - h(x_0)| \quad (\exists x_0 \in [a,b]) \\
&\leqq |f(x_0) - g(x_0)| + |g(x_0) - h(x_0)| \\
&\leqq \max\{|f(x) - g(x)| \mid x \in [a,b]\} + \max\{|g(x) - h(x)| \mid x \in [a,b]\} \\
&= d_1(f,g) + d_1(g,h) \quad \text{（次ページの左図を参照）．} \blacksquare
\end{aligned}$$

例題 3.10 （関数空間 $C([a,b], d_2)$）

閉区間 $[a,b]$ 上の連続関数全体の集合を $C[a,b]$ とする．$d_2(f,g) = \int_a^b |f(x) - g(x)|\, dx$ は $C[a,b]$ の距離関数になることを示せ．

解 $f, g \in C[a,b]$ に対し，$|f - g| \in C[a,b]$ は有界閉区間 $[a,b]$ でリーマン可積分より $d_2(f,g) = \int_a^b |f(x) - g(x)|\, dx$ は well-defined になる．

三角不等式のみ示す．$f, g, h \in C[a,b]$ に対し，任意の $x \in [a,b]$ で $|f(x) - h(x)| \leq |f(x) - g(x)| + |g(x) - h(x)|$ より

$$\begin{aligned}
d_2(f,h) &= \int_a^b |f(x) - h(x)|\, dx \\
&\leq \int_a^b (|f(x) - g(x)| + |g(x) - h(x)|)\, dx \\
&= \int_a^b |f(x) - g(x)|\, dx + \int_a^b |g(x) - h(x)|\, dx \\
&= d_2(f,g) + d_2(g,h) \quad \text{（下図（右）を参照）．} \blacksquare
\end{aligned}$$

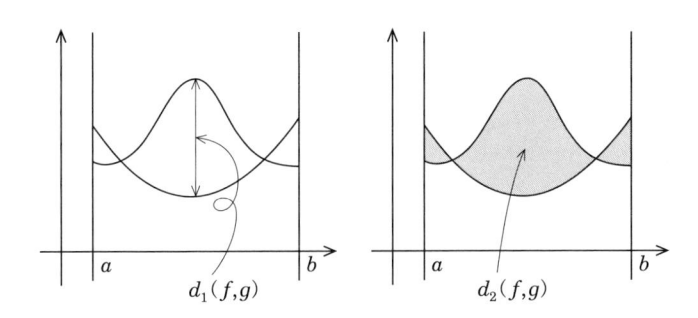

$d_1(f,g)$　　　　　　　$d_2(f,g)$

例題 3.11 （p 進距離）

0 でない任意の有理数 x は有限個の素数の（負ベキも許した）積で一意的に表すことができる．p を素数としたときこの素因数分解に現れる p のベキを $ord_p(x)$ とする．たとえば $ord_2(24) = 3$, $ord_3\left(\dfrac{1}{36}\right) = -2$ である．$\mathbb{Q}$ の 2 つの元 x, y に対し $d_p(x,y) = p^{-ord_p(x-y)}$ とすると，d_p は $\mathbb{Q}$ 上の距離関数になることを示せ．この距離を $\mathbb{Q}$ の p **進距離**という．

解 x の p 進付値を $|x|_p = p^{-ord_p(x)}$ とする．ただし $|0|_p = 0$ とする．こ

のとき $\mathbb{Q}$ の 2 つの元 x, y に対し $|x+y|_p \leqq \max\{|x|_p, |y|_p\}$ である．また $|x|_p \neq |y|_p$ ならば $|x+y|_p = \max\{|x|_p, |y|_p\}$ となる．よって $d_p(x,y) = |x-y|_p$ は正定値性，対称性を満たし，三角不等式より強い不等式[1]

$$d_p(x,z) \leqq \max\{d_p(x,y), d_p(y,z)\}$$

を満たすので，d_p は $\mathbb{Q}$ 上の距離関数になる．■

例題 3.12　（数列空間 ℓ^1）

$\sum_{n=1}^{\infty} |x_n| = \lim_{N \to \infty} \sum_{n=1}^{N} |x_n| < \infty$ を満たす実数列 $\{x_n\}$ の全体を ℓ^1 とする．$\{x_n\}, \{y_n\} \in \ell^1$ に対して $d(\{x_n\}, \{y_n\}) = \sum_{n=1}^{\infty} |x_n - y_n|$ とすると d は ℓ^1 の距離関数になることを示せ．

解　三角不等式のみ示す．$\{x_k\}, \{y_k\}, \{z_k\} \in \ell^1$ とすると，任意の自然数 n に対し

$$\sum_{k=1}^{n} |x_k - z_k| \leqq \sum_{k=1}^{n} (|x_k - y_k| + |y_k - z_k|)$$
$$\leqq \sum_{k=1}^{n} |x_k - y_k| + \sum_{k=1}^{n} |y_k - z_k|$$
$$\leqq \sum_{k=1}^{\infty} |x_k - y_k| + \sum_{k=1}^{\infty} |y_k - z_k|$$
$$= d(\{x_k\}, \{y_k\}) + d(\{y_k\}, \{z_k\})$$

となり，数列 $\{\sum_{k=1}^{n} |x_k - z_k|\}$ は上に有界かつ単調増加より収束する．よって

$$d(\{x_k\}, \{z_k\}) = \sum_{k=1}^{\infty} |x_k - z_k| \leqq d(\{x_k\}, \{y_k\}) + d(\{y_k\}, \{z_k\})$$

となる．■

1] この不等式を満たす距離関数を非アルキメデス的距離とか超距離という．

3.3 距離空間の点列と連続写像

3.3.1 距離空間の点列

距離空間 (X, d) の点列を距離関数 d を用いて調べよう．まずは点列が有界列であることの定義から始める．

定義 3.30 （距離空間の有界列）距離空間 (X, d) の点列 $\{a_n\}$ が**有界列**であるとは，X のある点 b と正の実数 $M > 0$ が存在して，任意の自然数 n に対し，$d(a_n, b) \leqq M$ を満たすこととする．

つまり点列 $\{a_n\}$ が有界列であるとは，X の部分集合 $\{a_n \mid n \in \mathbb{N}\}$ が有界ということである．よって例題 3.8 より

命題 3.31 距離空間 (X, d) の点列 $\{a_n\}$ が有界列であるための必要十分条件は，X の任意の点 c に対し，ある正の実数 $K > 0$ が存在して，任意の自然数 n に対し，$d(a_n, c) \leqq K$ を満たすことである．

数列の場合の絶対値の役割を距離関数が担うことで，収束列やコーシー列も距離空間で全く同様に定義できる．

定義 3.32 （距離空間の収束列とコーシー列）距離空間 (X, d) の点列 $\{a_n\}$ について

(1) $\{a_n\}$ が**収束列**であるとは，X のある点 a が存在して，任意の正の実数 $\varepsilon > 0$ に対しある自然数 n_0 が存在して，$n > n_0$ を満たす任意の自然数 n に対し $d(a_n, a) < \varepsilon$ となることである．先に定義した ε-近傍を用いると $a_n \in U(a; \varepsilon)$ となることである．論理記号で書くと

$$\exists a \in X \quad s.t. \quad \forall \varepsilon > 0, \exists n_0 \in \mathbb{N} \quad s.t. \quad \forall n \in \mathbb{N}, n > n_0 \Rightarrow d(a_n, a) < \varepsilon$$

または

$$\exists a \in X \quad s.t. \quad \forall \varepsilon > 0, \exists n_0 \in \mathbb{N} \quad s.t. \quad \forall n \in \mathbb{N}, n > n_0 \Rightarrow a_n \in U(a; \varepsilon)$$

となる．このとき $\{a_n\}$ は a に**収束する**，a を $\{a_n\}$ の**極限**といい，

$$\lim_{n \to \infty} a_n = a$$

と表す．

(2) $\{a_n\}$ がコーシー列であるとは，任意の正の実数 $\varepsilon > 0$ に対しある自然数 n_0 が存在して，$m, n > n_0$ を満たす任意の自然数 m, n に対し $d(a_m, a_n) < \varepsilon$ となることである．論理記号で書くと

$$\forall \varepsilon > 0, \exists n_0 \in \mathbb{N} \quad s.t. \quad \forall m, n \in \mathbb{N}, m, n > n_0 \Rightarrow d(a_m, a_n) < \varepsilon$$

となる．

距離空間の収束列に関する基本的な性質をまとめておこう．

命題 3.33

(1) 収束列は有界列である．

(2) 点列 $\{x_n\}$ が a にも b にも収束するならば，$a = b$ となる．

(3) 点列 $\{x_n\}$ が a に収束するならば，$\{x_n\}$ の任意の部分列 $\{x_{i_k}\}$ も a に収束する．

証明 (1) 「$\lim_{n \to \infty} x_n = a \Rightarrow \exists M > 0 \quad s.t. \quad \forall n \in \mathbb{N}, d(x_n, a) \leqq M$」ことを示す．$\lim_{n \to \infty} x_n = a$ より（$\varepsilon = 1 > 0$ として）ある自然数 n_0 が存在して，$n > n_0$ を満たす任意の自然数 n に対し $d(x_n, a) < 1$ となる．よって $M = \max\{d(x_1, a), d(x_2, a), \cdots, d(x_{n_0}, a), 1\}$ とおくと任意の自然数 n に対し $d(x_n, a) \leqq M$ となる．

(2) 「任意の正の実数 $\varepsilon > 0$ に対し $d(a, b) < \varepsilon$ が成り立つ」ことを示す．

点列 $\{x_n\}$ は a に収束するので，任意の $\varepsilon > 0$ に対しある自然数 n_1 が存在して，$n > n_1$ を満たす任意の自然数 n に対し $d(x_n, a) < \varepsilon$ が成り立つ．また点列 $\{x_n\}$ は b にも収束するので，任意の $\varepsilon > 0$ に対しある自然数 n_2 が存在して，$n > n_2$ を満たす任意の自然数 n に対し $d(x_n, b) < \varepsilon$ が成り立つ．

よって $n_3 = \max\{n_1, n_2\}$ とすると，$n > n_3$ を満たす任意の自然数 n に対し $d(x_n, a) < \varepsilon$ かつ $d(x_n, b) < \varepsilon$ が成り立つ．

このとき $d(a, b) \leqq d(a, x_n) + d(x_n, b) < \varepsilon + \varepsilon = 2\varepsilon$ となり $a = b$ が示せた．

(3) 点列 $\{x_n\}$ は a に収束するので，任意の $\varepsilon > 0$ に対しある自然数 n_0 が存在して，$n > n_0$ を満たす任意の自然数 n に対し $d(x_n, a) < \varepsilon$ が成り立つ．

一方部分列の定義よりある自然数 k_0 が存在して，$k > k_0$ を満たす任意の自然数 k に対し $i_{k_0} > n_0$ となるので $d(x_{i_k}, a) < \varepsilon$ が成り立つ．このことは部分列

$\{x_{i_k}\}$ も a に収束することを意味する． ∎

距離空間のコーシー列に関する基本的な性質は以下のとおりである．

命題 3.34
(1) 収束列はコーシー列である．
(2) コーシー列は有界列である．
(3) コーシー列 $\{x_n\}$ の部分列 $\{x_{i_k}\}$ がある点 a に収束するならば，$\{x_n\}$ 自身も a に収束する．

証明 (1) 点列 $\{x_n\}$ が a に収束するとする．定義より任意の $\varepsilon > 0$ に対しある自然数 n_0 が存在して，$n > n_0$ を満たす任意の自然数 n に対し $d(x_n, a) < \varepsilon$ が成り立つ．よって $m, n > n_0$ を満たす任意の自然数 m, n に対し $d(x_m, x_n) \leq d(x_m, a) + d(x_n, a) < \varepsilon + \varepsilon = 2\varepsilon$ となるので $\{x_n\}$ はコーシー列である．

(2) 点列 $\{x_n\}$ がコーシー列とする．定義より任意の $\varepsilon > 0$ に対しある自然数 n_0 が存在して，$m, n > n_0$ を満たす任意の自然数 m, n に対し $d(x_m, x_n) < \varepsilon$ を満たす．よって特に $m > n_0$ を満たす任意の自然数 m に対し $d(x_m, x_{n_0+1}) < \varepsilon$ を満たす．そこで $M = \max\{d(x_1, x_{n_0+1}), d(x_2, x_{n_0+1}), \cdots, d(x_{n_0}, x_{n_0+1}), \varepsilon\}$ とすると，任意の自然数 n に対し $d(x_n, x_{n_0+1}) \leq M$ となるので $\{x_n\}$ は有界列である．

(3) コーシー列 $\{x_n\}$ の部分列 $\{x_{i_k}\}$ が a に収束するとする．定義より任意の $\varepsilon > 0$ に対しある自然数 k_0 が存在して，$k > k_0$ を満たす任意の自然数 k に対し $d(x_{i_k}, a) < \varepsilon$ が成り立つ．

一方仮定から $\{x_n\}$ はコーシー列より定義から任意の $\varepsilon > 0$ に対しある自然数 n_0 が存在して，$m, n > n_0$ を満たす任意の自然数 m, n に対し $d(x_m, x_n) < \varepsilon$ を満たす．ここで部分列の定義より $k_1 > k_0$ を満たすある自然数 k_1 が存在して $i_{k_1} > n_0$ を満たす．よって $n > n_0$ を満たす任意の自然数 n に対し $d(x_n, x_{i_{k_1}}) < \varepsilon$ かつ $d(x_{i_{k_1}}, a) < \varepsilon$ が成り立つ．ゆえに $d(x_n, a) \leq d(x_n, x_{i_{k_1}}) + d(x_{i_{k_1}}, a) < \varepsilon + \varepsilon = 2\varepsilon$ となるので $\{x_n\}$ も a に収束する． ∎

距離空間 $(X, d_X), (Y, d_Y)$ の点列 $\{a_n\}, \{b_n\}$ と，直積距離空間 $(X \times Y, d)$ の点列 $\{(a_n, b_n)\}$ の関係を見ておこう．

命題 3.35 2つの距離空間 (X, d_X) と (Y, d_Y) の直積距離空間 $(X \times Y, d)$ の点列 $\{(a_n, b_n)\}$ について以下が成り立つ.

(1) $\{(a_n, b_n)\}$ が $(X \times Y, d)$ の有界列であるための必要十分条件は, $\{a_n\}$ と $\{b_n\}$ がそれぞれ (X, d_X) と (Y, d_Y) の有界列である.

(2) $\{(a_n, b_n)\}$ が $(X \times Y, d)$ の収束列であるための必要十分条件は, $\{a_n\}$ と $\{b_n\}$ がそれぞれ (X, d_X) と (Y, d_Y) の収束列である.

(3) $\{(a_n, b_n)\}$ が $(X \times Y, d)$ のコーシー列であるための必要十分条件は, $\{a_n\}$ と $\{b_n\}$ がそれぞれ (X, d_X) と (Y, d_Y) のコーシー列である.

証明 (1) 点列 $\{(a_n, b_n)\}$ が有界列ならば, $X \times Y$ のある点 (a, b) とある正の実数 $M > 0$ が存在して, 任意の自然数 n に対し $d((a_n, b_n), (a, b)) \leqq M$ を満たす. よって

$$d((a_n, b_n), (a, b))^2 = d_X(a_n, a)^2 + d_Y(b_n, b)^2 \leqq M^2$$

より $d_X(a_n, a) \leqq M$ かつ $d_Y(b_n, b) \leqq M$ となるので, 点列 $\{a_n\}$ と $\{b_n\}$ はともに有界列になる.

逆に点列 $\{a_n\}$ と $\{b_n\}$ がともに有界列ならば, ある正の実数 $M > 0$ が存在して, 任意の自然数 n に対し $d_X(a_n, a) \leqq M$ かつ $d_Y(b_n, b) \leqq M$ を満たす. よって

$$d((a_n, b_n), (a, b))^2 = d_X(a_n, a)^2 + d_Y(b_n, b)^2 \leqq 2M^2$$

となるので, 点列 $\{(a_n, b_n)\}$ は有界列になる.

(2) 点列 $\{(a_n, b_n)\}$ が収束列ならば, $X \times Y$ のある点 (a, b) が存在して, 任意の正の実数 $\varepsilon > 0$ に対しある自然数 n_0 が存在して, $n > n_0$ を満たす任意の自然数 n に対し $d((a_n, b_n), (a, b)) < \varepsilon$ となる. よって

$$d((a_n, b_n), (a, b))^2 = d_X(a_n, a)^2 + d_Y(b_n, b)^2 < \varepsilon^2$$

より $d_X(a_n, a) < \varepsilon$ かつ $d_Y(b_n, b) < \varepsilon$ となるので, 点列 $\{a_n\}$ と $\{b_n\}$ はともに収束列になる.

逆に点列 $\{a_n\}$ と $\{b_n\}$ がともに収束列ならば, ある X, Y の点 a, b が存在して, 任意の正の実数 $\varepsilon > 0$ に対しある自然数 n_0 が存在して, $n > n_0$ を満たす任意の自然数 n に対し $d_X(a_n, a) < \varepsilon$ かつ $d_Y(b_n, b) < \varepsilon$ となる. よって

$$d((a_n,b_n),(a,b))^2 = d_X(a_n,a)^2 + d_Y(b_n,b)^2 < 2\varepsilon^2$$

となるので，点列 $\{(a_n,b_n)\}$ は収束列になる．

(3) 点列 $\{(a_n,b_n)\}$ がコーシー列ならば，任意の正の実数 $\varepsilon > 0$ に対しある自然数 n_0 が存在して，$m,n > n_0$ を満たす任意の自然数 m,n に対し $d((a_m,b_m),(a_n,b_n)) < \varepsilon$ となる．よって

$$d((a_m,b_m),(a_n,b_n))^2 = d_X(a_m,a_n)^2 + d_Y(b_m,b_n)^2 < \varepsilon^2$$

より $d_X(a_m,a_n) < \varepsilon$ かつ $d_Y(b_m,b_n) < \varepsilon$ となるので，点列 $\{a_n\}$ と $\{b_n\}$ はともにコーシー列になる．

逆に点列 $\{a_n\}$ と $\{b_n\}$ がともにコーシー列ならば，任意の正の実数 $\varepsilon > 0$ に対しある自然数 n_0 が存在して，$m,n > n_0$ を満たす任意の自然数 m,n に対し $d_X(a_m,a_n) < \varepsilon$ かつ $d_Y(b_m,b_n) < \varepsilon$ となる．よって

$$d((a_m,b_m),(a_n,b_n))^2 = d_X(a_m,a_n)^2 + d_Y(b_m,b_n)^2 < 2\varepsilon^2$$

となるので，点列 $\{(a_n,b_n)\}$ はコーシー列になる． ■

3.3.2 連続写像

写像の連続性の定義は，ユークリッド直線 $\mathbb{R}$ 上の関数の連続性を ε-δ 論法で定義したときの真似をする．

定義 3.36（連続写像）

(1) 距離空間 (X,d_X) から距離空間 (Y,d_Y) への写像 $f: X \to Y$ が X の点 a で連続であるとは，任意の $\varepsilon > 0$ に対し $\delta > 0$ が存在して，$d_X(p,a) < \delta$ を満たす X の任意の点 p に対し $d_Y(f(p),f(a)) < \varepsilon$ となることとする．先に定義した ε-近傍を用いると $f(U(a;\delta)) \subset U(f(a);\varepsilon)$ となることである．論理記号で書くと

$$\forall \varepsilon > 0, \exists \delta > 0 \quad s.t. \quad \forall x \in X, d_X(x,a) < \delta \Rightarrow d_Y(f(x),f(a)) < \varepsilon$$

または

$$\forall \varepsilon > 0, \exists \delta > 0 \quad s.t. \quad f(U(a;\delta)) \subset U(f(a);\varepsilon)$$

となる．

(2) 写像 $f: X \to Y$ が**連続写像**であるとは，X の任意の点で連続であることとする．

(3) 特に (X, d_X) からユークリッド直線 $\mathbb{R}$ への連続写像を X 上の**連続関数**という．

次の結果は距離空間の連続写像の基本定理である．

定理 3.37（**距離空間の連続写像の基本定理**）距離空間 (X, d_X) から距離空間 (Y, d_Y) への写像 $f: X \to Y$ が $a \in X$ で連続であるための必要十分条件は，a に収束する X の任意の点列 $\{x_n\}$ に対し，Y の点列 $\{f(x_n)\}$ が $f(a)$ に収束することである．

証明　(1) 写像 f は X の点 a で連続より，任意の正の実数 $\varepsilon > 0$ に対し，ある正の実数 $\delta > 0$ が存在して，$d(x, a) < \delta$ を満たす X の任意の元 $x \in X$ に対して $d(f(x), f(a)) < \varepsilon$ を満たす．点列 $\{x_n\}$ が a に収束するならば，この $\delta > 0$ に対しある自然数 n_0 が存在して，$n > n_0$ を満たす任意の自然数 n に対し，$d(x_n, a) < \delta$ となる．よって $d(f(x_n), f(a)) < \varepsilon$ となるので点列 $\{f(x_n)\}$ は $f(a)$ に収束する．

(2) 対偶命題「写像 f は X の点 a で連続ではないならば，次の性質を満たす X の点列 $\{x_n\}$ が存在する．$\{x_n\}$ は a に収束するが，$\{f(x_n)\}$ は $f(a)$ に収束しない」ことを示す．f は a で連続ではないので，ある正の実数 $\varepsilon_0 > 0$ が存在して，任意の $\delta > 0$ に対し X の点 x_δ が存在して，$d(x_\delta, a) < \delta$ かつ $d(f(x_\delta), f(a)) \geqq \varepsilon_0$ を満たす．ここで $\delta > 0$ は任意より，任意の自然数 n に対し $\delta = 1/n$ として x_δ を x_n と表すことにすると，$d(x_n, a) < 1/n$ かつ $d(f(x_n), f(a)) \geqq \varepsilon_0$ を満たす．このとき点列 $\{x_n\}$ は a に収束するが，$\{f(x_n)\}$ は $f(a)$ に収束しない．■

次の結果は写像の連続性が写像の合成で保たれることを表している．

命題 3.38　3 つの距離空間 $(X, d_X), (Y, d_Y), (Z, d_Z)$ と 2 つの写像 $f: X \to Y$ と $g: Y \to Z$ について

(1) 写像 $y = f(x)$ が $x = a$ で連続で，写像 $w = g(y)$ が $y = f(a)$ で連続ならば，合成写像 $w = (g \circ f)(x) = g(f(x))$ は $x = a$ で連続になる．

(2) f と g が連続写像ならば，合成写像 $g \circ f$ も連続写像になる．

証明 (1) ε-近傍を使って示してみよう．g は $f(a)$ で連続より任意の正の実数 $\varepsilon > 0$ に対し，ある正の実数 $\delta > 0$ が存在して，$g(U(f(a);\delta)) \subset U(g(f(a));\varepsilon)$ となる．また f は a で連続より，この δ に対しある正の実数 $\eta > 0$ が存在して，$f(U(a;\eta)) \subset U(f(a);\delta)$ となる．よって

$$(g \circ f)(U(a;\eta)) = g(f(U(a;\eta))) \subset g(U(f(a);\delta)) \subset U(g(f(a));\varepsilon)$$

となるので合成写像 $g \circ f$ は a で連続になる．

(2) X の任意の点 a に対し仮定より f は a で連続であり，g は Y の点 $f(a)$ で連続なので，(1) より合成写像 $g \circ f$ は連続である．■

例題 3.13 距離空間 (X, d_X) から距離空間 (Y, d_Y) への連続写像 $f : X \to Y$ に対し，X の部分距離空間 (A, d_A) への制限写像 $f|_A : A \to Y$ も連続であることを示せ．

解 f は X の任意の点で連続より，特に A の点 a でも連続である．よって任意の $\varepsilon > 0$ に対しある $\delta > 0$ が存在して，$d_A(x, a) = d(x, a) < \delta$ を満たす任意の $x \in A$ に対し，$d_Y(f|_A(x), f|_A(a)) = d_Y(f(x), f(a)) < \varepsilon$ となる．■

例題 3.14 距離空間 (X, d) 上の連続関数 f, g に対し，関数の和 $f + g$ や積 $f \cdot g$ も X 上の連続関数になることを示せ．

解 まず定理 3.37 より「a に収束する任意の点列 $\{x_n\}$ に対し，点列 $\{(f + g)(x_n)\}$ は $(f + g)(a)$ に収束する」ことを示す．f と g は a で連続より，定理 3.37 から $\{f(x_n)\}$ と $\{g(x_n)\}$ はそれぞれ $f(a)$ と $g(a)$ に収束する．よって命題 1.24 (1) より $\{f(x_n) + g(x_n)\}$ は $f(a) + g(a)$ に収束する．

次に定理 3.37 より「a に収束する任意の点列 $\{x_n\}$ に対し，点列 $\{(f \cdot g)(x_n)\}$ は $(f \cdot g)(a)$ に収束する」ことを示す．f と g は a で連続より，定理 3.37 から $\{f(x_n)\}$ と $\{g(x_n)\}$ はそれぞれ $f(a)$ と $g(a)$ に収束する．よって命題 1.24 (2) より $\{f(x_n) \cdot g(x_n)\}$ は $f(a) \cdot g(a)$ に収束する．■

例題 3.15 距離空間 (X, d) に対し，距離関数 $d : X \times X \to \mathbb{R}$ は直積距離空間 $(X \times X, d')$ 上の連続関数であることを示せ．

解 $X \times X$ の任意の点 (a,b) において d が連続を示せばよい．$X \times X$ の任意の点 (x,y) において，$d'((x,y),(a,b))^2 = d(x,a)^2 + d(y,b)^2$ である．よって $d'((x,y),(a,b)) < \delta$ ならば $d(x,a) < \delta$ かつ $d(y,b) < \delta$ となる．また

$$d(x,y) - d(a,b) \leqq d(x,a) + d(a,b) + d(b,y) - d(a,b)$$
$$= d(x,a) + d(y,b) < 2\delta$$
$$d(a,b) - d(x,y) \leqq d(a,x) + d(x,y) + d(y,b) - d(x,y)$$
$$= d(x,a) + d(y,b) < 2\delta$$

となるので，任意の $\varepsilon > 0$ に対し $\delta = \dfrac{\varepsilon}{2} > 0$ とすると，$d'((x,y),(a,b)) < \delta$ を満たす任意の $(x,y) \in X \times X$ に対し，$|d(x,y) - d(a,b)| < 2\delta = \varepsilon$ となり，点 (a,b) において d は連続となる．■

例題 3.16 $\mathbb{R}^n$ のユークリッド距離 $d(x,y) = \sqrt{\sum\limits_{k=1}^{n}(x_k - y_k)^2}$ と距離 $d_0(x,y) = \max\{|x_1 - y_1|, \cdots, |x_n - y_n|\}$ について

(1) 不等式 $d_0(x,y) \leqq d(x,y) \leqq \sqrt{n}d_0(x,y)$ を示せ．

(2) $\mathbb{R}^n$ から $\mathbb{R}^n$ への恒等写像は，$(\mathbb{R}^n, d)$ から $(\mathbb{R}^n, d_0)$ への連続写像であることを示せ．また $\mathbb{R}^n$ から $\mathbb{R}^n$ への恒等写像は，$(\mathbb{R}^n, d_0)$ から $(\mathbb{R}^n, d)$ への連続写像でもあることを示せ．

解 (1) $d_0(x,y) = |x_i - y_i| = \max\{|x_1 - y_1|, \cdots, |x_n - y_n|\}$ とすると，$d_0(x,y)^2 = (x_i - y_i)^2 \leqq \sum\limits_{k=1}^{n}(x_k - y_k)^2 = d(x,y)^2 \leqq n(x_i - y_i)^2 = nd_0(x,y)^2$ となる．

(2) 任意の $\varepsilon > 0$ の対し $\delta = \varepsilon > 0$ とすると，$d(x,y) < \delta$ ならば $d_0(x,y) \leqq d(x,y) < \delta = \varepsilon$ となる．よって $(\mathbb{R}^n, d)$ から $(\mathbb{R}^n, d_0)$ への恒等写像は連続である．また任意の $\varepsilon > 0$ に対し $\delta = \dfrac{\varepsilon}{\sqrt{n}} > 0$ とすると，(1) から $d(x,y) \leqq \sqrt{n}d_0(x,y)$ なので，$d_0(x,y) < \delta$ ならば $d(x,y) \leqq \sqrt{n}d_0(x,y) < \sqrt{n}\delta = \varepsilon$ となる．よって $(\mathbb{R}^n, d_0)$ から $(\mathbb{R}^n, d)$ への恒等写像も連続である．■

例題 3.17 閉区間 $[a,b]$ 上の連続関数全体の集合 $C[a,b]$ 上において 2 つの距離関数 $d_1(f,g) = \sup\{|f(x) - g(x)| \mid x \in [a,b]\}$ と $d_2(f,g) = \displaystyle\int_a^b |f(x) - g(x)|\,dx$ について

(1) $C[a,b]$ から $C[a,b]$ への恒等写像は，$(C[a,b], d_1)$ から $(C[a,b], d_2)$ への連続写像であることを示せ．

(2) $C[a,b]$ から $C[a,b]$ への恒等写像は，$(C[a,b], d_2)$ から $(C[a,b], d_1)$ への連続写像でないことを示せ．

解 (1) 定理 3.37 より，$(C[a,b], d_1)$ の任意の元 f に収束する任意の点列 $\{f_n\}$ は $(C[a,b], d_2)$ でも f に収束することを示せばよい．

$\lim_{n\to\infty} d_1(f_n, f) = 0$ より，任意の $\varepsilon > 0$ に対しある自然数 n_0 が存在して，任意の自然数 $n > n_0$ に対し $d_1(f_n, f) = \sup\{|f(x) - g(x)| \mid x \in [a,b]\} = \max\{|f(x) - g(x)| \mid x \in [a,b]\} < \varepsilon$ を満たす．このときリーマン積分の性質より $d_2(f_n, f) = \int_a^b |f_n(x) - f(x)|\, dx \leqq \int_a^b \varepsilon\, dx = (b-a)\varepsilon$ となるので，$\lim_{n\to\infty} d_2(f_n, f) = 0$ である．

(2) 定理 3.37 より，たとえば $(C[a,b], d_2)$ の元 0，つまり $[a,b]$ 上恒等的に 0 である関数に収束する点列 $\{f_n\}$ が存在して，$(C[a,b], d_1)$ では $\{f_n\}$ は 0 に収束しないことを示せばよい．たとえば f_n を

$$f_n(x) = \begin{cases} 0 & \left(a \leqq x \leqq \dfrac{a+b}{2} - \dfrac{b-a}{2^n}\right) \\ \dfrac{2^n}{b-a}\left(x - \dfrac{a+b}{2}\right) + 1 & \left(\dfrac{a+b}{2} - \dfrac{b-a}{2^n} \leqq x \leqq \dfrac{a+b}{2}\right) \\ -\dfrac{2^n}{b-a}\left(x - \dfrac{a+b}{2}\right) + 1 & \left(\dfrac{a+b}{2} \leqq x \leqq \dfrac{a+b}{2} + \dfrac{b-a}{2^n}\right) \\ 0 & \left(\dfrac{a+b}{2} + \dfrac{b-a}{2^n} \leqq x \leqq b\right) \end{cases}$$

と定義すると $d_2(f_n, 0) = \int_a^b |f_n(x)|\, dx = \dfrac{b-a}{2^n}$ より $\lim_{n\to\infty} d_2(f_n, 0) = 0$ だが $\lim_{n\to\infty} d_1(f_n, 0) = 1$ より $(C[a,b], d_1)$ では $\{f_n\}$ は 0 に収束しない．∎

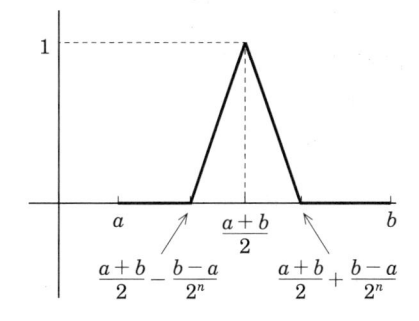

3.4 距離空間の位相

3.4.1 距離空間の開集合，閉集合

ユークリッド空間の開集合や閉集合と同様に，距離空間 (X, d) の開集合や閉集合が定義できる．

定義 3.39 （開集合）距離空間 (X, d) の部分集合 A が開集合であるとは $A = \emptyset$ か，空集合でない A の任意の点 p に対し，ある $\varepsilon > 0$ が存在して，$U(p; \varepsilon) \subset A$ を満たすこととする．

例題 3.18 X は開集合である．点 a の r-近傍 $U(a; r)$ は開集合である．

解 X が開集合であることは定義より明らか．以下 $U(a; r)$ が開集合を示す．b を $U(a; r)$ の任意の点とすると，定義より $r - d(a, b) > 0$ が成り立つ．そこで x を $U(b; r - d(a, b))$ の任意の点とすると，定義より $d(b, x) < r - d(a, b)$ が成り立つ．よって三角不等式より

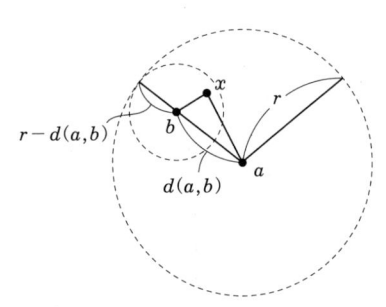

$$d(a, x) \leqq d(a, b) + d(b, x) < d(a, b) + r - d(a, b) = r$$

となり $x \in U(a; r)$，つまり $U(b; r - d(a, b)) \subset U(a; r)$ が成り立つ．よって $U(a; r)$ は開集合である．■

例題 3.19 開集合の全体 $\mathcal{O}$ は次の 3 つの条件を満たすことを示せ．

- (O1) $X, \emptyset \in \mathcal{O}$.
- (O2) $V_1, V_2, \cdots, V_n \in \mathcal{O}$ ならば $\bigcap_{k=1}^{n} V_k \in \mathcal{O}$.
- (O3) 任意の $\mu \in M$ に対し $V_\mu \in \mathcal{O}$ ならば，$\bigcup_{\mu \in M} V_\mu \in \mathcal{O}$.

解 ●(O1) $\emptyset \in \mathcal{O}$ は定義より，$X \in \mathcal{O}$ も定義より明らか．

●(O2) $\bigcap_{k=1}^{n} V_k$ の任意の点 p に対し，$V_k \in \mathcal{O}$ よりある $\varepsilon_k > 0$ が存在して $U(p; \varepsilon_k) \subset V_k$ を満たす．ここで $\varepsilon = \min\{\varepsilon_1, \varepsilon_2, \cdots, \varepsilon_n\}$ とすると $\varepsilon > 0$ であ

り，任意の $k \in \{1, 2, \cdots, n\}$ に対し $U(p; \varepsilon) \subset U(p; \varepsilon_k) \subset V_k$ を満たす．よって $U(p; \varepsilon) \subset \bigcap_{k=1}^{n} V_k$ となるので $\bigcap_{k=1}^{n} V_k$ は開集合である．

- (O3) $\bigcup_{\mu \in M} V_\mu$ の任意の点 p に対し，ある $\mu_0 \in M$ が存在して $p \in V_{\mu_0}$ となる．仮定より V_{μ_0} は開集合より，ある $\varepsilon > 0$ が存在して $U(p; \varepsilon) \subset V_{\mu_0}$ を満たす．よって $U(p; \varepsilon) \subset V_{\mu_0} \subset \bigcup_{\mu \in M} V_\mu$ となるので $\bigcup_{\mu \in M} V_\mu$ は開集合である．■

定義 3.40（閉集合）距離空間 (X, d) の部分集合 B が**閉集合**であるとは，B の X における補集合 B^c が開集合になることである．

例題 3.20 X や空集合は閉集合である．1 点集合 $\{a\}$ は閉集合である．点 a の r-閉近傍を

$$A = \{b \in X \mid d(a, b) \leqq r\}$$

と定義すると A は閉集合である．

解 空集合や X は開集合であった．それらの補集合である X や空集合は定義より閉集合である．1 点集合 $\{a\}$ の補集合 $\{a\}^c$ が開集合を示す．$\{a\}^c$ の任意の点 b に対し $d(a, b) > 0$ である．そこで $U(b; d(a, b))$ の任意の点 x に対し，$d(x, b) < d(a, b)$ なので三角不等式から $d(a, x) \geqq d(a, b) - d(x, b) > 0$ となる．よって $U(b; d(a, b)) \subset \{a\}^c$ を満たすので $\{a\}^c$ は開集合，つまり $\{a\}$ は閉集合である．

以下 A が閉集合，つまり A^c が開集合を示す．b を A^c の任意の点とすると，定義より $d(a, b) - r > 0$ が成り立つ．そこで $U(b; d(a, b) - r)$ の任意の点 x に対し，$d(x, b) < d(a, b) - r$ なので三角不等式から $d(a, x) \geqq d(a, b) - d(b, x) > d(a, b) + r - d(a, b) = r$ となる．よって $U(b; d(a, b) - r) \subset A^c$ を満たすので A^c は開集合，つまり A は閉集合である．■

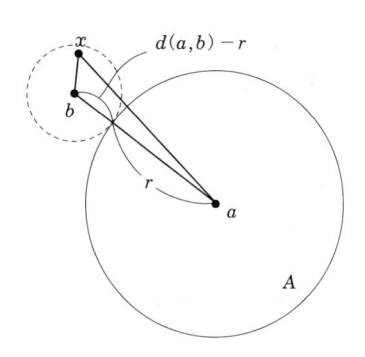

次の結果は距離空間の閉集合に関する基本定理である．

定理 3.41（距離空間の閉集合の基本定理）距離空間 (X,d) の空集合でない部分集合 B が閉集合であるための必要十分条件は，B の元からなる収束列 $\{b_n\}$ の極限もまた B の元になることである．

証明 B は閉集合とする．B の元からなる収束列 $\{b_n\}$ を 1 つ固定する．$B = X$ ならば $\{b_n\}$ の極限はもちろん $B = X$ の元である．$B \neq X$ ならば B^c は空集合ではない開集合である．もし $\{b_n\}$ が B^c の点 p に収束するならば，任意の $\varepsilon > 0$ に対しある自然数 n_0 が存在して $n > n_0$ を満たす任意の自然数 n に対し $b_n \in U(p;\varepsilon)$ となる．しかし B^c は開集合なので，ある $\delta > 0$ が存在して $U(p;\delta) \subset B^c$，つまり $U(p;\delta) \cap B = \varnothing$ となるので矛盾．よって B の元からなる収束列 $\{b_n\}$ の極限もまた B の元になる．

逆に B の元からなる任意の収束列の極限もまた B の元になるとする．$B = X$ ならば B は閉集合である．$B \neq X$ ならば B^c は空集合ではない．B^c の任意の点 p は B の元からなる収束列の極限ではない．つまりある $\delta > 0$ が存在して $U(p;\delta) \cap B = \varnothing$，つまり $U(p;\delta) \subset B^c$ となるので B^c は開集合である．よって B は閉集合になる．∎

例題 3.21 距離空間 (X,d) 上の連続関数 f に対し $A = \{x \in X \mid f(x) > 0\}$ は開集合であることを示せ．また $B = \{x \in X \mid f(x) \leqq 0\}$ は閉集合であることを示せ．

解 A の任意の点 p に対し，A の定義から $f(p) > 0$ である．f は p で連続より，ある $\delta > 0$ が存在して $f(U(p;\delta)) \subset U\left(f(p); \dfrac{f(p)}{2}\right)$ を満たす．ここで $U(p;\delta)$ の任意の点 x に対し，$|f(x) - f(p)| < \dfrac{f(p)}{2}$ より $f(x) > \dfrac{f(p)}{2} > 0$ となるので $x \in A$ である．つまり $U(p;\delta) \subset A$ となるので，定義 3.39 より A は開集合である．一方 $B = A^c$ より B は閉集合である．∎

3.4.2 連続写像と位相

写像の連続性も，開集合や閉集合の言葉で説明できる．

定理 3.42 距離空間 (X,d_X) から距離空間 (Y,d_Y) への写像 $f\colon X\to Y$ について以下の3つの条件は互いに同値である．
(1) f は連続である．
(2) (Y,d_Y) の任意の開集合 V に対し，f による逆像 $f^{-1}(V)$ は (X,d_X) の開集合である．
(3) (Y,d_Y) の任意の閉集合 W に対し，f による逆像 $f^{-1}(W)$ は (X,d_X) の閉集合である．

証明 (1) と (2) および (2) と (3) が同値であることを示す．

- (1) $\Rightarrow$ (2)　$f^{-1}(V)$ の任意の点 p に対し，f は p で連続より任意の $\varepsilon>0$ に対しある $\delta>0$ が存在して $f(U(p;\delta))\subset U(f(p);\varepsilon)$ が成り立つ．ここで V は Y の開集合かつ $f(p)\in V$ より，$\varepsilon>0$ を十分小さく取ると $U(f(p);\varepsilon)\subset V$ とできる．このとき $f(U(p;\delta))\subset V$ となることから $U(p;\delta)\subset f^{-1}(V)$ が分かり，$f^{-1}(V)$ は (X,d_X) の開集合である．

- (2) $\Rightarrow$ (1)　X の任意の点 p と任意の $\varepsilon>0$ に対し，$V=U(f(p);\varepsilon)$ とすると，例題 3.18 より V は (Y,d_Y) の開集合になる．よって仮定より $f^{-1}(V)$ は (X,d_X) の開集合になるので，ある $\delta>0$ が存在して $U(p;\delta)\subset f^{-1}(V)$ とできる．つまり $f(U(p;\delta))\subset V=U(f(p);\varepsilon)$ が成り立つので f は p で連続となる．一方 p は X の任意の点より f は連続である．

- (2) $\Rightarrow$ (3)　(Y,d_Y) の任意の閉集合 W に対し W^c は開集合となる．よって仮定より $f^{-1}(W^c)$ は (X,d_X) の開集合である．一方命題 1.14 より $f^{-1}(W^c)=f^{-1}(W)^c$ なので $f^{-1}(W)$ は (X,d_X) の閉集合になる．

- (3) $\Rightarrow$ (2)　(Y,d_Y) の任意の開集合 V に対し V^c は閉集合となる．よって仮定より $f^{-1}(V^c)$ は (X,d_X) の閉集合である．一方命題 1.14 より $f^{-1}(V^c)=f^{-1}(V)^c$ なので $f^{-1}(V)$ は (X,d_X) の開集合になる．■

3.4.3　内部，閉包，境界

距離空間の部分集合の内部を，ε-近傍を用いて定義しよう．

定義 3.43（内点，内部）距離空間 (X, d) の点 p と部分集合 A において，p が A の**内点**であるとはある正の実数 $\varepsilon > 0$ が存在して $U(p; \varepsilon) \subset A$ を満たすことである．A の**内部**とは，A の内点の全体のことで A^o と表す．

定義から A の内部 A^o は A の部分集合である．開集合の定義より

定理 3.44 距離空間 (X, d) の部分集合 A が開集合であるための必要十分条件は，$A = A^o$ となることである．

次に距離空間の点 p が部分集合 B に触わっているということを，ε-近傍を用いて表現してみよう．

定義 3.45（触点，閉包）距離空間 (X, d) の点 p と部分集合 B に対し p が B の**触点**であるとは，任意の $\varepsilon > 0$ に対し $U(p; \varepsilon) \cap B \neq \varnothing$ を満たすことである．B の触点の全体を B の**閉包**といい $\overline{B}$ と表す．

定義から B は B の閉包 $\overline{B}$ の部分集合である．

命題 3.46 距離空間 (X, d) の点 p と部分集合 B に対し，p が B の触点であるための必要十分条件は，p に収束する B の元からなる点列が存在することである．

証明 p が B の触点と仮定する．このとき任意の自然数 n に対し，B の点 x_n が存在して $x_n \in U\left(p; \dfrac{1}{n}\right)$ となる．つまり B の点列 $\{x_n\}$ は p に収束する．逆に p に収束する B の点列 $\{x_n\}$ が存在すると仮定すると，任意の $\varepsilon > 0$ に対し，ある自然数 n が存在して $x_n \in U(p; \varepsilon)$ となるので，p は B の触点である．∎

例題 3.22 等式 $(\overline{B})^c = (B^c)^o$ を示せ．

解 $p \in (\overline{B})^c$ とは点 p が B の触点ではないことを意味する．つまりある $r > 0$ が存在して $U(P; r) \subset B^c$ となり p は B^c の内点であることと同値である．∎

よって定理 3.41（閉集合の基本定理）より

定理 3.47 距離空間 (X, d) の部分集合 B が閉集合であるための必要十分条件は，$B = \overline{B}$ となることである．

次に距離空間 (X,d) の部分集合 A の境界を調べる．A と A の補集合 A^c は境界を共有している．ε-近傍の言葉で境界を記述しよう．

定義 3.48（境界点，境界） 距離空間 (X,d) の点 p と部分集合 A において，p は A の**境界点**であるとは，任意の正の実数 $\varepsilon > 0$ に対し，p の ε-近傍 $U(p;\varepsilon)$ が A とも A の補集合 A^c とも交わることとする．また A の境界点の全体を ∂A と表し，A の**境界**という．

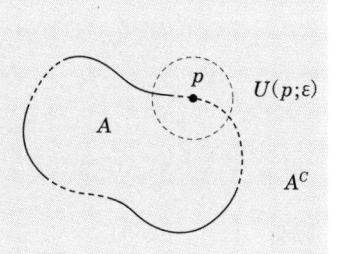

境界の定義と $(A^c)^c = A$ であることから次が成り立つ．

命題 3.49 距離空間 (X,d) の部分集合 A に対し，$\partial A = \partial(A^c)$．

境界点を収束列の言葉で特徴付けよう．

命題 3.50 距離空間 (X,d) の点 p と部分集合 A において，p が A の境界点であるための必要十分条件は，p に収束する A の点列と補集合 A^c の点列が存在することである．

証明 p を A の境界点とすると，任意の自然数 n に対し，A の点 x_n と A^c の点 y_n が存在して $x_n, y_n \in U\left(p; \dfrac{1}{n}\right)$ となる．つまり A の点列 $\{x_n\}$ と A^c の点列 $\{y_n\}$ はともに p に収束する．逆に X の点 p に対し，p に収束する A の点列 $\{x_n\}$ と A^c の点列 $\{y_n\}$ が存在すると仮定すると，任意の $\varepsilon > 0$ に対し，ある自然数 n が存在して $x_n, y_n \in U(p;\varepsilon)$ となるので，p は A の境界点である．∎

ここで極端な場合，すなわち A が空集合の場合や X 全体に一致する場合は，定義より A の境界 ∂A は空集合になることに注意する．

例題 3.23 実数直線 $\mathbb{R}$ の有界区間 $A = (0,1]$ の境界は $\partial A = \{0,1\}$ である．

解 $(0,1)$ の任意の点 p に対し，$\delta = \min\{p, 1-p\}$ とすれば $U(p;\delta) \subset A$ となるので p は内点である．一方 $p = 0, 1$ に対し任意の $\varepsilon > 0$ について $U(p;\varepsilon) \cap A \neq \emptyset$ かつ $U(p;\varepsilon) \cap A^c \neq \emptyset$ は明らかである．∎

この例より A の境界点は A の点であることも，A の点でないことも起こりうる．次の結果は開集合と閉集合の，境界による特徴付けである．

> **定理 3.51** 距離空間 (X,d) の部分集合 A, B について
> (1) A が (X,d) の開集合であるための必要十分条件は，A の境界は A の補集合に含まれる，つまり $\partial A \subset A^c$ となることである．
> (2) B が (X,d) の閉集合であるための必要十分条件は，B の境界は B に含まれる，つまり $\partial B \subset B$ となることである．

証明 (1) A が開集合ならば，A の任意の点 p に対しある正の実数 $\varepsilon > 0$ が存在して $U(p;\varepsilon) \subset A$ を満たす．よって p に収束する A^c の点からなる収束列は存在しないので，特に p は A の境界点ではない．つまり $A \cap \partial A = \emptyset$ となる．逆に A の任意の点 p が A の境界点でないならば，p に収束する A^c の点からなる収束列は存在しない．よってある正の実数 $\varepsilon > 0$ が存在して，$U(p;\varepsilon) \subset A$ を満たす．つまり A は開集合である．

(2) B が閉集合ならば補集合 B^c は開集合である．よって (1) より $\partial B^c \subset (B^c)^c$ となるが，$\partial B^c = \partial B$ かつ $(B^c)^c = B$ より $\partial B \subset B$ となる．逆に $\partial B \subset B$ ならば $\partial B^c = \partial B$ かつ $(B^c)^c = B$ より $\partial B^c \subset (B^c)^c$ となる．よって (1) より B^c は開集合になるので，B は閉集合である．■

例題 3.24 距離空間 (X,d) の部分集合 A の境界 ∂A は，X の閉集合であることを示せ．

解 $\partial A = X$ の場合は明らか．以下 $\partial A \neq X$，つまり $(\partial A)^c \neq \emptyset$ とする．$(\partial A)^c$ の任意の点 b に対し，ある $\varepsilon > 0$ が存在して $U(b;\varepsilon) \subset A$ または $U(b;\varepsilon) \subset A^c$ を満たすので，$U(b;\varepsilon) \subset (\partial A)^c$ となる．よって b は $(\partial A)^c$ の内点より，$(\partial A)^c$ は開集合になることから ∂A は閉集合である．■

3.5 完備性

3.5.1 完備性

2.4 節でみたように実数列がコーシー列ならばある実数に収束したが，有理数列はコーシー列だからといって必ずしも有理数に収束するとは限らなかった．こ

の節では同様の問題「コーシー列は収束列か」を距離空間で考えてみよう.

定義 3.52（完備）
(1) 距離空間 (X,d) が**完備**であるとは，X の任意のコーシー列が収束列になることである．
(2) 距離空間 (X,d) の部分集合 A が**完備**であるとは，部分距離空間 (A,d_A) が (1) の意味で完備であることとする．つまり A の任意のコーシー列が A の点に収束するような収束列になることである．

例 3.3　(1) 定理 2.21 より $\mathbb{R}$ は完備である．
(2) 完備距離空間 (X,d_X) の部分集合は完備とは限らない．たとえば $\mathbb{R}$ は完備だが，$\mathbb{Q}$ は完備ではない．実際 $\sqrt{2}$ の無限小数展開 $1.4142\cdots$ の小数第 n 位までの有限小数を a_n とすると，$\mathbb{Q}$ のコーシー列 $\{a_n\}$ ができるが極限 $\sqrt{2}$ は無理数なので $\mathbb{Q}$ に含まれない．よって $\mathbb{Q}$ は完備ではない．
(3) 完備距離空間 (X,d_X) から距離空間 (Y,d_Y) への連続写像 $f:X\to Y$ に対し，$f(X)$ は Y の完備部分集合とは限らない．たとえば $\mathbb{R}$ は完備だが，連続関数 $f(x)=\dfrac{x}{1+|x|}$ の像である開区間 $(-1,1)$ は完備ではない．実際 $a_n=1-\dfrac{1}{n}$ とすると $(-1,1)$ の数列 $\{a_n\}$ ができる．$\{a_n\}$ は 1 に収束する収束列よりコーシー列だが $1\notin(-1,1)$ なので $(-1,1)$ は完備ではない．

このように一般に完備性は連続写像の像に遺伝しない．その一方，直積を取る操作で完備性は遺伝する．

命題 3.53　2 つの距離空間 $(X,d_X),(Y,d_Y)$ がともに完備ならば，直積距離空間 $(X\times Y,d)$ も完備である．

証明　$\{(x_n,y_n)\}$ を直積距離空間 $(X\times Y,d)$ のコーシー列とすると，任意の正の実数 $\varepsilon>0$ に対しある自然数 n_0 が存在して，$m,n>n_0$ を満たす任意の自然数 m,n に対し，$d((x_m,y_m),(x_n,y_n))=\sqrt{d_X(x_m,x_n)^2+d_Y(y_m,y_n)^2}<\varepsilon$ となる．よって $d_X(x_m,x_n)<\varepsilon$ かつ $d_Y(y_m,y_n)<\varepsilon$ となるので (X,d_X) と (Y,d_Y) の点列 $\{x_n\}$ と $\{y_n\}$ はそれぞれコーシー列となる．

仮定より (X,d_X) と (Y,d_Y) はともに完備より，X の点 p と Y の点 q が存在して点列 $\{x_n\}$ と $\{y_n\}$ はそれぞれ p と q に収束する．つまり任意の正の実数 $\varepsilon > 0$ に対しある自然数 n_1 が存在して，$n > n_1$ を満たす任意の自然数 n に対し，$d_X((x_n,p) < \varepsilon$ かつ $d_Y((y_n,q) < \varepsilon$ となる．よって $d((x_n,y_n),(p,q)) = \sqrt{d_X(x_n,p)^2 + d_Y(y_n,q)^2} < \sqrt{2}\varepsilon$ より，直積距離空間 $(X \times Y, d)$ のコーシー列 $\{(x_n,y_n)\}$ は (p,q) に収束する．■

例題 3.25 距離空間 (ℓ^1, d) は完備になることを示せ．ここで $x = \{x_n\}, y = \{y_n\} \in \ell^1$ に対し，$d(x,y) = \sum\limits_{n=1}^{\infty} |x_n - y_n|$ であった．

解 $\{u^{(k)}\}$ を ℓ^1 のコーシー列とする．

ここで自然数 n を固定すると，$\{u_n^{(k)}\}$ は $\mathbb{R}$ のコーシー列より実数の完備性から収束列となる．その極限を $u_n = \lim\limits_{k \to \infty} u_n^{(k)}$ とすると数列 $u = \{u_n\}$ が得られる．

次に $u \in \ell^1$ を示す．$\{u^{(k)}\}$ は ℓ^1 のコーシー列より特に有界列である．よってある $M > 0$ が存在して，任意の自然数 k に対し $d(0, u^{(k)}) = \sum\limits_{n=1}^{\infty} |u_n^{(k)}| \leq M$ が成り立つ[2]．よって任意の自然数 N に対し $\sum\limits_{n=1}^{N} |u_n^{(k)}| \leq M$ より，

$$\sum_{n=1}^{N} |u_n| = \sum_{n=1}^{N} \lim_{k \to \infty} |u_n^{(k)}| = \lim_{k \to \infty} \sum_{n=1}^{N} |u_n^{(k)}| \leq M$$

となる．ここで N は任意より $\sum\limits_{n=1}^{\infty} |u_n| \leq M$ が成り立つので $u \in \ell^1$ である．

最後に $\lim\limits_{k \to \infty} u^{(k)} = u$ を示す．$\{u^{(k)}\}$ は ℓ^1 のコーシー列より任意の $\varepsilon > 0$ に対しある自然数 M が存在して，任意の自然数 $k, \ell > M$ に対し $d(u^{(k)}, u^{(\ell)}) = \sum\limits_{n=1}^{\infty} |u_n^{(k)} - u_n^{(\ell)}| < \varepsilon$ が成り立つ．よって任意の自然数 N に対し $\sum\limits_{n=1}^{N} |u_n^{(k)} - u_n^{(\ell)}| < \varepsilon$ より，

$$\sum_{n=1}^{N} |u_n - u_n^{(\ell)}| = \sum_{n=1}^{N} \lim_{k \to \infty} |u_n^{(k)} - u_n^{(\ell)}| = \lim_{k \to \infty} \sum_{n=1}^{N} |u_n^{(k)} - u_n^{(\ell)}| \leq \varepsilon$$

となる．ここで N は任意より $d(u, u^{(\ell)}) = \sum\limits_{n=1}^{\infty} |u_n - u_n^{(\ell)}| \leq \varepsilon$ が成り立つので $\lim\limits_{k \to \infty} u^{(k)} = u$ である．■

---

[2] ここで $0 \in \ell^1$ はすべての項が 0 である数列とする．

例題 3.26 距離空間 $(C[a,b], d_1)$ は完備になることを示せ．ここで $f, g \in C[a,b]$ に対し，$d_1(f,g) = \sup\{|f(x) - g(x)| \mid x \in [a,b]\}$ であった．

解 $\{f_n\}$ を $(C[a,b], d_1)$ のコーシー列とする．

このとき任意の $\varepsilon > 0$ に対しある自然数 n_0 が存在して，自然数 $p, q > n_0$ に対し $d_1(f_p, f_q) = \sup\{|f_p(x) - f_q(x)| \mid x \in [a,b]\} = \max\{|f_p(x) - f_q(x)| \mid x \in [a,b]\} < \varepsilon$ なので，$x \in [a,b]$ を固定すると $|f_p(x) - f_q(x)| < \varepsilon$ より，$\{f_n(x)\}$ は $\mathbb{R}$ のコーシー列なので実数の完備性から収束列となる．その極限を $f(x) = \lim_{n \to \infty} f_n(x)$ とする．

次に $f \in C[a,b]$ を示す．つまり任意の $x_0 \in [a,b]$ で f は連続をいう．自然数 $p, q > n_0$ に対し任意の $x \in [a,b]$ で $|f_p(x) - f_q(x)| < \varepsilon$ より，$|f(x) - f_q(x)| = \lim_{p \to \infty} |f_p(x) - f_q(x)| \leqq \varepsilon$ となる．一方 $f_q \in C[a,b]$ よりある $\delta > 0$ が存在して，$|x - x_0| < \delta$ ならば $|f_q(x) - f_q(x_0)| < \varepsilon$ なので $|f(x) - f(x_0)| \leqq |f(x) - f_q(x)| + |f_q(x) - f_q(x_0)| + |f(x_0) - f_q(x_0)| < 3\varepsilon$ となり，$f \in C[a,b]$ が示せた．

最後に $\lim_{n \to \infty} f_n = f$ を示す．自然数 $p, q > n_0$ に対し任意の $x \in [a,b]$ で $|f_p(x) - f_q(x)| < \varepsilon$ より，$|f(x) - f_q(x)| = \lim_{p \to \infty} |f_p(x) - f_q(x)| \leqq \varepsilon$ となる．よって $d_1(f, f_q) = \sup\{|f(x) - f_q(x)| \mid x \in [a,b]\} = \max\{|f_p(x) - f_q(x)| \mid x \in [a,b]\} \leqq \varepsilon$ より，$\lim_{n \to \infty} f_n = f$ となる．■

3.5.2 等長写像

3.3 節では距離空間の間の写像が連続であることを，ε-近傍を用いて定義した．ここでは 2 つの空間の距離を変えない写像について考えてみよう．

定義 3.54（等長写像）距離空間 (X, d_X) から距離空間 (Y, d_Y) への写像が**等長写像**であるとは，X の任意の 2 点 $p, q \in X$ に対し，$d_Y(f(p), f(q)) = d_X(p, q)$ を満たすこととする．

等長写像の簡単な性質をみておこう．

命題 3.55 距離空間 (X, d_X) から距離空間 (Y, d_Y) への写像 $f: X \to Y$ が等長とする．このとき

(1) f は単射である．

(2) f は連続である．

(3) f が全単射ならば，その逆写像 f^{-1} も等長である．

証明 (1) X の任意の 2 点 $p, q \in X$ に対し，$f(p) = f(q)$ ならば $0 = d_Y(f(p), f(q)) = d_X(p, q)$ より $p = q$ となるので f は単射である．

(2) X の任意の点 p と任意の $\varepsilon > 0$ に対し，f は等長より $f(U(p; \varepsilon)) = U(f(p); \varepsilon)$ なので，f は連続である．

(3) Y の任意の 2 点 $a, b \in Y$ に対し，f は全単射より X の 2 点 $p, q \in X$ がただ一組存在して $a = f(p), b = f(q)$ となる．さらに f は等長より $d_Y(f(a), f(b)) = d_X(p, q)$ なので，$d_X(f^{-1}(a), f^{-1}(b)) = d_X(p, q) = d_Y(f(p), f(q)) = d_Y(a, b)$ となり，f の逆写像 f^{-1} も等長である．■

よって等長写像を用いて 2 つの距離空間が「等しい」ことを次のように表す．

定義 3.56（等長同型） 2 つの距離空間が**等長同型**であるとは全単射な等長写像が存在することとする．

3.5.3 完備化

等長写像を用いて，距離空間をできるだけ小さい完備距離空間に埋め込むことを考える．その方法として，収束しないコーシー列があれば，本来存在しない極限点を空間につけ加えることで，新たな距離空間を構成してみる．

定義 3.57（完備化） 距離空間 (X, d) の**完備化**とは，完備距離空間 $(\hat{X}, \hat{d})$ と等長写像 $i: X \to \hat{X}$ の組 $(\hat{X}, \hat{d}, i)$ で，$\hat{X} = \overline{i(X)}$ を満たすこととする．

例 3.4 定理 2.21 より，ユークリッド距離に関して $\mathbb{R}$ は $\mathbb{Q}$ の完備化である．

次の定理より，任意の距離空間には，その完備化が本質的にただ 1 つ存在する．

定理 3.58 任意の距離空間 (X,d) の完備化が存在する．さらに (X_1,d_1,i_1) と (X_2,d_2,i_2) がともに (X,d) の完備化とすると，X_1 から X_2 への全単射な等長写像 φ が存在して $\varphi \circ i_1 = i_2$ を満たす．

以下この定理を順に示してゆく[3]．

$\mathscr{F} = \{\{x_n\} \mid \{x_n\}$ は (X,d) のコーシー列$\}$ とする．

補題 3.59 $\{x_n\}, \{y_n\} \in \mathscr{F}$ に対し数列 $\{d(x_n, y_n)\}$ はコーシー列になる．

証明 $\mathscr{F}$ の元 $\{x_n\}, \{y_n\}$ はコーシー列より，任意の $\varepsilon > 0$ に対しある自然数 n_0 が存在して，任意の自然数 $m, n > n_0$ に対し $d(x_m, x_n) < \varepsilon$ かつ $d(y_m, y_n) < \varepsilon$ を満たす．このとき三角不等式より

$$|d(x_m, y_m) - d(x_n, y_n)| = |d(x_m, y_m) - d(x_n, y_m) + d(x_n, y_m) - d(x_n, y_n)|$$
$$\leqq d(x_m, x_n) + d(y_m, y_n) < 2\varepsilon$$

となるので，$\{d(x_n, y_n)\}$ はコーシー列である．■

よって定理 2.21（実数の完備性）より極限 $\lim_{n \to \infty} d(x_n, y_n)$ が存在する．その値を $\hat{d}(\{x_n\}, \{y_n\})$ とする．

補題 3.60 関数 $\hat{d} : \mathscr{F} \times \mathscr{F} \to \mathbb{R}$ を $\hat{d}(\{x_n\}, \{y_n\}) = \lim_{n \to \infty} d(x_n, y_n)$ で定義すると，以下の3つを満たす．

- （正値性）$\mathscr{F}$ の任意の2点 $\{x_n\}, \{y_n\}$ に対して $\hat{d}(\{x_n\}, \{y_n\}) \geqq 0$ である．
- （対称性）$\mathscr{F}$ の任意の2点 $\{x_n\}, \{y_n\}$ に対して $\hat{d}(\{x_n\}, \{y_n\}) = \hat{d}(\{y_n\}, \{x_n\})$ である．
- （三角不等式）$\mathscr{F}$ の任意の3点 $\{x_n\}, \{y_n\}, \{z_n\}$ に対して三角不等式

$$\hat{d}(\{x_n\}, \{z_n\}) \leqq \hat{d}(\{x_n\}, \{y_n\}) + \hat{d}(\{y_n\}, \{z_n\})$$

が成り立つ．

証明 3つの性質を確かめてゆこう．

---

[3] 2.6節「実数の構成」を参照．

- （正値性）$\hat{d}(\{x_n\}, \{y_n\}) = \lim_{n\to\infty} d(x_n, y_n)$ かつ $d(x_n, y_n) \geqq 0$ より，$\hat{d}(\{x_n\}, \{y_n\}) \geqq 0$ となる．
- （対称性）$\hat{d}(\{x_n\}, \{y_n\}) = \lim_{n\to\infty} d(x_n, y_n)$ かつ $d(y_n, x_n) = d(x_n, y_n)$ より，$\hat{d}(\{x_n\}, \{y_n\}) = \hat{d}(\{y_n\}, \{x_n\})$ となる．
- （三角不等式）$\mathscr{F}$ の任意の 3 点 $\{x_n\}, \{y_n\}, \{z_n\}$ に対して，n を固定するごとに三角不等式 $d(x_n, z_n) \leqq d(x_n, y_n) + d(y_n, z_n)$ が成り立つので，$\hat{d}(\{x_n\}, \{z_n\}) \leqq \hat{d}(\{x_n\}, \{y_n\}) + \hat{d}(\{y_n\}, \{z_n\})$ が成り立つ．■

そこで $\mathscr{F}$ の 2 項関係 R を次のように定義する．$\{x_n\}, \{y_n\} \in \mathscr{F}$ に対し $\{x_n\} R \{y_n\}$ を $\hat{d}(\{x_n\}, \{y_n\}) = \lim_{n\to\infty} d(x_n, y_n) = 0$ と定義する．

補題 3.61 この 2 項関係 R は $\mathscr{F}$ の同値関係になる．

証明 同値関係の 3 つの条件を確かめてみよう．
- （反射律）任意の $\{x_n\} \in \mathscr{F}$ に対し，$d(x_n, x_n) = 0$ が任意の自然数 n で成り立つので，$\lim_{n\to\infty} d(x_n, y_n) = 0$ となり $\{x_n\} R \{x_n\}$ である．
- （対称律）任意の $\{x_n\}, \{y_n\} \in \mathscr{F}$ に対し，$\{x_n\} R \{y_n\}$ ならば $\lim_{n\to\infty} d(x_n, y_n) = 0$ であるが，$d(y_n, x_n) = d(x_n, y_n)$ が任意の自然数 n で成り立つので，$\lim_{n\to\infty} d(y_n, x_n) = 0$ となり $\{y_n\} R \{x_n\}$ である．
- （推移律）任意の $\{x_n\}, \{y_n\}, \{z_n\} \in \mathscr{F}$ に対し，$\{x_n\} R \{y_n\}$ かつ $\{y_n\} R \{z_n\}$ ならば，$\lim_{n\to\infty} d(x_n, y_n) = 0$ かつ $\lim_{n\to\infty} d(y_n, z_n) = 0$ であるが，三角不等式 $0 \leqq d(x_n, z_n) \leqq d(x_n, y_n) + d(y_n, z_n)$ が任意の自然数 n で成り立つので，$\lim_{n\to\infty} d(x_n, z_n) = 0$ となり $\{x_n\} R \{z_n\}$ である．■

以下この同値関係 R を $\sim$ で表し，商集合 $\mathscr{F}/\sim$ を $\mathscr{G}$ とする．

補題 3.62 2 つの同値類 $[\{x_n\}], [\{y_n\}] \in \mathscr{G}$ に対し

$$\tilde{d}([\{x_n\}], [\{y_n\}]) = \hat{d}(\{x_n\}, \{y_n\}) = \lim_{n\to\infty} d(x_n, y_n)$$

と定義すると，well-defined な写像 $\mathscr{G} \times \mathscr{G} \to \mathbb{R}$ を定める．この $\tilde{d}$ は $\mathscr{G}$ の距離関数になる．

証明 $\{x_n\} \sim \{z_n\}$ かつ $\{y_n\} \sim \{w_n\}$ ならば $\hat{d}(\{x_n\},\{z_n\}) = \hat{d}(\{y_n\},\{w_n\})$ $= 0$ である．補題 3.60 より，$\hat{d}$ は三角不等式を満たすので，$\hat{d}(\{z_n\},\{w_n\}) \leq \hat{d}(\{z_n\},\{x_n\}) + \hat{d}(\{x_n\},\{y_n\}) + \hat{d}[\{y_n\},\{w_n\}) = 0 + \hat{d}(\{x_n\},\{y_n\}) + 0 = \hat{d}(\{x_n\},\{y_n\})$ となる．

同様に $\hat{d}(\{x_n\},\{y_n\}) \leq \hat{d}(\{z_n\},\{w_n\})$ も成り立つので，$\hat{d}(\{x_n\},\{y_n\}) = \hat{d}(\{z_n\},\{w_n\})$ より $\tilde{d}$ は well-defined である．$\tilde{d}$ が $\mathscr{G}$ の距離関数になるためには，補題 3.60 より定値性「$\hat{d}(\{x_n\},\{y_n\}) = 0$ ならば $\{x_n\} \sim \{y_n\}$」のみ示せば十分であるが，これは補題 3.61 の同値関係 $\sim$ の定義そのものである．■

X の任意の元 x に対し，任意の自然数 n で $x_n = x$ となる点列は明らかにコーシー列よりこれを $\{x\}$ と表す．(X,d) から $(\mathscr{G},\tilde{d})$ への写像 $i: X \to \mathscr{G}$ を

$$i(x) = [\{x\}]$$

と定義する．

補題 3.63 写像 $i: X \to \mathscr{G}$ は等長写像かつ $\mathscr{G} = \overline{i(X)}$ となる．

証明 X の任意の 2 点 $p, q \in X$ に対し，写像 i の定義より，$\tilde{d}(i(p), i(q)) = d(p, q)$ となるので i は等長写像である．また $\mathscr{G}$ の任意の点 $[\{x_n\}]$ に対し，$\{x_n\}$ はコーシー列より任意の $\varepsilon > 0$ に対し，ある自然数 n_0 が存在して任意の $m, n > n_0$ に対し $d(x_m, x_n) < \varepsilon$ となる．よって特に $\tilde{d}([\{x_n\}], i(x_{n_0+1})) \leq \varepsilon$ となるので，$\mathscr{G}$ の点列 $\{i(x_n)\}$ は $[\{x_n\}]$ に収束することから $\mathscr{G} = \overline{i(X)}$ となる．■

補題 3.64 $(\mathscr{G}, \tilde{d})$ は完備である．

証明 $(\mathscr{G}, \tilde{d})$ の任意のコーシー列 $\{x^{(m)}\}$ が収束列であることを示す．

仮定より任意の $\varepsilon > 0$ に対しある自然数 n_0 が存在して，任意の自然数 $m_1, m_2 > n_0$ に対し $\tilde{d}(x^{(m_1)}, x^{(m_2)}) < \varepsilon$ を満たす．ここで各 $m \in \mathbb{N}$ に対し $x^{(m)}$ の代表元 $\{x_n^{(m)}\} \in \mathscr{F}$ は (X,d) のコーシー列より，ある自然数 $n^{(m)}$ が存在して任意の自然数 $n_1, n_2 > n^{(m)}$ に対し $d(x_{n_1}^{(m)}, x_{n_2}^{(m)}) < \varepsilon$ を満たす．さらに $\tilde{d}(x^{(m_1)}, x^{(m_2)}) = \lim_{n \to \infty} d(x_n^{(m_1)}, x_n^{(m_2)})$ より，$m_1, m_2 > n_0$ に対し十分大きい自然数 n をとれば $d(x_n^{(m_1)}, x_n^{(m_2)}) < \tilde{d}(x^{(m_1)}, x^{(m_2)}) + \varepsilon < 2\varepsilon$ とできる．

よってこの n を $n > \max\{n^{(m_1)}, n^{(m_2)}\}$ を満たすようにとれば $d(x^{(m_1)}_{n^{(m_1)}+1}, x^{(m_2)}_{n^{(m_2)}+1}) \leq d(x^{(m_1)}_{n^{(m_1)}+1}, x^{(m_1)}_n) + d(x^{(m_1)}_n, x^{(m_2)}_n) + d(x^{(m_2)}_n, x^{(m_2)}_{n^{(m_2)}+1}) < \varepsilon + 2\varepsilon + \varepsilon = 4\varepsilon$ となるので，X の点列 $\{x^{(m)}_{n^{(m)}+1}\}$ はコーシー列，つまり $\{x^{(m)}_{n^{(m)}+1}\} \in \mathscr{F}$ となる．

そこで $x = [\{x^{(m)}_{n^{(m)}+1}\}] \in \mathscr{G}$ とすると，コーシー列 $\{x^{(m)}\}$ は x に収束することを以下で示す．そのためには $\mathscr{F}$ において $\tilde{d}(\{x^{(\ell)}_m\}, \{x^{(m)}_{n^{(m)}+1}\})$ を上から評価すればよいが，ℓ に対し十分大きい m をとれば $d(x^{(\ell)}_m, x^{(m)}_{n^{(m)}+1}) \leq d(x^{(\ell)}_m, x^{(\ell)}_{n^{(\ell)}+1}) + d(x^{(\ell)}_{n^{(\ell)}+1}, x^{(m)}_{n^{(m)}+1}) < \varepsilon + 4\varepsilon = 5\varepsilon$ より，$\tilde{d}(\{x^{(\ell)}_m\}, \{x^{(m)}_{n^{(m)}+1}\}) < 5\varepsilon + \varepsilon = 6\varepsilon$ となるので，$\mathscr{G}$ のコーシー列 $\{x^{(m)}\}$ は x に収束する．■

以上より $((\mathscr{G}, \tilde{d}), i)$ は (X, d) の完備化である．

次に (X_1, d_1, i_1) と (X_2, d_2, i_2) がともに (X, d) の完備化とする．X_1 から X_2 への写像 $\eta : X_1 \to X_2$ を次のように定義する．X_1 の任意の元 x に収束する点列 $\{i_1(x_n)\}$ に対し，X の点列 $\{x_n\}$ はコーシー列である．よって X_2 の点列 $\{i_2(x_n)\}$ も収束列になり，その極限を $\eta(x)$ とする．

補題 3.65 $\eta(x)$ は well-defined である．つまり x に収束する点列 $\{i_1(x_n)\}$ の取り方に依らない．写像 $\eta : X_1 \to X_2$ は全単射な等長写像になり，$\eta \circ i_1 = i_2$ を満たす．

証明 x に収束する別の点列 $\{i_1(y_n)\}$ をとると $\lim_{n \to \infty} d(x_n, y_n) = 0$ より，X_2 の点列 $\{i_2(y_n)\}$ も点列 $\{i_2(x_n)\}$ と同じ極限に収束する．よって $\eta(x)$ は well-defined である．X_1 の 2 点 x, y それぞれに収束する点列 $\{i_1(x_n)\}, \{i_1(y_n)\}$ に対し，$d_1(x, y) = \lim_{n \to \infty} d(x_n, y_n)$ より，$d_2(\eta(x), \eta(y)) = \lim_{n \to \infty} d(x_n, y_n) = d_1(x, y)$ になるので η は等長写像である．特に単射である．また X_2 の任意の元 w に収束する点列 $\{i_2(w_n)\}$ に対し，X_1 の点列 $\{i_1(w_n)\}$ の極限を z とすれば，$\eta(z) = w$ となるので η は全射でもある．また η の定義より $\eta \circ i_1 = i_2$ を満たす．■

以上より定理 3.58 が示せた．

注意 $\mathbb{Q}$ の p 進距離（例題 3.11）による完備化を **p 進体**といい，$\mathbb{Q}_p$ と表す．

COLUMN | 完備性が重要な理由

なぜ完備性が重要なのだろう．数学では問題の解が明示的にこれと「決定」できなくても，解の「存在」や「一意性」が示せる場合がある．

たとえば集合 X から X 自身への写像 $f : X \to X$ が固定点を持つか知りたいとする．ここで $x_0 \in X$ が f の**固定点**であるとは，$f(x_0) = x_0$ を満たすこととする．つまり $f(x) = x$ の解を探すという問題を考えてみる．

たとえば任意に X から点 p を選び $f(p) = p$ かを調べてみる．もし幸運にも $f(p) = p$ なら p は問題の解である．残念ながら p が解でないなら今度は $f(p)$ が解かを調べてみる．つまり $f(f(p)) = f(p)$ を調べてみる．もし $f(f(p)) = f(p)$ なら $f(p)$ は問題の解である．残念ながら $f(p)$ も解でないなら今度は $(f \circ f)(p) = f(f(p))$ が解かを調べてみる．

このような操作を繰り返すための言葉を準備しよう．X の点 p の f の n 回反復合成による像 $f^n(p) = (f \circ f \circ \cdots \circ f)(p)$ からなる X の点列 $\{f^n(p)\}$ を，p の f による**軌道**という．この軌道が問題の解，すなわち固定点に近づいてゆくか知りたいのである．近いかどうかを判定するには X が距離空間だと便利である．次の定理はバナッハの不動点定理と呼ばれている．

定理 3.66（バナッハの不動点定理） 完備距離空間 (X, d) の写像 $f : X \to X$ に対し，1 未満のある正の定数 r が存在して，任意の 2 点 $p, q \in X$ に対し，$d(f(p), f(q)) \leqq rd(p, q)$ を満たすとする．このとき f はただ 1 つ固定点 x_0 を持つ．さらに任意の点 $p \in X$ の f による軌道 $\{f^n(p)\}$ は固定点 x_0 に収束する．

このように完備距離空間 (X, d) において f が距離を r だけ縮める写像ならば，固定点がただ 1 つ存在することが分かるし，任意の点から出発して f の反復合成による像は固定点に必ず近づいてゆくことも分かるのである．たとえばこのバナッハの不動点定理の応用として，常微分方程式の解の存在と一意性や，反復力学系におけるアトラクタの存在と一意性などが挙げられる．

3.6 点列コンパクト性

定義 3.67（点列コンパクト）
(1) 距離空間 (X,d) が**点列コンパクト空間**であるとは，X の任意の点列 $\{a_n\}$ に対し，収束部分列 $\{a_{i_k}\}$ が存在することとする.
(2) 距離空間 (X,d) の部分集合 A が**点列コンパクト集合**であるとは，部分距離空間 (A, d_A) が (1) の意味で点列コンパクト空間であることとする．つまり A の任意の点列 $\{a_n\}$ に対し，A の点に収束するような収束部分列 $\{a_{i_k}\}$ が存在することである.

定理 2.20（ボルツァノ–ワイエルシュトラスの定理）から次が成立する.

例 3.5 実数直線の有界閉区間は点列コンパクト集合である.

例題 3.27 $\mathbb{R}$ の開区間は点列コンパクト集合ではない.

解 A を $\mathbb{R}$ の開区間とする．$A = \mathbb{R}$ の場合，$a_n = n$ とすると A の数列 $\{a_n\}$ ができるが，任意の部分列は有界列ではない．よって命題 1.23 の (1) より $\{a_n\}$ には収束部分列が存在しないので A は点列コンパクト集合ではない.

同様に A が半開区間 $(-\infty, b)$ や $(a, +\infty)$ の場合も，任意の部分列が有界列でないような A の数列がとれるので A は点列コンパクト集合ではない.

A が有界開区間 (a,b) の場合，$a_n = a + \dfrac{b-a}{2n}$ とすると A の数列 $\{a_n\}$ ができるが，$\{a_n\}$ は $a \notin A$ に収束するので，命題 1.23 の (4) より任意の部分列も a に収束する．よって $\{a_n\}$ には A の点に収束する収束部分列が存在しないので A は点列コンパクト集合ではない. ■

命題 3.68 点列コンパクト空間は完備であるが，逆は一般には成り立たない.

証明 距離空間 (X,d) を点列コンパクト空間とする．数列 $\{a_n\}$ をコーシー列とすると，点列コンパクト性より収束部分列を持つ．よって命題 3.34 の (3) より $\{a_n\}$ 自身が収束列となるので完備である．一方定理 2.21 より $\mathbb{R}$ は完備ではあるが，数列 $a_n = n$ は有界列ではないので収束部分列を持たない．よって $\mathbb{R}$ は点列コンパクト空間ではない. ■

次の定理は点列コンパクト集合と有界閉集合の関係を表す重要な結果である.

定理 3.69 距離空間 (X, d_X) の部分集合 A について
(1) A が点列コンパクト集合ならば有界閉集合である.
(2) 一般に逆は成立しない. つまり A が有界閉集合でも点列コンパクト集合とは限らない.
(3) しかし (X, d_X) がユークリッド空間 $\mathbb{R}^n$ の場合は逆も正しい. つまり $\mathbb{R}^n$ の有界閉集合 A は点列コンパクト集合である.

証明 (1) A が点列コンパクト集合と仮定する. A が有界閉集合であることを背理法で示す.

A が有界でなければ, X のある点 x_0 に対し $d(x_o, a_n) \geqq n$ となるような A の点列 $\{a_n\}$ が存在する. このとき $\{a_n\}$ は有界列ではないので収束部分列が取れない. よって A が点列コンパクト集合という仮定に矛盾するので A は有界である.

次に A が閉集合でないならば, 定理 3.41（閉集合の基本定理）より A のある点列 $\{b_n\}$ が存在して, $\{b_n\}$ は X の収束列だがその極限 b は A に含まれない. このとき命題 3.33 より $\{b_n\}$ の任意の部分列も b に収束するので A が点列コンパクト集合という仮定に矛盾する.

よって A は閉集合である.

(2) たとえば $\mathbb{R}$ の有界開区間 $X = A = (0, 1)$ を $\mathbb{R}$ の部分距離空間と思うと, $X = A$ 自身は有界閉集合だが点列コンパクト集合ではない. また A が X の真部分集合の場合の例としては, 数列空間 ℓ^1 内の単位閉球 $\overline{U(0;1)}$ は有界閉集合だが, 第 k 項のみ 1 で他は 0 であるような数列 $u^{(k)} \in \ell^1$ からなる $\overline{U(0;1)}$ 内の点列 $\{u^{(k)}\}$ は収束部分列を持たないので, $\overline{U(0;1)}$ は点列コンパクト集合ではない.

(3) $n = 2$ の場合に示す.

A を $\mathbb{R}^2$ の有界閉集合とする. A は有界より A の点と $\mathbb{R}^2$ の原点の距離を考えれば, ある $M > 0$ が存在して $A \subset [-M, M] \times [-M, M]$ となる. そこで A の任意の点列を $\{(a_n, b_n)\}$ とすると, $\{a_n\}$ は有界閉区間 $[-M, M]$ の数列なので, 定理 2.20（ボルツァノ–ワイエルシュトラスの定理）から収束部分列 $\{a_{i_k}\}$ が存在する. さらに $\{b_{i_k}\}$ は有界閉区間 $[-M, M]$ の数列なので, 定理 2.20（ボルツァノ–ワイエルシュトラスの定理）から収束部分列 $\{b_{j_\ell}\}$ が存在する. このとき $\{a_{i_k}\}$ は

収束列より命題 3.33 からその部分列 $\{a_{j_\ell}\}$ も同じ極限を持つ収束列である．よって命題 3.35 より $\{(a_{j_\ell}, b_{j_\ell})\}$ は点列 $\{(a_n, b_n)\}$ の収束部分列になる．ここで A は閉集合なので定理 3.41（閉集合の基本定理）より収束部分列 $\{(a_{j_\ell}, b_{j_\ell})\}$ の極限は A に含まれることから，A は点列コンパクト集合になる．$n \geqq 3$ の場合も同様である．■

点列コンパクト性は連続写像の像や直積を取る操作で遺伝する．

命題 3.70
(1) 点列コンパクト空間 (X, d_X) から距離空間 (Y, d_Y) への連続写像 $f: X \to Y$ に対し，$f(X)$ は Y の点列コンパクト集合になる．
(2) 2 個の距離空間 $(X, d_X), (Y, d_Y)$ がともに点列コンパクト空間ならば，直積距離空間 $(X \times Y, d)$ も点列コンパクト空間である．

証明 (1) $f(X)$ の任意の点列 $\{b_n\}$ に対し，$b_n = f(a_n)$ を満たす X の点列 $\{a_n\}$ が存在する．仮定より (X, d_X) は点列コンパクトなので，$\{a_n\}$ の収束部分列 $\{a_{i_k}\}$ が存在する．さらに仮定より f は連続写像なので定理 3.37 より収束列は収束列に移る．よって $\{b_n\}$ の部分列 $\{b_{i_k}\}$ は収束列なので，$f(X)$ は Y の点列コンパクト集合になる．

(2) 直積距離空間 $(X \times Y, d)$ の任意の点列 $\{(a_n, b_n)\}$ に対し，$\{a_n\}$ は点列コンパクト空間 (X, d_X) の点列なので，収束部分列 $\{a_{i_k}\}$ が存在する．さらに $\{b_{i_k}\}$ は点列コンパクト空間 (Y, d_Y) の点列なので，収束部分列 $\{b_{j_\ell}\}$ が存在する．このとき $\{a_{i_k}\}$ は収束列より命題 3.33 からその部分列 $\{a_{j_\ell}\}$ も同じ極限を持つ収束列である．よって命題 3.35 より $\{(a_{j_\ell}, b_{j_\ell})\}$ は点列 $\{(a_n, b_n)\}$ の収束部分列になるので $(X \times Y, d)$ も点列コンパクト空間である．■

次の結果は例題 2.13 の距離空間への一般化であり，点列コンパクト空間の最も重要な定理の 1 つである．

定理 3.71（最大最小値の定理） 点列コンパクト距離空間 (X, d) 上の連続関数 f は最大値と最小値を持つ．

証明 命題 3.70 より $f(X)$ は $\mathbb{R}$ の点列コンパクト部分集合である．よって定理 3.69 より $f(X)$ は有界閉集合である．$f(X)$ の有界性より定理 2.17 から $\sup f(X)$ と $\inf f(X)$ が存在するが，$f(X)$ が閉集合であることから定理 3.41 より $\sup f(X) = \max f(X)$ と $\inf f(X) = \min f(X)$ になる．■

命題 3.68 より距離空間が点列コンパクト空間ならば完備だったが，逆は一般に成立しなかった．では完備性にどのような条件が加われば，点列コンパクト性が成り立つだろうか．

定義 3.72 距離空間 (X,d) が**全有界**であるとは，任意の $\varepsilon > 0$ に対し X の有限個の元 $x_1, x_2, \cdots, x_n$ が存在して

$$X = U(x_1;\varepsilon) \cup U(x_2;\varepsilon) \cup \cdots \cup U(x_n;\varepsilon)$$

とできることとする．

定理 3.73 距離空間 (X,d) が点列コンパクト空間であるための必要十分条件は完備かつ全有界になることである．

証明 X は点列コンパクト空間と仮定する．このとき命題 3.68 より X は完備である．次に X が全有界であることを背理法で示す．X が全有界でないと仮定すると，ある $\varepsilon_0 > 0$ が存在して X の有限個の元の ε_0-近傍の和集合では X を覆うことができない．そこで X の点 x_1 を固定する．仮定より $U(x_1;\varepsilon_0)$ は X の真部分集合より，$U(x_1;\varepsilon_0)^c$ の点 x_2 が存在する．このとき $d(x_1,x_2) \geqq \varepsilon_0$ である．仮定より $U(x_1;\varepsilon_0) \cup U(x_2;\varepsilon_0)$ も X の真部分集合より，$(U(x_1;\varepsilon_0) \cup U(x_2;\varepsilon_0))^c$ の点 x_3 が存在する．このとき $d(x_1,x_3) \geqq \varepsilon_0$ かつ $d(x_2,x_3) \geqq \varepsilon_0$ である．この操作を帰納的に繰り返すと X の点列 $\{x_n\}$ が存在して，任意の自然数 $m \neq n$ に対し $d(x_m,x_n) \geqq \varepsilon_0$ を満たす．よって $\{x_n\}$ はコーシー列ではないので収束部分列がとれず，X が点列コンパクト空間という仮定に矛盾する．以上より X は完備かつ全有界になる．

逆に X は完備かつ全有界と仮定する．

まず X の任意の点列 $\{x_n\}$ はコーシー列を部分列に持つことを示す．X は全有界より任意の自然数 k に対し X の有限部分集合 A_k が存在して $X = $

$\bigcup_{a \in A_k} U\left(a; \frac{1}{k}\right)$ となる．よって A_1 の元 a_1 が存在して $\{n \in \mathbb{N} \mid x_n \in U(a_1, 1)\}$ は無限集合である．この無限集合から $\{x_n\}$ の部分列を選び，再度番号を付け直して $\{x_n^{(1)}\}$ とする．このとき任意の自然数 m, n に対し $d(x_m^{(1)}, x_n^{(1)}) \leqq d(x_m^{(1)}, a_1) + d(a_1, x_n^{(1)}) < 1 + 1 = 2$ を満たす．

また A_2 の元 a_2 が存在して $\left\{n \in \mathbb{N} \mid x_n^{(1)} \in U\left(a_2, \frac{1}{2}\right)\right\}$ は無限集合である．この無限集合から $\{x_n^{(1)}\}$ の部分列を選び，再度番号を付け直して $\{x_n^{(2)}\}$ とする．このとき任意の自然数 m, n に対し $d(x_m^{(2)}, x_n^{(2)}) \leqq d(x_m^{(2)}, a_2) + d(a_2, x_n^{(2)}) < \frac{1}{2} + \frac{1}{2} = 1$ を満たす．

この操作を帰納的に繰り返すと任意の自然数 k に対し部分列 $\{x_n^{(k)}\}$ が存在して，任意の自然数 m, n に対し $d(x_m^{(k)}, x_n^{(k)}) < \frac{1}{k} + \frac{1}{k} = \frac{2}{k}$ を満たす．このとき $\{x_n\}$ の部分列 $\{x_k^{(k)}\}$ は，任意の自然数 $m, n > \ell$ に対し $d(x_m^{(m)}, x_n^{(n)}) < \frac{1}{\ell} + \frac{1}{\ell} = \frac{2}{\ell}$ を満たすのでコーシー列である．よって X の任意の点列 $\{x_n\}$ はコーシー列を部分列に持つことが分かった．

一方 X は完備なのでこのコーシー列は収束列となり，X は点列コンパクト空間である．■

例題 3.28 (1) 距離空間 (X, d_X) の点列コンパクト集合族 $\{A_\lambda \mid \lambda \in \Lambda\}$ の共通部分 $\bigcap_{\lambda \in \Lambda} A_\lambda$ も点列コンパクト集合になることを示せ．
(2) 距離空間 (X, d_X) の有限個の点列コンパクト集合 $A_1, \cdots, A_n$ に対し，和集合 $\bigcup_{i=1}^{n} A_i$ も点列コンパクト集合になることを示せ．
(3) 距離空間 (X, d_X) の点列コンパクト集合族 $\{A_\lambda \mid \lambda \in \Lambda\}$ の和集合は必ずしも点列コンパクト集合になるとは限らないことを示せ．

解 (1) Λ の元 λ_0 を 1 つ固定する．共通部分 $\bigcap_{\lambda \in \Lambda} A_\lambda$ の任意の点列 $\{a_n\}$ に対し，A_{λ_0} は点列コンパクト集合より $\{a_n\}$ は A_{λ_0} の点に収束する収束部分列 $\{a_{i_k}\}$ を持つ．一方 Λ の任意の元 λ に対し，A_λ も点列コンパクト集合より特に閉集合である．よって距離空間の定理 3.41（閉集合の基本定理）より $\{a_{i_k}\}$ の極限は A_λ の元でもある．以上から $\{a_n\}$ は共通部分 $\bigcap_{\lambda \in \Lambda} A_\lambda$ の点に収束する

収束部分列を持つので共通部分 $\bigcap_{\lambda \in \Lambda} A_\lambda$ は点列コンパクト集合になる.

(2) 和集合 $\bigcup_{i=1}^n A_i$ の任意の点列 $\{a_n\}$ に対し，ある A_k が存在して $\{n \in \mathbb{N} \mid a_n \in A_k\}$ は無限集合になる. $a_n \in A_k$ を満たす $\{a_n\}$ の部分列を $\{a_{i_\ell}\}$ とすると，A_k は点列コンパクト集合より $\{a_{i_\ell}\}$ は収束部分列を含む. よって $\bigcup_{i=1}^n A_i$ も点列コンパクト集合になる.

(3) $\mathbb{R}$ の有界閉区間 $[1/n, 1 - 1/n]$ は点列コンパクト集合だが，それらの和集合 $\bigcup_{n \in \mathbb{N}} [1/n, 1 - 1/n]$ は開区間 $(0, 1)$ となり点列コンパクト集合ではない. ∎

演習問題

問 3.1 距離空間 (X, d) 上の連続関数 f が任意の $x \in X$ で $f(x) \neq 0$ のとき，関数 $g(x) = 1/f(x)$ も連続になることを示せ.

問 3.2 距離空間 (X, d) の 1 点 a を固定する. このとき関数 $f(x) = d(x, a)$ は X 上の連続関数であることを示せ.

問 3.3 距離空間 (X, d) の部分集合 A, B について以下を示せ.
(1) $A^o \subset A$.
(2) $X = X^o$.
(3) $A \subset B \Rightarrow A^o \subset B^o$.
(4) $A^o \cup B^o \subset (A \cup B)^o$.
(5) $(A \cap B)^o = A^o \cap B^o$.
(6) $(A^o)^o = A^o$.
(7) A に含まれる開集合のうちで最大の開集合が A^o である.

問 3.4 ユークリッド平面 $\mathbb{R}^2$ の次の集合の内部，閉包，境界を求めよ.
(1) $A = [0, 1) \times [0, 1)$.
(2) $B = \{(x, 0) \in \mathbb{R}^2 \mid x \in \mathbb{R}\}$.
(3) $C = \mathbb{Z} \times \mathbb{Z}$.
(4) $D = \mathbb{Q} \times \mathbb{Q}$.

問 3.5 距離空間 $(C[a,b], d_2)$ は完備でないことを示せ．ここで $f, g \in C[a,b]$ に対し，$d_2(f,g) = \int_a^b |f(x) - g(x)|\, dx$ である．

第4章
位相空間

4.1 位相空間

4.1.1 位相，開集合

前章では距離関数というものさしを用いて，「近い・遠い」を数量で表現した．この章ではもはや距離のない空間で，ある点の近く（近傍）を表現する方法を調べてゆく．その際カギになるのが，次に定義する位相の概念である．

定義 4.1（位相，位相空間，開集合）空集合ではない集合 X について
(1) X の部分集合族 $\mathcal{O}$ が X の**位相**であるとは，次の3つの条件を満たすこととする．
 (O1) 全体集合 X と空集合 $\emptyset$ は $\mathcal{O}$ の元である．
 (O2) $\mathcal{O}$ の任意の有限部分集合 $\{V_1, V_2, \cdots, V_n\}$ に対し，その共通部分 $\bigcap_{k=1}^{n} V_k$ もまた $\mathcal{O}$ の元である．
 (O3) $\mathcal{O}$ の任意の部分集合 $\{V_\mu \mid \mu \in M\}$ に対し，その和集合 $\bigcup_{\mu \in M} V_\mu$ もまた $\mathcal{O}$ の元である．
(2) 集合 X と位相 $\mathcal{O}$ の組 $(X, \mathcal{O})$ を**位相空間**という．また $\mathcal{O}$ の元を X の**開集合**という．

(O2) では $\mathcal{O}$ の有限部分集合についてのみ，その共通部分がまた $\mathcal{O}$ の元になることを要請している点に注意しよう．

X の部分集合族が位相になることを確かめる際，次の結果は便利である．

命題 4.2 開集合の定義 (O2) は以下と同値である．

(O2′) $\mathscr{O}$ の任意の 2 つの元 V_1, V_2 に対し，その共通部分 $V_1 \cap V_2$ もまた $\mathscr{O}$ の元である．

証明 (O2) で $n = 2$ とすれば (O2′) になる．次に (O2′) を仮定して (O2) を導く．自然数 n に関する数学的帰納法を用いる．$n = 1$ の場合は自明である．$n = k - 1$ まで成立しているとする．$n = k$ のとき $\bigcap_{i=1}^{k} V_i = (\bigcap_{i=1}^{k-1} V_i) \cap V_k$ より，帰納法の仮定と (O2′) より $\bigcap_{i=1}^{k} V_i$ も $\mathscr{O}$ の元となる．■

例 4.1（位相の例）

(1) $X = \{p, q\}$ に入る位相は次の 4 つである．$\mathscr{O}_1 = \{\varnothing, X\}$, $\mathscr{O}_2 = \{\varnothing, \{p\}, X\}$, $\mathscr{O}_3 = \{\varnothing, \{q\}, X\}$, $\mathscr{O}_4 = \{\varnothing, \{p\}, \{q\}, X\}$．

(2)（密着位相，離散位相）集合 X は空集合ではないとする．このとき $\mathscr{O}_0 = \{\varnothing, X\}$ は X の位相の条件を満たす．この位相 $\mathscr{O}_0$ を X の**密着位相**という．一方 $\mathscr{O}_1 = \mathscr{P}(X)$ も X の位相の条件を満たす．この位相 $\mathscr{O}_1$ を X の**離散位相**という．密着位相では X の自明な部分集合である $\varnothing$ と X 以外に開集合がないのに対し，離散位相では X の任意の部分集合が開集合である．

(3)（距離位相）距離空間 (X, d) の部分集合 V が距離空間の意味で開集合とは，V が空集合か，または V の任意の点 p に対し，ある $\varepsilon > 0$ が存在して，$U(p; \varepsilon) \subset V$ を満たすことであった（定義 3.39）．このとき距離空間の意味での開集合の全体 $\mathscr{O}_d$ は位相の条件を満たしている（例題 3.19）．この位相 $\mathscr{O}_d$ を距離空間 (X, d) の**距離位相**という．

例題 4.1 集合 $X = \{1, 2, 3\}$ に入る位相をすべて挙げよ．

解 以下 $i, j, k \in X$ に対し $\{X, \varnothing, \{k\}\}$ が 3 つ，$\{X, \varnothing, \{k, j\}\}$ が 3 つ，$\{X, \varnothing, \{k\}, \{k, j\}\}$ が 6 つ，$\{X, \varnothing, \{k\}, \{j\}, \{k, j\}\}$ が 3 つ，$\{X, \varnothing, \{k\}, \{i, j\}\}$ が 3 つ，$\{X, \varnothing, \{k\}, \{k, i\}, \{k, j\}\}$ が 3 つ，$\{X, \varnothing, \{k\}, \{j\}, \{k, i\}, \{k, j\}\}$ が 6 つと離散位相と密着位相の計 29 個．■

例題 4.2 　(1) 離散位相は距離位相であることを示せ.
(2) 空集合でない有限集合の距離位相は離散位相であることを示せ.

解 　(1) 離散距離が定める位相は離散位相に一致するので.
(2) 距離空間の 1 点は閉集合である. よってその点の補集合は有限個の閉集合の和集合より閉集合なので, 1 点は開集合でもある. ■

1 つの集合で定義された 2 つの位相の間には強弱の関係が定義できる場合がある.

定義 4.3 (位相の強弱) 　集合 X の 2 つの位相 $\mathscr{O}_1$ と $\mathscr{O}_2$ に対し, $\mathscr{O}_2$ は $\mathscr{O}_1$ より強い位相（または $\mathscr{O}_1$ は $\mathscr{O}_2$ より弱い位相）であるとは, $\mathscr{O}_1 \subset \mathscr{O}_2$ を満たすこととする. 定義より離散位相は最強の位相であり, 密着位相は最弱の位相である.

4.1.2 部分位相空間

距離空間の部分集合に自然に距離空間の構造が入ったように, 位相空間の部分集合にも自然に位相空間の構造が入ることを見ておこう.

命題 4.4 　位相空間 $(X, \mathscr{O})$ の空集合でない部分集合 A に対し, $\mathscr{O}_A = \{W \cap A \mid W \in \mathscr{O}\}$ は A の位相になる.

証明 　$\mathscr{O}_A$ が定義 4.1 の (O1), (O2), (O3) を満たすことを確かめる.

まず $A = X \cap A$ かつ $\emptyset = \emptyset \cap A$ より (O1) を満たす. 次に $\mathscr{O}_A$ の任意の有限部分集合 $\{V_1, V_2, \cdots, V_n\}$ に対し, $\mathscr{O}$ の元 W_k が存在して $V_k = W_k \cap A$ を満たす $(k = 1, 2, \cdots, n)$. よってその共通部分 $\bigcap_{k=1}^{n} V_k = \bigcap_{k=1}^{n} (W_k \cap A) = \left(\bigcap_{k=1}^{n} W_k \right) \cap A$ もまた $\mathscr{O}_A$ の元となり (O2) を満たす. 最後に $\mathscr{O}_A$ の任意の部分集合 $\{V_\mu \mid \mu \in M\}$ に対し, $\mathscr{O}$ の元 W_μ が存在して $V_\mu = W_\mu \cap A$ を満たす $(\mu \in M)$. よってその和集合 $\bigcup_{\mu \in M} V_\mu = \bigcup_{\mu \in M} W_\mu \cap A = \left(\bigcup_{\mu \in M} W_\mu \right) \cap A$ もまた $\mathscr{O}_A$ の元となり (O3) を満たす. ■

つまり $\mathscr{O}$ が X の位相であることから, $\mathscr{O}_A$ が A の位相になるのであった.

定義 4.5（相対位相，部分位相空間）上記のように定めた A の位相を A の相対位相という．そして $(A, \mathscr{O}_A)$ を位相空間 $(X, \mathscr{O})$ の**部分位相空間**という．

注意 部分位相空間 $(A, \mathscr{O}_A)$ の開集合は，必ずしも位相空間 $(X, \mathscr{O})$ の開集合とは限らない．たとえばユークリッド距離に関する距離位相空間 $\mathbb{R}$ とその部分位相空間 $[0, 2]$ において，$(1, 2] = (1, 3) \cap [0, 2]$ は部分位相空間 $[0, 2]$ では開集合になるが，$\mathbb{R}$ では開集合にならない．

4.1.3 開近傍，内点，内部

定義 4.6（開近傍，内点，内部）位相空間 $(X, \mathscr{O})$ と X の部分集合 A と X の点 p について

(1) X の部分集合 W が p の**開近傍**であるとは，$W \in \mathscr{O}$ かつ $p \in W$ を満たすこととする．
(2) p は A の**内点**であるとは，$p \in A$ かつ p の開近傍 W が存在して $W \subset A$ を満たすこととする．
(3) X の部分集合 A の内点全体を A^o と表し，A の**内部**という．

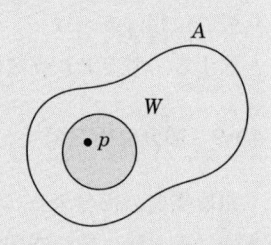

例 4.2 ユークリッド距離に関する距離位相空間 $\mathbb{R}$ の部分集合 $(0, 2]$ において，1 は $(0, 2]$ の内点だが 2 は $(0, 2]$ の内点ではない．$(0, 2]$ の内部は開区間 $(0, 2)$ である．

距離空間においては 3 章の意味での内点，内部と，4 章の意味での内点，内部の 2 通りの定義があるが，これらは同じ概念であることを確認しておこう．

命題 4.7 距離空間において，距離空間の意味での内点，内部と，距離位相空間の意味での内点，内部は同じである．

証明 距離空間 (X, d) とその部分集合 A および X の点 p において，p が距離空間の意味で A の内点ならば，ある $\varepsilon > 0$ が存在して $U(p; \varepsilon) \subset A$ が成り立つ．ここで $U(p; \varepsilon)$ は距離位相に関して開集合なので，p は距離位相空間の意味でも A の内点である．逆に p が距離位相空間の意味で A の内点ならば，距離位相に関して p の開近傍 W が存在して $W \subset A$ が成り立つ．ここで距離位相の定義より，

ある $\varepsilon > 0$ が存在して $U(p;\varepsilon) \subset W(\subset A)$ が成り立つので，p は距離空間の意味でも A の内点である．

以上から，距離空間の意味での内点と距離位相空間の意味での内点が同値となる．■

例題 4.3 $(X, \mathscr{O})$ の点列 $\{a_n\}$ が点 $p \in X$ に**収束する**とは，p の任意の開近傍 V に対し，ある自然数 n_0 が存在して任意の自然数 $n > n_0$ に対し，$a_n \in V$ を満たすこととする．相異なる 2 点に収束する $(X, \mathscr{O})$ の点列 $\{a_n\}$ の例を挙げよ．

解 密着位相空間の点列はすべての点に収束する．■

位相空間の部分集合が開集合であることは，内部を用いて表現することができる．

命題 4.8 位相空間 $(X, \mathscr{O})$ と X の部分集合 A とその内部 A^o について
(1) A^o は A の部分集合である．
(2) A が開集合ならば $A = A^o$ である．
(3) A^o は開集合である．

証明 (1) A の内点は A に含まれるので，$A^o \subset A$ である．

(2) A が開集合ならば A の任意の点 p に対し，A 自身が p の開近傍なので p は A の内点となる．よって $A \subset A^o$ である．また (1) より $A^o \subset A$ なので $A = A^o$ となる．

(3) A^o の任意の点 p に対し p の開近傍 W_p が存在して $W_p \subset A$ を満たす．よって $\bigcup_{p \in A^o} W_p \subset A$ となる．ここで W_p の任意の点 q に対し W_p は q の開近傍で $W_p \subset A$ を満たすので，q も A の内点である．つまり $W_p \subset A^o$ を満たす．よって $\bigcup_{p \in A^o} W_p \subset A^o$ となる．逆の包含関係 $A^o \subset \bigcup_{p \in A^o} W_p$ は明らかなので，$\bigcup_{p \in A^o} W_p = A^o$ となる．さらに位相の定義の (O3) より $\bigcup_{p \in A^o} W_p$ は開集合となるので A^o は開集合である．■

内部に関して基本的な性質を以下にまとめる．

命題 4.9 位相空間 $(X, \mathscr{O})$ の部分集合 A, B について以下が成り立つ．
  (1) $A^o \subset A$．
  (2) $X = X^o$．
  (3) $A \subset B \Rightarrow A^o \subset B^o$．
  (4) $A^o \cup B^o \subset (A \cup B)^o$．
  (5) $(A \cap B)^o = A^o \cap B^o$．
  (6) $(A^o)^o = A^o$．

証明 (1) 命題 4.8 の (1) より．

  (2) (1) より $X^o \subset X$ である．また X の任意の点 p に対し (O1) より X 自身が p の開近傍より $p \in X^o$ となるので $X \subset X^o$ である．

  (3) A^o の任意の元 p に対し p の開近傍 W が存在して $W \subset A$ となる．仮定 $A \subset B$ より $W \subset B$ となるので $p \in B^o$ となる．

  (4) $A \subset A \cup B$ と $B \subset A \cup B$ から (3) より $A^o \subset (A \cup B)^o$ と $B^o \subset (A \cup B)^o$ が成り立つので，$A^o \cup B^o \subset (A \cup B)^o$ となる．

  (5) $A \cap B \subset A$ と $A \cap B \subset B$ から (3) より $(A \cap B)^o \subset A^o$ と $(A \cap B)^o \subset B^o$ が成り立つので，$(A \cap B)^o \subset A^o \cap B^o$ となる．逆に $A^o \cap B^o$ の任意の元 p に対し，$p \in A^o$ よりある p の開近傍 W_1 が存在して $W_1 \subset A$ となる．また $p \in B^o$ よりある p の開近傍 W_2 が存在して $W_2 \subset B$ となる．ここで W_1, W_2 は開集合より位相の定義の (O2) から $W_1 \cap W_2$ も p の開近傍となり，$W_1 \cap W_2 \subset A \cap B$ より $p \in (A \cap B)^o$ となる．

  (6) 命題 4.8 の (3) より A^o は開集合である．よって命題 4.8 の (2) より $(A^o)^o = A^o$ となる．■

以上のことから位相空間の開集合の基本定理が得られる．

定理 4.10 (位相空間の開集合の基本定理) 位相空間 $(X, \mathscr{O}_X)$ の部分集合 A において
  (1) A が X の開集合であるための必要十分条件は $A = A^o$ である．
  (2) A^o は A に含まれる最大の開集合である．

証明 (1) 命題 4.8 の (2) と (3) より.

(2) A に含まれる任意の開集合 W に対し, $W \subset A^o$ を示せばよい. $W \subset A$ より命題 4.9 の (3) より $W^o \subset A^o$ となる. 一方命題 4.8 の (2) より $W = W^o$ なので $W \subset A^o$ となる. ■

例題 4.4 距離位相空間では 1 点集合は閉集合であった（例題 3.20). 1 点集合が閉集合とは限らない位相空間の例を挙げよ.

解 たとえば例 4.1 の (1) において, 集合 $X = \{p, q\}$ に位相 $\mathscr{O}_2 = \{\varnothing, \{p\}, X\}$ を考えると, $\{p\}$ は閉集合ではない. なぜならば補集合である $\{q\}$ が開集合ではないからである. ■

4.1.4 閉集合, 触点, 閉包

距離空間のときと同様に閉集合を定義しておこう.

定義 4.11 （閉集合）位相空間 $(X, \mathscr{O})$ の部分集合 B が X の**閉集合**であるとは, B の X における補集合 B^c が X の開集合になることとする. X の閉集合の全体を $\mathscr{A}$ で表す.

次の閉集合の性質が成り立つ. 定義 4.1 と比較してみよう.

命題 4.12 位相空間 $(X, \mathscr{O})$ の閉集合の全体 $\mathscr{A}$ は次を満たす.

(C1) 全体集合 X と空集合 $\varnothing$ は $\mathscr{A}$ の元である.

(C2) $\mathscr{A}$ の任意の有限部分集合 $\{W_1, W_2, \cdots, W_n\}$ に対し, その和集合 $\bigcup_{k=1}^{n} W_k$ もまた $\mathscr{A}$ の元である.

(C3) $\mathscr{A}$ の任意の部分集合 $\{W_\mu \mid \mu \in M\}$ に対し, その共通部分 $\bigcap_{\mu \in M} W_\mu$ もまた $\mathscr{A}$ の元である.

証明 (1) (O1) より $X, \varnothing \in \mathscr{O}$ より $\varnothing = X^c, X = \varnothing^c \in \mathscr{A}$ である.

(2) $W_1, W_2, \cdots, W_n \in \mathscr{A}$ ならば定義より $W_1^c, W_2^c, \cdots, W_n^c \in \mathscr{O}$ である. よって (O2) から $\bigcap_{k=1}^{n} W_k^c \in \mathscr{O}$ となる. つまり $\bigcup_{k=1}^{n} W_k = (\bigcap_{k=1}^{n} W_k^c)^c \in \mathscr{A}$ となる.

(3) 任意の $\mu \in M$ に対し $W_\mu \in \mathscr{A}$ ならば, $W_\mu^c \in \mathscr{O}$ である. よって (O3) か

ら $\bigcup_{\mu \in M} W_\mu^c \in \mathcal{O}$ となる.つまり $\bigcap_{\mu \in M} W_\mu = (\bigcup_{\mu \in M} W_\mu^c)^c \in \mathcal{A}$ となる. ■

例 4.3 距離空間の意味での開集合と,距離位相空間の意味での開集合は同じなので,距離空間の意味での閉集合と,距離位相空間の意味での閉集合も同じである.

触点の概念も位相空間で定義できる.

定義 4.13(触点,閉包)位相空間 $(X, \mathcal{O}_X)$ の点 q および部分集合 B において
(1) q は B の触点であるとは,q の任意の開近傍 W は $W \cap B \neq \emptyset$ を満たすこととする.
(2) B の触点の全体を B の**閉包**といい,$\overline{B}$ と表す.

定義から B の任意の点は必ず B の触点だが,B の触点だからといって B に含まれるとは限らない.

例 4.4 ユークリッド距離に関する距離位相空間 $\mathbb{R}$ の部分集合 $(0, 2]$ において,$0, 1, 2$ は全て $(0, 2]$ の触点である.$(0, 2]$ の閉包は閉区間 $[0, 2]$ である.

特に距離空間においては,前章での触点や閉包の定義とこの章の定義が同じであることを確かめておこう.

命題 4.14 距離空間の意味での触点,閉包と,距離位相の意味での触点,閉包は同じである.

証明 距離空間 (X, d) とその部分集合 A および X の点 p において,p が距離空間の意味で A の触点とすると,任意の $\varepsilon > 0$ に対し $U(p; \varepsilon) \cap A \neq \emptyset$ が成り立つ.p の任意の開近傍 W に対し,距離位相の定義よりある $\varepsilon > 0$ が存在して $U(p; \varepsilon) \subset W$ が成り立つので $W \cap A \neq \emptyset$ となり,p は距離位相空間の意味でも A の触点である.

逆に p が距離位相空間の意味で A の触点ならば,p の任意の開近傍 W に対し $W \cap A \neq \emptyset$ が成り立つ.特に任意の $\varepsilon > 0$ に対し $U(p; \varepsilon)$ は p の開近傍より,$U(p; \varepsilon) \cap A \neq \emptyset$ が成り立つので p は距離空間の意味でも A の触点である.

以上から，距離空間の意味での触点と距離位相空間の意味での触点が同値になる．同様に，距離空間の意味での閉包と距離位相空間の意味での閉包も同値になる．■

内部と閉包の関係について，次の等式は重要である（例題 3.22 を参照）．

命題 4.15 $(\overline{B})^c = (B^c)^o$．

証明 X の点 q が $(\overline{B})^c$ に含まれる，つまり B の触点ではないための必要十分条件は，q のある開近傍 W が存在して $W \cap B = \emptyset$ を満たすことである．これは $W \subset B^c$，つまり点 q は B^c の内点であることと同値である．■

位相空間の部分集合が閉集合であることは，閉包を用いて表現することができる．

命題 4.16 位相空間 $(X, \mathscr{O})$ と X の部分集合 B とその閉包 $\overline{B}$ について
 (1) B は $\overline{B}$ の部分集合である．
 (2) B が閉集合ならば $B = \overline{B}$ である．
 (3) $\overline{B}$ は閉集合である．

証明 （1） B の任意の点は B の触点なので，$B \subset \overline{B}$ である．
 （2） B が閉集合ならば定義より B^c は開集合なので，定理 4.10 より $B^c = (B^c)^o$ である．よって命題 4.15 より $(\overline{B})^c = B^c$ となるので，$B = \overline{B}$ である．
 （3） 命題 4.15 より $(\overline{B})^c = (B^c)^o$ かつ命題 4.8 の（3）より $(B^c)^o$ は開集合になるので，$\overline{B}$ は閉集合になる．■

命題 4.15 を用いて，以下の閉包の性質を命題 4.9 に帰着させてみよう．

命題 4.17 位相空間 $(X, \mathscr{O})$ の部分集合 S, T について以下が成り立つ．
 (1) $S \subset \overline{S}$．
 (2) $\emptyset = \overline{\emptyset}$．
 (3) $S \subset T$ ならば $\overline{S} \subset \overline{T}$．

(4) $\overline{S \cap T} \subset \overline{S} \cap \overline{T}$.
(5) $\overline{S \cup T} = \overline{S \cup T}$.
(6) $\overline{S} = \overline{(\overline{S})}$.

証明 (1) 命題 4.16 の (1) より．

(2) 命題 4.9 の (2) より $X = X^o$ である．$\varnothing^c = X$ かつ命題 4.15 より $(\varnothing^c)^o = (\overline{\varnothing})^c$ なので $\varnothing^c = (\overline{\varnothing})^c$ である．よって両辺の補集合をとると $\varnothing = \overline{\varnothing}$ となる．

(3) $S \subset T$ ならば $T^c \subset S^c$ となる．よって命題 4.9 の (3) より $(T^c)^o \subset (S^c)^o$ となる．一方命題 4.15 より $(S^c)^o = (\overline{S})^c$ かつ $(T^c)^o = (\overline{T})^c$ より $(\overline{T})^c \subset (\overline{S})^c$ である．よって $\overline{S} \subset \overline{T}$ となる．

(4) 命題 4.9 の (4) より $(S^c)^o \cup (T^c)^o \subset (S^c \cup T^c)^o$ かつ $(S^c \cup T^c)^o = ((S \cap T)^c)^o$ となる．ここで命題 4.15 より $(S^c)^o = (\overline{S})^c, (T^c)^o = (\overline{T})^c, ((S \cap T)^c)^o = (\overline{S \cap T})^c$ となるので，$\overline{S \cap T} \subset \overline{S} \cap \overline{T}$ である．

(5) 命題 4.9 の (5) より $(S^c \cap T^c)^o = (S^c)^o \cap (T^c)^o$ かつ $(S^c \cap T^c)^o = ((S \cup T)^c)^o$ となる．ここで命題 4.15 より $(S^c)^o = (\overline{S})^c, (T^c)^o = (\overline{T})^c, ((S \cup T)^c)^o = (\overline{S \cup T})^c$ となるので，$\overline{S \cup T} = \overline{S \cup T}$ である．

(6) 命題 4.16 の (3) より $\overline{S}$ は閉集合である．よって命題 4.16 の (2) より $\overline{S} = \overline{(\overline{S})}$ となる． ∎

以上のことから位相空間の閉集合の基本定理が得られる．

定理 4.18（位相空間の閉集合の基本定理）位相空間 $(X, \mathscr{O}_X)$ の部分集合 B において
(1) B が X の閉集合であるための必要十分条件は $B = \overline{B}$ である．
(2) $\overline{B}$ は B を含む最小の閉集合である．

証明 (1) 命題 4.16 の (2) と (3) より．

(2) B を含む任意の閉集合 E に対し，$\overline{B} \subset E$ を示せばよい．$B \subset E$ より命題 4.17 の (3) から $\overline{B} \subset \overline{E}$ となる．一方命題 4.16 の (2) より $E = \overline{E}$ なので $\overline{B} \subset E$ となる． ∎

例題 4.5 (1) $A^o \cup B^o \subset (A \cup B)^o$ で等号が成り立たない例を挙げよ．
(2) $\overline{A \cap B} \subset \overline{A} \cap \overline{B}$ で等号が成り立たない例を挙げよ．

解 (1) ユークリッド距離に関する距離位相空間 $\mathbb{R}$ において，$A = [0,1], B = [1,2]$ とすると，$A^o \cup B^o = (0,1) \cup (1,2) \subset (A \cup B)^o = (0,2)$ となり等号が成立しない．

(2) ユークリッド距離に関する距離位相空間 $\mathbb{R}$ において，$A = (0,1), B = (1,2)$ とすると，$\overline{A \cap B} = \varnothing \subset \{1\} = \overline{A} \cap \overline{B}$ となり等号が成立しない．■

例題 4.6 位相空間 X とその部分集合 A について
(1) A の内部は，A に含まれる開集合の和集合に一致する．
(2) A の閉包は，A を含む閉集合の共通部分に一致する．

解 (1) 定理 4.10 の (2) より，A^o は A に含まれる最大の開集合である．A に含まれる開集合の和集合は A に含まれる最大の開集合なので A^o に一致する．

(2) 定理 4.18 の (2) より，$\overline{B}$ は B を含む最小の閉集合である．B を含む閉集合の共通部分は B を含む最小の閉集合なので $\overline{B}$ に一致する．■

4.1.5 外点，境界点，集結点，孤立点

内点と内部，触点と閉包以外にも次の概念が位相空間ではよく用いられる．

定義 4.19（外点，外部，境界点，境界，集積点，孤立点）位相空間 $(X, \mathscr{O})$ の点 q および部分集合 B において
(1) q は B の**外点**であるとは，q が B^c の内点であることとする．B の外点の全体を B の**外部**という．
(2) q は B の**境界点**であるとは，q の任意の開近傍 W に対し，$W \cap B \neq \varnothing$ かつ $W \cap B^c \neq \varnothing$ となることとする．B の境界点の全体を B の**境界**といい ∂B と表す．
(3) q は B の**集積点**であるとは，q が $B - \{q\}$ の触点であることとする．
(4) q は B の**孤立点**であるとは，q のある開近傍 W が存在して，$W \cap B = \{q\}$ となることとする．

例題 4.7 ユークリッド直線 $\mathbb{R}$ の部分集合 $W = \left\{ \dfrac{1}{n} \mid n \in \mathbb{N} \right\}$ の内部 A, 外部 B, 境界 C, 集積点の全体 D, 孤立点の全体 E をそれぞれ求めよ.

解 $A = \varnothing$, $B = (W \cup \{0\})^c$, $C = W \cup \{0\}$, $D = \{0\}$, $E = W$. ∎

例題 4.8 ユークリッド平面 $\mathbb{R}^2$ の部分集合 $[0,1) \times [0,1)$ の内部 A, 外部 B, 境界 C, 集積点の全体 D, 孤立点の全体 E をそれぞれ求めよ.

解 $A = (0,1) \times (0,1)$, $B = ([0,1] \times [0,1])^c$, $C = \{0,1\} \times [0,1] \cup [0,1] \times \{0,1\}$, $D = [0,1] \times [0,1]$, $E = \varnothing$. ∎

例題 4.9 位相空間 $(X, \mathscr{O})$ の部分集合 A と, A の境界 ∂A について, 以下を示せ.

(1) 境界 ∂A は閉集合である.

(2) $\overline{A} = \partial A \cup A^o$.

(3) $\partial A \cap A^o = \varnothing$.

(4) A が開集合であるための必要十分条件は $A \cap \partial A = \varnothing$ である.

(5) A が閉集合であるための必要十分条件は $\partial A \subset A$ である.

解 (1) 定義より p が A の境界点であることと p が A の触点かつ A^c の触点である, つまり $\overline{A} \cap \overline{A^c}$ の元であることは同値である. つまり $\partial A = \overline{A} \cap \overline{A^c}$ である. 一方 $\overline{A}$ も $\overline{A^c}$ も閉集合なのでそれらの共通部分も閉集合になり, よって ∂A は閉集合である.

(2) 定義より $\overline{A} \supset \partial A \cup A^o$ である. 一方 A の触点 p が A の内点でないならば, p の任意の開近傍 V に対し $V \cap A^c \neq \varnothing$ となり $p \in \partial A$ となる. よって $\overline{A} \subset \partial A \cup A^o$ となるので $\overline{A} = \partial A \cup A^o$ である.

(3) $\partial A \cap A^o$ の元 p が存在したと仮定すると, $p \in A^o$ より p のある開近傍 V に対し $V \subset A$ を満たす. よって p は A^c の触点でないので $p \notin \partial A$ となり矛盾. よって $\partial A \cap A^o = \varnothing$ である.

(4) A が開集合ならば $A = A^o$ と (3) より $A \cap \partial A = \varnothing$ である. 逆に $A \cap \partial A = \varnothing$ ならば A の任意の点は A^c の触点ではない, つまり A の内点になるので $A \subset A^o$ となる. $A^o \subset A$ より $A = A^o$ となるので A は開集合である.

(5) A が閉集合ならば $A = \overline{A}$ と (2) より $\partial A \subset A$ である. 逆に $\partial A \subset A$ な

らば (2) より $\overline{A} \subset A$ となる．$A \subset \overline{A}$ より $A = \overline{A}$ となるので A は閉集合である．∎

例題 4.10 位相空間 $(X, \mathscr{O})$ の点 p および部分集合 A において次の 2 つは同値であることを示せ．
(1) p は A の内点でも外点でもない．
(2) p は A の境界点である．

解 (1) と (2) の同値性を，論理式の変形を用いて確かめてみる．

(1) $\Leftrightarrow \neg (p\text{ は } A \text{ の内点}) \wedge \neg (p \text{ は } A \text{ の外点})$
$\Leftrightarrow \neg(\exists V_1 : p \text{ の開近傍} \quad s.t. \quad V_1 \subset A) \wedge \neg(\exists V_2 : p \text{ の開近傍} \quad s.t. \quad V_2 \subset A^c)$
$\Leftrightarrow (\forall W_1 : p \text{ の開近傍}, W_1 \cap A^c \neq \varnothing) \wedge (\forall W_2 : p \text{ の開近傍}, W_2 \cap A \neq \varnothing)$
$\Leftrightarrow \forall W : p \text{ の開近傍}, W \cap A^c \neq \varnothing \wedge W \cap A \neq \varnothing$
$\Leftrightarrow (2). \blacksquare$

例題 4.11 位相空間 $(X, \mathscr{O})$ の点 p および部分集合 A において次の 2 つは同値であることを示せ．
(1) p は A の点だが A の集積点ではない．
(2) p は A の孤立点である．

解 (1) と (2) の同値性を，論理式の変形を用いて確かめてみる．

(1) $\Leftrightarrow (p \in A) \wedge \neg (\forall V : p \text{ の開近傍}, \quad V \cap (A - \{p\}) \neq \varnothing)$
$\Leftrightarrow (p \in A) \wedge (\exists W : p \text{ の開近傍} \quad s.t. \quad W \cap (A - \{p\}) = \varnothing)$
$\Leftrightarrow \exists W : p \text{ の開近傍} \quad s.t. \quad W \cap A = \{p\}$
$\Leftrightarrow (2). \blacksquare$

4.1.6 直積位相

直積距離空間に比べて，位相空間の直積を位相空間にするには一手間かかる．

命題 4.20 $(X, \mathscr{O}_X)$ と $(Y, \mathscr{O}_Y)$ を 2 つの位相空間とする.

(1) $\mathscr{O}_X$ と $\mathscr{O}_Y$ の直積
$$\mathscr{O}_X \times \mathscr{O}_Y = \{V \times W \mid V \in \mathscr{O}_X, \ W \in \mathscr{O}_Y\}$$
は一般に直積集合 $X \times Y$ の位相にならない.

(2) $X \times Y$ の部分集合族 $\mathscr{O}$ を次のように定義する.
$$\mathscr{O} = \{\bigcup_{\mu \in M} V_\mu \times W_\mu \mid \mu \in M, \ V_\mu \in \mathscr{O}_X, \ W_\mu \in \mathscr{O}_Y\}.$$
このとき $\mathscr{O}$ は $X \times Y$ の位相になる.

証明 (1) $X = Y = \mathbb{R}$ にユークリッド距離位相 $\mathscr{O}$ を考える. このときたとえば $(0,2), (1,3) \in \mathscr{O}$ に対し, $(0,2) \times (0,2)$ や $(1,3) \times (1,3)$ は $\mathscr{O} \times \mathscr{O}$ の元だが $(0,2) \times (0,2) \cup (1,3) \times (1,3)$ は $V \times W$ $(V, W \in \mathscr{O})$ の形をしていないため $\mathscr{O} \times \mathscr{O}$ に含まれないので, $\mathscr{O} \times \mathscr{O}$ は $\mathbb{R} \times \mathbb{R}$ の位相にならない.

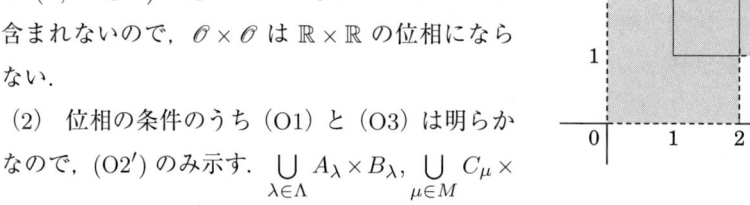

(2) 位相の条件のうち (O1) と (O3) は明らかなので, (O2′) のみ示す. $\bigcup_{\lambda \in \Lambda} A_\lambda \times B_\lambda, \bigcup_{\mu \in M} C_\mu \times D_\mu \in \mathscr{O}$ に対し

$$(\bigcup_{\lambda \in \Lambda} A_\lambda \times B_\lambda) \cap (\bigcup_{\mu \in M} C_\mu \times D_\mu) = \bigcup_{(\lambda, \mu) \in \Lambda \times M} (A_\lambda \cap C_\mu) \times (B_\lambda \cap D_\mu)$$

なので, $\mathscr{O}_X$ も $\mathscr{O}_Y$ も (O2′) を満たすことから $(\bigcup_{\lambda \in \Lambda} A_\lambda \times B_\lambda) \cap (\bigcup_{\mu \in M} C_\mu \times D_\mu) \in \mathscr{O}$ となる. ∎

定義 4.21 (直積位相) 上記の $\mathscr{O}$ を $\mathscr{O}_X$ と $\mathscr{O}_Y$ の**直積位相**といい, 位相空間 $(X \times Y, \mathscr{O})$ を $(X, \mathscr{O}_X)$ と $(Y, \mathscr{O}_Y)$ の**直積位相空間**という.

次の結果は距離空間の場合に直積位相が自然な定義であることを表している.

命題 4.22 2 つの距離空間 (X, d_X) と (Y, d_Y) の直積距離空間 $(X \times Y, d)$ の距離位相 $\mathscr{O}_d$ は, 2 つの距離位相 $\mathscr{O}_{d_X}$ と $\mathscr{O}_{d_Y}$ の直積位相 $\mathscr{O}$ に等しい.

証明 直積集合 $X_1 \times X_2$ の点 p の直積距離に関する ε-近傍 $U(p;\varepsilon)$ は，任意の点 $(a,b) \in U(p;\varepsilon)$ 中心の長方形 $(a-\delta, a+\delta, b-\eta, b+\eta)$ の和集合で表される（下の左図）．ここで δ と η は (a,b) に依存する．直積距離空間 $(X \times Y, d)$ の距離位相 $\mathscr{O}_d$ の開集合 V は，V の任意の点 p の ε-近傍 $U(p;\varepsilon)$ の和集合で表されるので，V は直積位相 $\mathscr{O}$ の元でもある．

一方，直積集合 $X_1 \times X_2$ の点 $q = (a,b)$ 中心の長方形 $(a-\delta, a+\delta, b-\eta, b+\eta)$ は，任意の点 $p \in (a-\delta, a+\eta) \times (b-\delta, b+\eta)$ 中心の ε-近傍 $U(p;\varepsilon)$ の和集合で表される（下の右図）．ここで ε は p に依存する．直積位相 $\mathscr{O}$ の開集合 W は，W の任意の点 $q = (a,b)$ 中心の長方形 $(a-\delta, a+\delta, b-\eta, b+\eta)$ の和集合で表されるので，W は距離位相 $\mathscr{O}_d$ の元でもある．以上から $\mathscr{O}_d = \mathscr{O}$ となる．∎

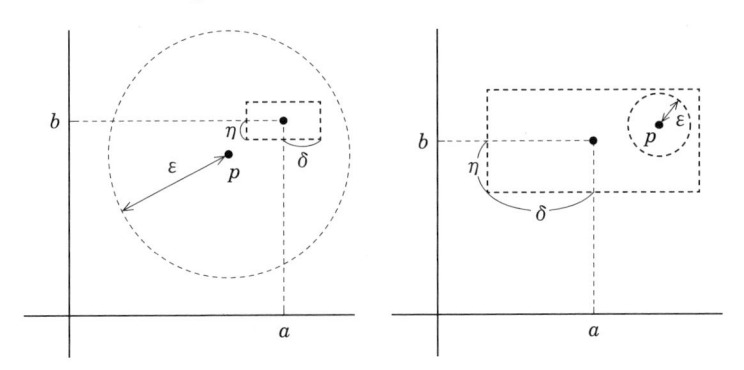

4.2 連続写像

4.2.1 連続写像

距離空間における写像の連続性は，連続関数の定義に現れる ε–δ 論法の自然な拡張であった．位相空間では，さらに距離空間での写像の連続性の自然な拡張を試みる．

定義 4.23（連続写像） 位相空間 $(X, \mathscr{O}_X)$ から位相空間 $(Y, \mathscr{O}_Y)$ への写像 $f : X \to Y$ が X の点 p で**連続である**とは，$f(p)$ の任意の開近傍 U に対し，p のある開近傍 V が存在して $f(V) \subset U$ を満たすこととする．特に X の任意の点で f が連続である場合，f を**連続写像**という．

まず連続写像の簡単な性質から始めよう．

命題 4.24 (1) 位相空間 $(X, \mathscr{O}_X)$ の恒等写像 $1_X : X \to X$ は連続である．
(2) 2つの位相空間 $(X, \mathscr{O}_X)$ と $(Y, \mathscr{O}_Y)$ について，写像 $f : X \to Y$ が定値写像，つまり Y の元 b が存在して，任意の $x \in X$ に対し $f(x) = b$ とする．このとき f は連続である．
(3) 3つの位相空間 $(X, \mathscr{O}_X), (Y, \mathscr{O}_Y), (Z, \mathscr{O}_Z)$ について，2つの写像 $f : X \to Y$ と $g : Y \to Z$ が連続ならば，合成写像 $g \circ f : X \to Z$ も連続である．

証明 (1) X の任意の点 p で 1_X が連続を示す．$1_X(p) = p$ の任意の開近傍 U に対し，p の開近傍として U 自身を取れば，$1_X(U) \subset U$ を満たすので，1_X は p で連続になる．

(2) X の任意の点 p で f が連続を示す．$f(p) = b$ の任意の開近傍 U に対し，p の任意の開近傍 V を取れば，$f(V) = \{b\} \subset U$ を満たすので，f は p で連続になる．

(3) X の任意の点 p で $g \circ f$ が連続を示す．仮定より g は $f(p) \in Y$ で連続より，$g(f(p))$ の任意の開近傍 U に対し，$f(p)$ のある開近傍 W が存在して $g(W) \subset U$ を満たす．また仮定より f は $p \in X$ で連続より，$f(p)$ の開近傍 W に対し，p のある開近傍 V が存在して $f(V) \subset W$ を満たす．以上より $(g \circ f)(V) = g(f(V)) \subset g(W) \subset U$ となり，合成写像 $g \circ f$ は p で連続になる．■

例題 4.12 $(X, \mathscr{O}_X)$ の部分集合 A について以下を示せ．
(1) 包含写像 $i_A : A \to X$ は部分位相空間 $(A, \mathscr{O}_A)$ から $(X, \mathscr{O}_X)$ への連続写像になる．
(2) 逆に包含写像 $i_A : A \to X$ が連続となる最も弱い A の位相が相対位相である．
(3) $(X, \mathscr{O}_X)$ と $(Y, \mathscr{O}_Y)$ の間の写像 $f : X \to Y$ を部分位相空間 $(A, \mathscr{O}_A)$ に制限した写像 $f|_A : A \to Y$ も連続写像になる．

解 (1) X の任意の開集合 V に対し，$i_A^{-1}(V) = V \cap A$ より相対位相の定義から $i^{-1}(V) \in \mathscr{O}_A$ となるので，包含写像 i は連続である．
(2) 包含写像 $i_A : A \to X$ を連続とする A の任意の位相を $\mathscr{S}$ とすると，X

の任意の開集合 V に対し，$i_A^{-1}(V) = V \cap A$ より相対位相の定義から $\mathscr{O}_A \subset \mathscr{S}$ となる．よって $\mathscr{O}_A$ は $\mathscr{S}$ より弱い位相である．

(3) 制限写像 $f|_A : A \to Y$ は包含写像 $i_A : A \to X$ と写像 $f : X \to Y$ の合成写像であり，ともに連続なので $f|_A$ も連続である．∎

例題 4.13 $(X, \mathscr{O}_X)$ から $(Y, \mathscr{O}_Y)$ への写像 $f : X \to Y$ と X の点 p について以下を示せ．

(1) $f(p)$ の任意の開近傍 U に対し，$f^{-1}(U)$ が p の開近傍ならば，$f :$ は p で連続である．

(2) しかし f が p で連続であっても，$f(p)$ の任意の開近傍 U に対し，$f^{-1}(U)$ は p の開近傍とは限らない．

解 (1) $f(p)$ の任意の開近傍 U に対し，仮定より $f^{-1}(U)$ が p の開近傍である．よって $V = f^{-1}(U)$ とすると，$f(V) = f(f^{-1}(U)) \subset U$ となるので f は p で連続である．

(2) たとえば $f : \mathbb{R} \to \mathbb{R}$ を $|x| > 1$ のとき $f(x) = 2$ で，$|X| \leq 1$ のとき $f(x) = 0$ と定義すると，f は $x = 0$ で連続である．しかし $f(0) = 0$ の開近傍 $(-1, 1)$ の f による逆像は $f^{-1}((-1, 1)) = [-1, 1]$ と閉区間になり，$x = 0$ の開近傍にならない．∎

次の結果は，位相空間における連続写像の定義が距離空間の場合の自然な拡張になっていることを表している．

命題 4.25 2つの距離空間 (X, d_X) と (Y, d_Y) について，写像 $f : X \to Y$ が距離空間の間の写像として X の点 p で連続であることと，距離位相空間の間の写像として f が点 p で連続であることは同値である．特に f が距離空間の間の写像として連続であることと，距離位相空間の間の写像として連続であることは同値である．

証明 写像 $f : X \to Y$ が距離空間の間の写像として X の点 p で連続であるとすると，任意の $\varepsilon > 0$ に対しある $\delta > 0$ が存在して $f(U(p; \delta)) \subset U(f(p); \varepsilon)$ を満たす．距離位相の定義より $f(p)$ の任意の開近傍 U に対しある $\varepsilon > 0$ が存在して $U(f(p); \varepsilon) \subset U$ となる．この $\varepsilon > 0$ に対しある $\delta > 0$ が存在して $f(U(p; \delta)) \subset$

$U(f(p);\varepsilon) \subset U$ となるが,$U(p;\delta)$ は距離位相に関して開集合なので $V = U(p;\delta)$ とすれば,V は p の開近傍で $f(V) \subset U$ を満たす.よって距離位相空間の間の写像としても f は点 p で連続である.

逆に写像 f が距離位相空間の間の写像として p で連続であるとすると,$f(p)$ の任意の開近傍 U に対し,p のある開近傍 V が存在して $f(V) \subset U$ を満たす.特に任意の $\varepsilon > 0$ に対し $U(f(p);\varepsilon)$ は $f(p)$ の開近傍より,p のある開近傍 V が存在して $f(V) \subset U(f(p);\varepsilon)$ を満たす.ここで距離位相の定義よりある $\delta > 0$ が存在して $U(p;\delta) \subset V$ を満たす.よって $f(U(p;\delta)) \subset U(f(p);\varepsilon)$ を満たすので,距離空間の間の写像としても f は点 p で連続である.■

次の結果は位相空間の連続写像の基本定理である.

定理 4.26(位相空間の連続写像の基本定理)$(X, \mathscr{O}_X)$ から $(Y, \mathscr{O}_Y)$ への写像 $f: X \to Y$ について,以下は同値である.
(1) $f: X \to Y$ は連続写像である.
(2) Y の任意の開集合 V に対し,$f^{-1}(V)$ は X の開集合である.
(3) Y の任意の閉集合 V に対し,$f^{-1}(V)$ は X の閉集合である.

証明 (1 ⇒ 2) $(Y, \mathscr{O}_Y)$ の開集合 V を任意にとる.$f^{-1}(V)$ の任意の点 p に対し,f は p で連続より $f(p)$ の開近傍 V に対し,p のある開近傍 U が存在して $f(U) \subset V$ を満たす.このとき $U \subset f^{-1}(V)$ より p は $f^{-1}(V)$ の内点となるので,定理 4.10 より $f^{-1}(V)$ は $(X, \mathscr{O}_X)$ の開集合である.

(2 ⇒ 1) X の点 p を任意にとる.$f(p)$ の任意の開近傍 V に対し,$f^{-1}(V)$ は p の開近傍になる.よって $U = f^{-1}(V)$ とすると,$f(U) = f(f^{-1}(V)) \subset V$ となり f は p で連続となる.p は任意より f は連続である.

(2 ⇒ 3) $(Y, \mathscr{O}_Y)$ の任意の閉集合 W に対し W^c は開集合となる.よって仮定より $f^{-1}(W^c)$ は $(X, \mathscr{O}_X)$ の開集合である.一方 $f^{-1}(W^c) = f^{-1}(W)^c$ より $f^{-1}(W)$ は $(X, \mathscr{O}_X)$ の閉集合になる.

(3 ⇒ 2) $(Y, \mathscr{O}_Y)$ の任意の開集合 V に対し V^c は閉集合となる.よって仮定より $f^{-1}(V^c)$ は $(X, \mathscr{O}_X)$ の閉集合である.一方 $f^{-1}(V^c) = f^{-1}(V)^c$ より $f^{-1}(V)$ は $(X, \mathscr{O}_X)$ の開集合になる.■

例題 4.14 $(X, \mathscr{O}_X)$ から $(Y, \mathscr{O}_Y)$ への写像 $f: X \to Y$ が連続写像であることと,以下の (1) から (3) は同値であることを示せ.

(1) $\forall B \subset Y$ に対し,$f^{-1}(B^o) \subset f^{-1}(B)^o$.
(2) $\forall B \subset Y$ に対し,$\overline{f^{-1}(B)} \subset f^{-1}(\overline{B})$.
(3) $\forall A \subset X$ に対し,$f(\overline{A}) \subset \overline{f(A)}$.

解 (1) $f: X \to Y$ は連続写像と仮定する.Y の任意の部分集合 B に対し,B^o は Y の開集合なので定理 4.26 より $f^{-1}(B^o)$ は X の開集合である.一方 $B^o \subset B$ より $f^{-1}(B^o) \subset f^{-1}(B)$ かつ定理 4.10 より $f^{-1}(B)^o$ は $f^{-1}(B)$ に含まれる最大の開集合なので $f^{-1}(B^o) \subset f^{-1}(B)^o$ となる.

逆に Y の任意の部分集合 B に対し,$f^{-1}(B^o) \subset f^{-1}(B)^o$ と仮定する.Y の任意の開集合 U に対しても $f^{-1}(U^o) \subset f^{-1}(U)^o$ となる.一方 $U = U^o$ かつ $f^{-1}(U)^o \subset f^{-1}(U)$ より $f^{-1}(U)^o = f^{-1}(U)$ となり,定理 4.10 より $f^{-1}(U)$ は X の開集合になるので,定理 4.26 より f は連続写像である.

(2) $f: X \to Y$ は連続写像と仮定する.Y の任意の部分集合 B に対し,$\overline{B}$ は Y の閉集合なので定理 4.26 より $f^{-1}(\overline{B})$ は X の閉集合である.一方 $B \subset \overline{B}$ より $f^{-1}(B) \subset f^{-1}(\overline{B})$ かつ定理 4.18 より $\overline{f^{-1}(B)}$ は $f^{-1}(B)$ を含む最小の閉集合となり $\overline{f^{-1}(B)} \subset f^{-1}(\overline{B})$ となる.

逆に Y の任意の部分集合 B に対し,$\overline{f^{-1}(B)} \subset f^{-1}(\overline{B})$ と仮定する.Y の任意の閉集合 W に対しても $\overline{f^{-1}(W)} \subset f^{-1}(\overline{W})$ となる.一方 $W = \overline{W}$ かつ $f^{-1}(W) \subset \overline{f^{-1}(W)}$ より $f^{-1}(W) = \overline{f^{-1}(W)}$ となり,定理 4.18 より $f^{-1}(W)$ は X の閉集合になるので,定理 4.26 より f は連続写像である.

(3) $f: X \to Y$ は連続写像と仮定する.背理法で示す.つまり $f(\overline{A}) \cap (\overline{f(A)})^c$ の元 q が存在したとする.このとき $\overline{A}$ の元 p が存在して $q = f(p)$ となり,かつ q の開近傍 U が存在して $U \cap f(A) = \emptyset$ となる.仮定から f は連続より,定理 4.26 から $f^{-1}(U)$ は p の開近傍である.一方 $f^{-1}(U) \cap A = \emptyset$ となり,これは $p \in \overline{A}$ に矛盾する.

逆に $\forall A \subset X$ に対し,$f(\overline{A}) \subset \overline{f(A)}$ と仮定する.Y の任意の閉集合 W に対し,$f(\overline{f^{-1}(W)}) \subset \overline{f(f^{-1}(W))} \subset \overline{W} = W$ より $\overline{f^{-1}(W)} \subset f^{-1}(W)$ となる.一方 $f^{-1}(W) \subset \overline{f^{-1}(W)}$ より $\overline{f^{-1}(W)} = f^{-1}(W)$ となるので,定理 4.18 より $f^{-1}(W)$ は X の閉集合である.よって定理 4.26 より f は連続写像になる. ∎

4.2.2 開写像,閉写像,同相写像

定義 4.27(**開写像,閉写像,同相写像**) 2つの位相空間 $(X, \mathscr{O}_X), (Y, \mathscr{O}_Y)$ と,写像 $f: X \to Y$ について,
(1) f が**開写像**であるとは,X の任意の開集合 V の f による像 $f(V)$ が Y の開集合になることである.
(2) f が**閉写像**であるとは,X の任意の閉集合 W の f による像 $f(W)$ が Y の閉集合になることである.
(3) f が**同相写像**であるとは,f は全単射かつ連続で,f の逆写像 f^{-1} も連続になることである.
(4) $(X, \mathscr{O}_X)$ と $(Y, \mathscr{O}_Y)$ が**同相**であるとは,同相写像 $f: X \to Y$ が存在することである.

注意 連続写像による開集合の像は一般に開集合とは限らない.特に連続写像は一般に開写像とは限らない.

例 4.5 命題 4.24 の (2) のように定値写像 $f(x) = b$ は連続だが,$\{b\}$ が開集合でなければ開写像にならない.同様に $\{b\}$ が閉集合でなければ閉写像にならない.

命題 4.28 (1) 位相空間 $(X, \mathscr{O}_X)$ から $(Y, \mathscr{O}_Y)$ への全単射な連続写像 $f: X \to Y$ が同相写像であるための必要十分条件は f が開写像になることである.
(2) 位相空間 $(X, \mathscr{O}_X)$ から $(Y, \mathscr{O}_Y)$ への全単射な連続写像 $f: X \to Y$ が同相写像であるための必要十分条件は f が閉写像になることである.
(3) 位相空間の全体を $\mathscr{T}$ とする.$X, Y \in \mathscr{T}$ に対し,$\mathscr{T}$ の 2 項関係 XRY を X と Y が同相であることとすると,2 項関係 R は同値関係になる.

証明 (1) $f: X \to Y$ が同相写像と仮定する.このとき逆写像 $f^{-1}: Y \to X$ は連続より,定理 4.26 より X の任意の開集合 V に対し $f(V) = (f^{-1})^{-1}(V)$ は Y の開集合になるので,f は開写像である.逆に $f: X \to Y$ が開写像と仮定する.このとき X の任意の開集合 V に対し $(f^{-1})^{-1}(V) = f(V)$ は Y の開集合になるので,定理 4.26 より逆写像 $f^{-1}: Y \to X$ は連続になり,f は同相写像である.

(2) $f:X \to Y$ が同相写像と仮定する．このとき逆写像 $f^{-1}:Y \to X$ は連続より，定理 4.26 より X の任意の閉集合 W に対し $f(W) = (f^{-1})^{-1}(W)$ は Y の閉集合になるので，f は閉写像である．逆に $f:X \to Y$ が閉写像と仮定する．このとき X の任意の閉集合 W に対し $(f^{-1})^{-1}(W) = f(W)$ は Y の閉集合になるので，定理 4.26 より逆写像 $f^{-1}:Y \to X$ は連続になり，f は同相写像である．

(3) 位相空間 X から X 自身への恒等写像は同相写像より反射律を満たす．また位相空間 X から位相空間 Y への同相写像 $f:X \to Y$ が存在すれば，逆写像 $f^{-1}:Y \to X$ も同相写像より対称律を満たす．最後に位相空間 X から位相空間 Y への同相写像 $f:X \to Y$ と位相空間 Y から位相空間 Z への同相写像 $g:Y \to Z$ の合成写像 $g \circ f:X \to Z$ も同相写像より推移律を満たす．■

注意 同相写像で保たれる位相空間の性質を調べるのが位相幾何学（トポロジー）という数学の分野である．

例題 4.15 全単射で連続だが逆写像が連続でない例を挙げよ．

解 2 点以上からなる集合 X に離散位相 $\mathscr{O}_1$ と密着位相 $\mathscr{O}_0$ を考える．このとき $(X, \mathscr{O}_1)$ から $(X, \mathscr{O}_0)$ への恒等写像は全単射で連続だが逆写像が連続ではない．■

例題 4.16 $(X, \mathscr{O}_X)$ から $(Y, \mathscr{O}_Y)$ への写像 $f:X \to Y$ について以下を示せ．
(1) f は開写像 $\iff \forall A \subset X,\ f(A^o) \subset f(A)^o$.
(2) f は閉写像 $\iff \forall A \subset X,\ \overline{f(A)} \subset f(\overline{A})$.

解 (1) f は開写像と仮定する．X の任意の部分集合 A に対し，その内部 A^o は X の開集合より，$f(A^o)$ も Y の開集合である．一方 $A^o \subset A$ より $f(A^o) \subset f(A)$ だが，$f(A)$ の内部 $f(A)^o$ は $f(A)$ に含まれる最大の開集合より $f(A^o) \subset f(A)^o$ となる．

逆に X の任意の部分集合 A に対し，$f(A^o) \subset f(A)^o$ と仮定する．X の任意の開集合 V に対しても $f(V^o) \subset f(V)^o$ が成り立つが，$V = V^o$ かつ $f(V)^o \subset f(V)$ より $f(V)^o = f(V)$ となるので，$f(V)$ は Y の開集合となり，f は開写像である．

(2) f は閉写像と仮定する．X の任意の部分集合 A に対し，その閉包 $\overline{A}$ は X の閉集合より，$f(\overline{A})$ も Y の閉集合である．一方 $A \subset \overline{A}$ より $f(A) \subset f(\overline{A})$ だ

が，$f(A)$ の閉包 $\overline{f(A)}$ は $f(A)$ を含む最小の閉集合より $\overline{f(A)} \subset f(\overline{A})$ となる．

逆に X の任意の部分集合 A に対し，$\overline{f(A)} \subset f(\overline{A})$ と仮定する．X の任意の閉集合 W に対しても $\overline{f(W)} \subset f(\overline{W})$ が成り立つが，$W = \overline{W}$ かつ $f(W) \subset \overline{f(W)}$ より $f(W) = \overline{f(W)}$ となるので，$f(W)$ は Y の閉集合となり，f は閉写像である． ∎

4.2.3 商位相

集合 X に同値関係 $\sim$ が定義されると，商集合 $X/\sim$ と商写像 $\pi: X \to X/\sim$ が自然に定まった（2.2 節）．では X が位相空間のとき，π が連続になるような $X/\sim$ の位相を自然に定義することができるだろうか．

命題 4.29　(1)　位相空間 $(X, \mathscr{O}_X)$ から集合 Y への写像 $f: X \to Y$ に対し，$\mathscr{O}_Y = \{U \subset Y \mid f^{-1}(U) \in \mathscr{O}_X\}$ は Y の位相になる．
(2)　この位相 $\mathscr{O}_Y$ は f を連続にする最も強い Y の位相である．

証明　(1)　$\mathscr{O}_Y$ が Y の位相の公理（定義 4.1）を満たすことを確かめる．
(O1)　$f^{-1}(Y) = X \in \mathscr{O}_X, f^{-1}(\varnothing) = \varnothing \in \mathscr{O}_X$ より $Y, \varnothing \in \mathscr{O}_Y$ となる．
(O2)　$V_k \in \mathscr{O}_Y$ $(k = 1, 2, \cdots, n)$ に対し，$f^{-1}(\bigcap_{k=1}^{n} V_k) = \bigcap_{k=1}^{n} f^{-1}(V_k) \in \mathscr{O}_X$ より $\bigcap_{k=1}^{n} V_k \in \mathscr{O}_Y$ となる．
(O3)　$V_\lambda \in \mathscr{O}_Y$ $(\lambda \in \Lambda)$ に対し，$f^{-1}(\bigcup_{\lambda \in \Lambda} V_\lambda) = \bigcup_{\lambda \in \Lambda} f^{-1}(V_\lambda) \in \mathscr{O}_X$ より $\bigcup_{\lambda \in \Lambda} V_\lambda \in \mathscr{O}_Y$ となる．
(2)　f を連続にする Y の任意の位相を $\mathscr{S}$ とする．$\mathscr{S}$ の任意の元 W に対し，$f^{-1}(W) \in \mathscr{O}_X$ より，$\mathscr{O}_Y$ の定義から $W \in \mathscr{O}_Y$ となり，$\mathscr{O}_Y$ は $\mathscr{S}$ より強い位相である． ∎

このようにして写像 $f: X \to Y$ を用いて X の位相から Y の位相を自然な形で定義することができる．

定義 4.30　（商位相）特に写像 f が全射のとき，この Y の位相 $\mathscr{O}_Y$ を f による**商位相**という．

X の同値関係 $\sim$ による商写像 $\pi: X \to X/\sim$ は全射より，商集合 $X/\sim$ に商位相が定義できる．この位相空間を**商位相空間**という．

例 4.6 閉区間 $[0,1]$ を $\mathbb{R}$ の部分位相空間と思う．$[0,1]$ の同値関係 $x \sim y$ を，$x, y \in \{0,1\}$ ならば $x \sim y$ で，$x, y \notin \{0,1\}$ ならば $x \sim y \Leftrightarrow x = y$ と定義すると，商写像 $\pi: X \to X/\sim$ は閉区間 $[0,1]$ の両端の 0 と 1 を同一視して張り合わせる操作に対応している．このとき商位相空間 $X/\sim$ は円周 $S^1 = \{(x,y) \in \mathbb{R}^2 \mid x^2 + y^2 = 1\}$ と同相になる．

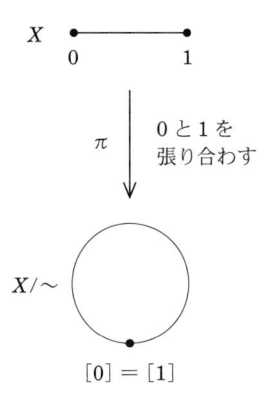

例題 4.17 位相空間 $(X, \mathscr{O}_X)$ の同値関係 $\sim$ による商位相空間 $X/\sim$ から Y への写像 $g: X/\sim \to Y$ が連続であるための必要十分条件は，g と商写像 $\pi: X \to X/\sim$ の合成写像 $g \circ \pi$ が連続になることを示せ．

解 写像 g が連続とする．商位相の定義より商写像 π は連続なので，連続写像の合成写像 $g \circ \pi$ も連続になる．逆に合成写像 $g \circ \pi$ が連続とする．Y の任意の開集合 V に対し，連続写像 $g \circ \pi$ による逆像 $(g \circ \pi)^{-1}(V) = \pi^{-1}(g^{-1}(V))$ は X の開集合になる．よって商位相の定義より $g^{-1}(V)$ は商位相空間 $X/\sim$ の開集合になるので g も連続である．■

4.3 コンパクト

距離空間における点列コンパクト集合の持っている性質を，位相空間に拡張する試みとして，被覆の概念を用いて「有界であること」，「閉じていること」を表現してみよう．

4.3.1 覆うという発想

定義 4.31（被覆，開被覆，部分被覆，有限部分被覆）
(1) 集合 X の部分集合族 $\mathscr{V} = \{V_\lambda \mid \lambda \in \Lambda\}$ が X の部分集合 A の**被覆**であるとは，$\mathscr{V}$ の和集合が A を覆うこと，つまり
$$A \subset \bigcup_{\lambda \in \Lambda} V_\lambda$$
を満たすことである．特に位相空間 $(X, \mathscr{O})$ の開集合族 $\mathscr{V} = \{V_\lambda \mid \lambda \in \Lambda\}$ が A の被覆であるとき $\mathscr{V}$ を A の**開被覆**という． 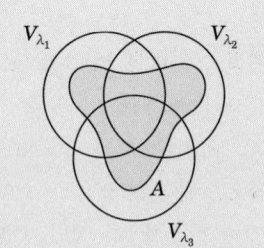
(2) A の被覆 $\mathscr{V} = \{V_\lambda \mid \lambda \in \Lambda\}$ の部分集合 $\mathscr{V}' = \{V_\mu \mid \mu \in M\}$ 自身も A の被覆のとき，$\mathscr{V}'$ を $\mathscr{V}$ の**部分被覆**という．特に $\mathscr{V}'$ の元の個数が有限のとき，$\mathscr{V}'$ を $\mathscr{V}$ の**有限部分被覆**という．

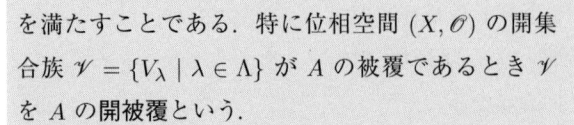

次に定義するコンパクトという考え方は最初はとっつきにくいと思う．

定義 4.32（コンパクト空間，コンパクト集合，相対コンパクト集合）
(1) 位相空間 $(X, \mathscr{O})$ が**コンパクト空間**であるとは，X の任意の開被覆から有限部分被覆が取れることをいう．
(2) 位相空間 $(X, \mathscr{O})$ の部分集合 A が**コンパクト集合**であるとは，A の任意の開被覆から有限部分被覆が取れることをいう．
(3) 位相空間 $(X, \mathscr{O})$ の部分集合 B が**相対コンパクト集合**であるとは，B の閉包 $\overline{B}$ が (2) の意味でコンパクト集合になることをいう．

相対位相の定義より次は明らかであろう．

命題 4.33 位相空間 $(X, \mathscr{O})$ の部分集合 A が定義 4.32 (2) の意味でコンパクト集合であることと，部分位相空間 $(A, \mathscr{O}_A)$ が定義 4.32 (1) の意味でコンパクト空間であることは同値である．

例題 4.18 (1) $\mathbb{R}$ はコンパクト空間ではない．
(2) $\mathbb{R}$ の有界開区間 $(0, 1)$ はコンパクト集合ではない．

(3) 位相空間 $(X, \mathscr{O})$ の位相 $\mathscr{O}$ が有限集合ならば，X はコンパクト空間である．特に X 自身が有限集合ならばコンパクト空間である．

解 (1) $\mathbb{R}$ の開被覆として $\mathscr{V} = \{(n, n+2) \mid n \in \mathbb{Z}\}$ をとると，$\mathscr{V}$ の有限個の元の和集合は有界だが，$\mathbb{R}$ は有界でないので $\mathscr{V}$ から有限部分被覆がとれない．よって $\mathbb{R}$ はコンパクト空間ではない．
(2) $(0, 1)$ の開被覆として $\mathscr{V} = \left\{ \left(\dfrac{1}{n+2}, \dfrac{1}{n} \right) \mid n \in \mathbb{N} \right\}$ をとると，$\mathscr{V}$ の有限個の元の和集合の下限は 0 より真に大きいので $\mathscr{V}$ から有限部分被覆がとれない．よって $(0, 1)$ は $\mathbb{R}$ のコンパクト集合ではない．
(3) コンパクト空間の定義より明らかである．■

自明でないコンパクト集合の例を挙げてみよう．

定理 4.34 （ハイネ–ボレルの定理）$\mathbb{R}$ の有界閉区間 $[a, b]$ はコンパクトである．

証明 背理法で示す．

有界閉区間 $[a, b]$ のある開被覆 $\mathscr{V} = \{V_\lambda \mid \lambda \in \Lambda\}$ が存在して，$\mathscr{V}$ の有限部分被覆が存在しないと仮定する．このとき $\mathscr{V}$ は $[a, b]$ の 2 つの部分区間 $\left[a, \dfrac{a+b}{2} \right]$ と $\left[\dfrac{a+b}{2}, b \right]$ それぞれの開被覆でもあるが，少なくとも一方の有限部分被覆が存在しない．そのような部分区間の方を $[a_1, b_1]$ とする．このとき $\mathscr{V}$ は $[a_1, b_1]$ の 2 つの部分区間 $\left[a_1, \dfrac{a_1+b_1}{2} \right]$ と $\left[\dfrac{a_1+b_1}{2}, b_1 \right]$ それぞれの開被覆でもあるが，少なくとも一方の有限部分被覆が存在しない．そのような部分区間の方を $[a_2, b_2]$ とする．

この操作を帰納的に繰り返してゆくと，有限閉区間 $I_n = [a_n, b_n]$ の列 $\{I_n\}$ で任意の自然数 n に対し $I_{n+1} \subset I_n$ となり，$\displaystyle \lim_{n \to \infty} |a_n - b_n| = 0$ を満たすものが構成できる．このとき定理 2.19（カントールの区間縮小定理）より $\{a_n\}$ と $\{b_n\}$ は区間 $[a, b]$ 内の同じ点 c に収束する．この c を含む $\mathscr{V}$ の元を V_{λ_0} とすると，十分大きい自然数 n に対し $I_n \subset V_{\lambda_0}$ となり，I_n の選び方に矛盾する．

よって $[a, b]$ の任意の開被覆から有限部分被覆が取れるので，$[a, b]$ は $\mathbb{R}$ のコンパクト集合である．■

コンパクト性は部分集合に遺伝するだろうか．

命題 4.35 コンパクト空間 $(X, \mathscr{O})$ の部分集合 A について
(1) 一般に A はコンパクト集合とは限らない．
(2) A が閉集合ならば，A はコンパクト集合である．
(3) 一般に A がコンパクト集合であっても閉集合とは限らない．

証明 (1) 例題 4.18 の (2) と定理 4.34（ハイネ–ボレルの定理）より，有界閉区間 $[0,1]$ はコンパクト空間だが，その開部分区間 $(0,1)$ はコンパクト集合ではない．

(2) A の任意の開被覆 $\{V_\lambda \mid \lambda \in \Lambda\}$ に対し，A は閉集合なので $\{V_\lambda \mid \lambda \in \Lambda\} \cup \{A^c\}$ は X の開被覆になる．ここで X はコンパクト空間より Λ の有限個の元 $\lambda_1, \lambda_2, \cdots, \lambda_n$ が存在して $\{V_{\lambda_i} \mid i = 1, 2, \cdots, n\} \cup \{A^c\}$ は X の開被覆になる．よって $\{V_{\lambda_i} \mid i = 1, 2, \cdots, n\}$ は A の開被覆になるので A はコンパクト集合である．

(3) 2 点集合 $X = \{p, q\}$ に位相 $\mathscr{O} = \{X, \varnothing, \{p\}\}$ を考えると，例題 4.18 の (3) より $(X, \mathscr{O})$ はコンパクト空間かつ 1 点集合 $\{p\}$ もコンパクト集合だが閉集合ではない．■

一方コンパクト性は連続写像の像に遺伝する．

命題 4.36 $(X, \mathscr{O}_X)$ から $(Y, \mathscr{O}_Y)$ への連続写像 $f : X \to Y$ に対し
(1) A が X のコンパクト部分集合ならば $f(A)$ は Y のコンパクト集合である．
(2) B が Y のコンパクト部分集合でも $f^{-1}(B)$ は X のコンパクト集合とは限らない．

証明 (1) $\{V_\lambda \mid \lambda \in \Lambda\}$ を $f(A)$ の任意の開被覆とすると，$\{f^{-1}(V_\lambda) \mid \lambda \in \Lambda\}$ はコンパクト集合 A の開被覆となり，Λ の有限個の元 $\lambda_1, \lambda_2, \cdots, \lambda_n$ が存在して $\{f^{-1}(V_{\lambda_i}) \mid i = 1, 2, \cdots, n\}$ は A の開被覆になる．よって $\{V_{\lambda_i} \mid i = 1, 2, \cdots, n\}$ は $f(A)$ の有限開被覆になるので $f(A)$ もコンパクト集合である．

(2) たとえば $f : \mathbb{R} \to \mathbb{R}$ を定数関数 $f(x) = 0$ として $B = \{0\}$ とすれば，B はコンパクト集合だが $f^{-1}(B) = \mathbb{R}$ は例 4.18 の (1) よりコンパクト集合ではない．■

特にコンパクト性は位相不変な性質である.

系 4.37 コンパクト空間と同相な位相空間もコンパクトである.

さらにコンパクト性は直積空間にも遺伝する.

命題 4.38 コンパクト空間 $(X, \mathscr{O}_X)$ とコンパクト空間 $(Y, \mathscr{O}_Y)$ の直積空間 $(X \times Y, \mathscr{O})$ もコンパクト空間である.

証明 $X \times Y$ の任意の開被覆を $\mathscr{U} = \{U_\lambda \mid \lambda \in \Lambda\}$ とする. X の 1 点 a を固定すると, $\{a\} \times Y$ はコンパクト空間 Y と同相なので, $X \times Y$ のコンパクト集合である. よって $\mathscr{U}$ の有限個の元 $U_1, U_2, \cdots, U_n$ で $\{a\} \times Y$ を覆うことができる[1].
また直積位相の定義より, 任意の $b \in Y$ に対し, a, b それぞれの X, Y における開近傍 V, W が存在して, $(a, b) \in V \times W \subset U_1 \cup \cdots \cup U_n$ を満たす. こ
こで $\{a\} \times Y$ はコンパクト集合より, 有限個の $V_1 \times W_1, \cdots, V_m \times W_m$ の和集合で $\{a\} \times Y$ は覆われる. そこで $V_a = V_1 \cap \cdots V_m$ とすれば, $V_a \times Y$ は $U_1 \cup \cdots \cup U_n$ に含まれる. ここで $\{V_a \mid a \in X\}$ はコンパクト空間 X の開被覆より, 有限部分被覆 $\{V_{a_1}, \cdots, V_{a_k}\}$ が存在する. 以上から $X \times Y$ の k 個の開集合 $V_{a_1} \times Y, \cdots, V_{a_k} \times Y$ は $X \times Y$ を覆い, 各 $V_{a_i} \times Y$ は $\mathscr{U}$ の有限個の元で覆われるので, $X \times Y$ はコンパクト空間である.

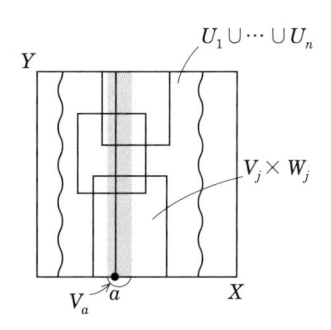

例題 4.19 $(X, \mathscr{O})$ のコンパクト集合 A, B について以下を示せ.
(1) 和集合 $A \cup B$ もコンパクト集合になる.
(2) 共通部分 $A \cap B$ はコンパクト集合とは限らない.

解 (1) $A \cup B$ の任意の開被覆 $\mathscr{V} = \{V_\lambda \mid \lambda \in \Lambda\}$ に対し, $\mathscr{V}$ をコンパクト集合 A の開被覆と思えば有限個で A を覆える. 同様に $\mathscr{V}$ をコンパクト集合 B の開被覆と思えば有限個で B を覆える. 両方合わせた有限個の $\mathscr{V}$ の元で

1] ここで n は $a \in X$ に依存することに注意.

$A \cup B$ を覆えるので $A \cup B$ もコンパクトである.

(2) $\mathbb{R}$ の部分集合 $S = [1, 3]$ と $T = [-3, -1]$ は定理 4.34（ハイネ–ボレルの定理）よりコンパクト集合である. また (1) より $S \cup T$ もコンパクト集合である. ここで $S \cup T$ の同値関係を $x \neq \pm 2$ に対し, $x \sim -x$ として, 商写像 $\pi: S \cup T \to S \cup T/\sim$ を考える. $S \cup T/\sim$ に商位相を入れると, $X = S \cup T/\sim$ は命題 4.36 よりコンパクト空間になる. また $A = \pi(S)$ と $B = \pi(T)$ はそれぞれ S と T に同相なのでコンパクトだが, $A \cap B$ は $S - \{2\}$ と同相なのでコンパクトではない. ∎

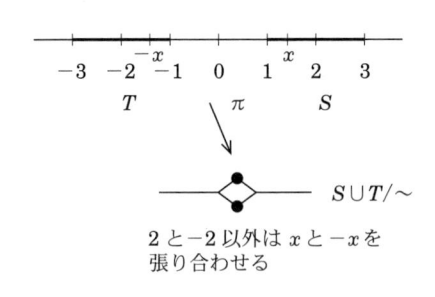

2 と −2 以外は x と $-x$ を張り合わせる

例題 4.20 位相空間 $(X, \mathscr{O})$ の部分集合族 $\mathscr{W}$ が**有限交叉性**を持つとは, $\mathscr{W}$ の任意の有限個の元の共通部分は空集合にならないこととする. 位相空間 $(X, \mathscr{O})$ がコンパクト空間であるための必要十分条件は, X の有限交叉性を持つ任意の閉集合族 $\mathscr{F} = \{F_\lambda \mid \lambda \in \Lambda\}$ に対し, その共通部分が空集合にならないことを示せ.

解 X がコンパクト空間と仮定する. 背理法で示す. もし $\bigcap_{\lambda \in \Lambda} F_\lambda = \varnothing$ ならば, $\mathscr{U} = \{F_\lambda^c \mid \lambda \in \Lambda\}$ は X の開被覆より有限部分被覆 $X = F_{\lambda_1}^c \cup F_{\lambda_2}^c \cup \cdots \cup F_{\lambda_n}^c$ を持つ. このとき $F_{\lambda_1} \cap F_{\lambda_2} \cap \cdots \cap F_{\lambda_n} = \varnothing$ となり, $\mathscr{F}$ が有限交叉性を持つことに矛盾する.

逆に有限交叉性を持つ任意の閉集合族に対し, その共通部分が空集合でないと仮定する. 背理法で示す. もし X がコンパクト空間でないならば, X のある開被覆 $\mathscr{U} = \{U_\lambda \mid \lambda \in \Lambda\}$ に対し, $\mathscr{U}$ の任意の有限個の元の和集合は X の真部分集合である. よって $\mathscr{F} = \{U_\lambda^c \mid \lambda \in \Lambda\}$ とすると, $\mathscr{F}$ の任意の有限個の元の共通部分は空集合にならないので $\mathscr{F}$ は有限交叉性を持つ. 一方 $\mathscr{U}$ は X の開被覆より $\bigcap_{\lambda \in \Lambda} U_\lambda^c = \varnothing$ となり仮定に矛盾する. ∎

4.3.2 点列コンパクト性とコンパクト性

距離空間では完備かつ全有界であることと点列コンパクト空間であることとは同値であった（定理 3.73）. 以下では距離空間における点列コンパクト性と距離

位相空間におけるコンパクト性の同値性をみてゆこう．
まずコンパクト空間の次の性質に着目する．

命題 4.39 コンパクト空間 $(X, \mathscr{O})$ の無限部分集合は集積点を持つ．

証明 対偶命題「コンパクト空間 X の部分集合 A が集積点を持たないならば，A は有限集合である」ことを示す．X の任意の点 p は A の集積点ではないので，$(V_p - \{p\}) \cap A = \emptyset$ を満たす p の開近傍 V_p が存在する．このとき $\{V_p \mid p \in X\}$ はコンパクト空間 X の開被覆より有限個の点 $p_1, p_2, \cdots, p_n \in X$ が存在して $X = V_{p_1} \cup V_{p_2} \cup \cdots \cup V_{p_n}$ を満たす．このとき $A \subset \{p_1, p_2, \cdots, p_n\}$ となるので A は有限集合である． ■

距離空間の部分集合の「大きさ」を次のように定義しよう．

定義 4.40 （集合の直径）距離空間 (X, d) の有界集合 A の**直径**を

$$d(A) = \sup\{d(a, b) \mid a, b \in A\}$$

と定義する．

次の結果は点列コンパクト性から定まる開被覆の性質である．

命題 4.41 距離空間 (X, d) が点列コンパクト空間ならば，任意の開被覆 $\mathscr{U}$ に対し，ある $\varepsilon > 0$ が存在して，$d(A) < \varepsilon$ を満たす任意の部分集合 A に対し，ある $V \in \mathscr{U}$ が存在して $A \subset V$ を満たす[2]．

証明 背理法で示す．
つまりある開被覆 $\mathscr{U}$ が存在して任意の $\varepsilon > 0$ に対し，$d(A) < \varepsilon$ を満たすある部分集合 A が存在して，$A \subset V$ を満たす $V \in \mathscr{U}$ が存在しないと仮定する．特に任意の自然数 n に対し $d(A_n) < \dfrac{1}{n}$ を満たすある部分集合 A_n が存在して $A_n \subset V$ を満たす $V \in \mathscr{U}$ は存在しない．そこで A_n から 1 点 a_n を選び点列 $\{a_n\}$ を作ると，(X, d) は点列コンパクト空間より部分列 $\{a_{i_k}\}$ が存在してある点 p に収束する．ここで $p \in U_\lambda$ を満たす $\mathscr{U}$ の元 U_λ を選ぶと，十分大きな n に対して $A_n \subset U_\lambda$ となり仮定に矛盾する． ■

2] この ε を開被覆 $\mathscr{U}$ の**ルベーグ数**という．

以上の準備の下で，点列コンパクト性とコンパクト性が同値であることを確かめよう．

定理 4.42 距離空間 (X,d) ではコンパクト性と点列コンパクト性は同値．

証明 (X,d) がコンパクト空間と仮定する．X の点列 $\{a_n\}$ に対し X の部分集合 $\{a_n \mid n \in \mathbb{N}\}$ が有限集合ならば，ある $n_0 \in \mathbb{N}$ が存在して $a_n = a_{n_0}$ を満たす n が無限個あるので，$\{a_n\}$ から収束部分列がとれる．一方 $\{a_n \mid n \in \mathbb{N}\}$ が無限集合ならば，命題 4.39 より集積点 p を持つので，p に収束する部分列がとれる．以上より X は点列コンパクト空間になる．

逆に (X,d) が点列コンパクト空間と仮定する．X の任意の開被覆 $\mathscr{U}$ に対し，命題 4.41 のルベーグ数 $3\varepsilon > 0$ が存在する．また定理 3.73 より X は全有界になるので，X の有限個の元 $x_1, x_2, \cdots, x_n$ が存在して $X = U(x_1, \varepsilon) \cup U(x_2, \varepsilon) \cup \cdots \cup U(x_n, \varepsilon)$ とできる．一方命題 4.41 より任意の $k = 1, 2, \cdots, n$ に対し $\mathscr{U}$ の元 U_{λ_k} が存在して $U(x_k, \varepsilon) \subset U_{\lambda_k}$ を満たすので，$\{U_{\lambda_k} \mid k = 1, 2, \cdots, n\}$ は $\mathscr{U}$ の有限部分被覆になる．以上より X はコンパクト空間になる．∎

次の結果は例題 2.13 および定理 3.71 の位相空間への一般化であり，コンパクト位相空間の最も重要な性質の 1 つである．

系 4.43 コンパクト空間 $(X, \mathscr{O})$ 上の連続関数 $f : X \to \mathbb{R}$ は最大値と最小値を取る．

証明 命題 4.36 より $f(X)$ は $\mathbb{R}$ のコンパクト集合である．よって定理 3.69 と定理 4.42 より $f(X)$ は $\mathbb{R}$ の有界閉集合なので最大値と最小値が存在する．∎

4.4 ハウスドルフ空間

4.4.1 ハウスドルフ性

これまで登場してきた位相空間には，密着位相空間のような，距離位相空間とは全く異なる性質を持つ位相空間もある．この節では距離空間に似た性質として，ハウスドルフ性に注目してみよう．

定義 4.44（ハウスドルフ空間）位相空間 $(X, \mathscr{O})$ がハウスドルフ空間であるとは，X の任意の相異なる 2 点 p, q に対し，それぞれの開近傍 $V, W \in \mathscr{O}$ が存在して $V \cap W = \varnothing$ を満たすこととする．

定義よりハウスドルフ性は位相不変な性質である．

命題 4.45 ハウスドルフ空間と同相な位相空間はハウスドルフ空間である．

距離空間はハウスドルフ空間の典型的な例である．

命題 4.46 距離空間は距離位相に関してハウスドルフ空間である．

証明 距離空間 (X, d) の相異なる 2 点 p, q に対し $d(p, q) > 0$ となる．$\delta = \dfrac{d(p, q)}{3} > 0$ とすると，$U(p; \delta)$ と $U(q; \delta)$ はそれぞれ p と q の開近傍である．また $U(p; \delta)$ の任意の元 a と $U(q; \delta)$ の任意の元 b に対し，三角不等式を 2 回使うと $d(p, q) \leqq d(p, a) + d(a, b) + d(b, q)$ が成り立ち $d(a, b) \geqq d(p, q) - d(p, a) - d(b, q) > 3\delta - \delta - \delta = \delta > 0$ となる．
よって $U(p; \delta) \cap U(q; \delta) = \varnothing$ より (X, d) はハウスドルフ空間である．■

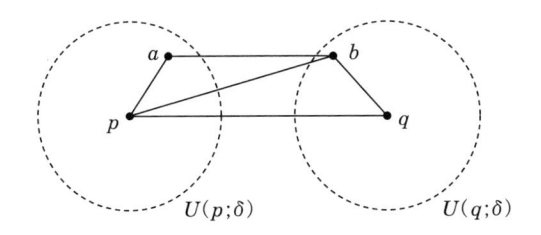

ハウスドルフ空間は距離空間と似た性質を持つ．1 つ例を挙げてみよう．

命題 4.47 $(X, \mathscr{O})$ がハウスドルフ空間ならば，1 点は閉集合になる．

証明 X の任意の点 p に対し，その補集合 $\{p\}^c$ が開集合であることを示す．$\{p\}^c$ の任意の点 q に対し，X はハウスドルフより p, q それぞれの開近傍 $V, W \in \mathscr{O}$ が存在して $V \cap W = \varnothing$ を満たす．よって $W \subset \{p\}^c$ となるので q は $\{p\}^c$ の内点となり $\{p\}^c$ は開集合である．■

次にハウスドルフ性が部分空間や直積空間に遺伝することを確認しておこう．

命題 4.48 位相空間 $(X, \mathscr{O})$ がハウスドルフ空間ならば，$(X, \mathscr{O})$ の部分位相空間 $(A, \mathscr{O}_A)$ もハウスドルフ空間になる．

証明 A の任意の相異なる 2 点 p, q をとる．$(X, \mathscr{O})$ はハウスドルフ空間より，p, q それぞれの X における開近傍 $V, W \in \mathscr{O}$ が存在して $V \cap W = \emptyset$ を満たす．一方 $V \cap A, W \cap A$ は p, q それぞれの A における開近傍になり，$(V \cap A) \cap (W \cap A) = (V \cap W) \cap A = \emptyset$ を満たす．よって $(A, \mathscr{O}_A)$ もハウスドルフ空間になる． ∎

命題 4.49 2 つの位相空間 $(X, \mathscr{O}_X)$ と $(Y, \mathscr{O}_Y)$ がハウスドルフ空間ならば，直積空間 $(X \times Y, \mathscr{O})$ もハウスドルフ空間になる．

証明 図のように直積空間 $(X \times Y, \mathscr{O})$ の相異なる 2 点を $(p_1, p_2), (q_1, q_2)$ とすると，$p_1 \neq q_1$ または $p_2 \neq q_2$ となる．$p_1 \neq q_1$ の場合，X がハウスドルフ空間より p_1, q_1 それぞれの X における開近傍 $V, W \in \mathscr{O}_X$ が存在して $V \cap W = \emptyset$ を満たす．このとき $V \times Y, W \times Y$ はそれぞれ $(p_1, p_2), (q_1, q_2)$ の直積空間 $X \times Y$ における開近傍で，$(V \times Y) \cap (W \times Y) = (V \cap W) \times Y = \emptyset$ より直積空間 $X \times Y$ もハウスドルフ空間になる．$p_2 \neq q_2$ の場合も同様である． ∎

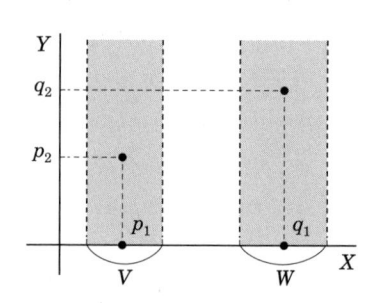

次の結果はハウスドルフ性の判定条件となる．

命題 4.50 位相空間 $(X, \mathscr{O})$ がハウスドルフ空間であるための必要十分条件は，直積空間 $X \times X$ の対角線集合 $\Delta(X) = \{(x, x) \in X \times X \mid x \in X\}$ が $X \times X$ の閉集合になることである．

証明 まず X がハウスドルフ空間であると仮定する．$\Delta(X)$ の補集合 $\Delta(X)^c$ の任意の元 (p, q) をとると $p \neq q$ である．よって p, q それぞれの開近傍 $V, W \in \mathscr{O}$ が存在して $V \cap W = \emptyset$ を満たす．このとき $V \times W$ は直積空間 $X \times X$ における (p, q) の開近傍で $V \times W \subset \Delta(X)^c$ となる．よって (p, q) は $\Delta(X)^c$ の内点となり

$\Delta(X)^c$ は直積空間 $X \times X$ の開集合になることから,$\Delta(X)$ は閉集合である.

逆に $\Delta(X)$ が直積空間 $X \times X$ の閉集合と仮定する.X の相異なる 2 点 p, q に対し,$(p, q) \in \Delta(X)^c$ となる.仮定より $\Delta(X)^c$ は開集合なので,(p, q) のある開近傍が存在して $\Delta(X)^c$ に含まれる.直積位相の定義より,特にそのような開近傍として p, q それぞれの X における開近傍 $V, W \in \mathscr{O}$ の直積 $V \times W$ がとれる.よって $V \times W \subset \Delta(X)^c$ より $V \cap W = \emptyset$ となり,X はハウスドルフ空間である.∎

例題 4.21 ハウスドルフ空間 X の収束列の極限は 1 点のみであることを示せ.

解 X の相異なる 2 点 p, q がともに X の収束列 $\{a_n\}$ の極限とする.X はハウスドルフ空間より,p, q それぞれの開近傍 V_p, V_q が存在して $V_p \cap V_q = \emptyset$ を満たす.一方 p, q はともに $\{a_n\}$ の極限より,ある自然数 n_0 が存在して,任意の自然数 $n > n_0$ に対し,$a_n \in V_p$ かつ $a_n \in V_q$ となり,$V_p \cap V_q = \emptyset$ に矛盾する.よって収束列 $\{a_n\}$ の極限はただ 1 点である.∎

例題 4.22 位相空間 $(X, \mathscr{O})$ が**正規空間**であるとは,X の $F_1 \cap F_2 = \emptyset$ を満たす任意の 2 つの閉集合 F_1, F_2 に対し,$O_1, O_2 \in \mathscr{O}$ が存在して,$F_1 \subset O_1, F_2 \subset O_2, O_1 \cap O_2 = \emptyset$ を満たすこととする[3].

(1) 距離空間は正規空間である.
(2) ハウスドルフ空間ではあるが正規空間ではない位相空間の例を挙げよ.

解 (1) 距離空間 (X, d) の点 x と部分集合 A の距離を

$$d(x, A) = \inf\{d(x, a) \mid a \in A\}$$

と定義する.このとき $x_1, x_2 \in X$ に対し

$$|d(x_1, A) - d(x_2, A)| \leqq d(x_1, x_2)$$

より,$d(x, A)$ は X の連続関数である.$F_1 \cap F_2 = \emptyset$ を満たす (X, d) の任意の 2 つの閉集合 F_1, F_2 に対し,X 上の関数 g を

$$g(x) = \frac{d(x, F_1)}{d(x, F_1) + d(x, F_2)}$$

3] 正規ハウスドルフ空間が第 2 可算公理を満たす(定義 4.74 参照)ならば,距離空間と位相同型になることが知られている(ウリゾーンの距離化可能定理).

と定義すると, F_1 では恒等的に 0, F_2 では恒等的に 1 となる X 上の連続関数になる. ここで F_1 と F_2 は $F_1 \cap F_2 = \emptyset$ を満たす閉集合より $g(x)$ の分母は 0 にならないことに注意する. よって $O_1 = g^{-1}\left(\left\{r \in \mathbb{R} \mid r < \frac{1}{2}\right\}\right)$ と $O_2 = g^{-1}\left(\left\{r \in \mathbb{R} \mid r > \frac{1}{2}\right\}\right)$ は $F_1 \subset O_1, F_2 \subset O_2, O_1 \cap O_2 = \emptyset$ を満たす X の開集合なので, 距離空間 (X, d) は正規空間である.

(2) $\mathbb{R}$ のユークリッド距離位相 $\mathscr{O}$ と部分集合 $A = \left\{\frac{1}{n} \mid n \in \mathbb{N}\right\}$ に対し, $\mathscr{O}_1 = \{V - A \mid V \in \mathscr{O}\}$ とする. このとき $\mathscr{U} = \{V \cup W \mid V \in \mathscr{O}, W \in \mathscr{O}_1\}$ は $\mathbb{R}$ の位相になり, ユークリッド距離位相より強い位相なので $(\mathbb{R}, \mathscr{U})$ はハウスドルフ空間である. また $\{0\}$ と A はこの位相に関して閉集合であるが, 0 の任意の開近傍と A を含む任意の開集合は共通部分を持つので正規空間ではない. ■

例題 4.23 位相空間 $(X, \mathscr{O}_X)$ からハウスドルフ空間 $(Y, \mathscr{O}_Y)$ への連続写像 $f: X \to Y$ のグラフ $\Gamma(f) = \{(x, f(x)) \in X \times Y \mid x \in X\}$ は, 直積空間 $X \times Y$ の閉集合になることを示せ.

解 $\Gamma(f)$ の直積空間 $X \times Y$ での補集合 $\Gamma(f)^c$ から任意の元 (p, q) をとると, $f(p) \neq q$ を満たす. 仮定より Y はハウスドルフ空間なので, $f(p), q$ それぞれの Y における開近傍 $V, W \in \mathscr{O}_Y$ が存在して $V \cap W = \emptyset$ を満たす. f は連続より $f^{-1}(V) \in \mathscr{O}_X$ かつ $f(f^{-1}(V)) \cap W \subset V \cap W = \emptyset$ より, $f^{-1}(V) \times W$ は直積空間 $X \times Y$ における (p, q) の開近傍で $f^{-1}(V) \times W \subset \Gamma(f)^c$ となる. よって (p, q) は $\Gamma(f)^c$ の内点になるので $\Gamma(f)^c$ は $X \times Y$ の開集合になる.

以上から $\Gamma(f)$ は直積空間 $X \times Y$ の閉集合になる. ■

4.4.2 ハウスドルフ性とコンパクト性

ハウスドルフ空間では, コンパクト集合どうしを分離することができる.

命題 4.51 (1) ハウスドルフ空間 X の 1 点 p とコンパクト集合 K が $p \notin K$ ならば, $p \in V, K \subset W, V \cap W = \emptyset$ となる開集合 V, W が存在する.
(2) ハウスドルフ空間 X におけるコンパクト集合 K_1 と K_2 が $K_1 \cap K_2 = \emptyset$ ならば, $K_1 \subset U_1, K_2 \subset U_2, U_1 \cap U_2 = \emptyset$ となる開集合 U_1, U_2 が存在する.

証明 (1) K の任意の元 q をとる．$p \notin K$ より $p \neq q$ なので，$(X, \mathscr{O})$ はハウスドルフ空間より p, q それぞれの開近傍 $V_q, W_q \in \mathscr{O}$ が存在して $V_q \cap W_q = \varnothing$ を満たす（右図参照）．このとき $K \subset \bigcup_{q \in K} W_q$ となる．仮定より K はコンパクト集合なので，有限個の $q_1, q_2, \cdots, q_n \in K$ が存在して $K \subset \bigcup_{i=1}^{n} W_{q_i}$ となる．一方 $\bigcap_{i=1}^{n} V_{q_i}$ は p を含む開集合で

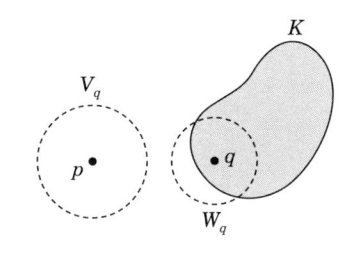

$$(\bigcap_{i=1}^{n} V_{q_i}) \cap (\bigcup_{i=1}^{n} W_{q_i}) \subset \bigcup_{i=1}^{n} (V_{q_i} \cap W_{q_i}) = \varnothing$$

より $V = \bigcap_{i=1}^{n} V_{q_i}$, $W = \bigcup_{i=1}^{n} W_{q_i}$ とすれば条件を満たす．

(2) K_1 の任意の元 p をとる．$K_1 \cap K_2 = \varnothing$ より $p \notin K_2$ となる．よって (1) より $p \in V_p$, $K_2 \subset W_p, V_p \cap W_p = \varnothing$ となる開集合 V_p, W_p が存在する（右図参照）．このとき $K_1 \subset \bigcup_{p \in K_1} V_p$ となる．仮定より K_1 はコンパクトなので，有限個の $p_1, p_2, \cdots, p_m \in K_1$ が存在して $K_1 \subset \bigcup_{j=1}^{m} V_{p_j}$ となる．一方 $\bigcap_{j=1}^{m} W_{p_j}$ は K_2 を含む開集合で

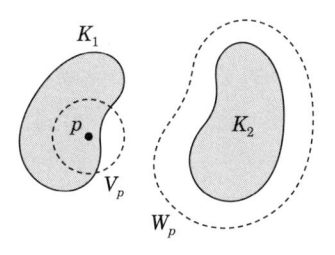

$$(\bigcup_{j=1}^{m} V_{p_j}) \cap (\bigcap_{j=1}^{m} W_{p_j}) \subset \bigcup_{j=1}^{m} (V_{p_j} \cap W_{p_j}) = \varnothing$$

より $V = \bigcup_{j=1}^{m} V_{p_j}$, $W = \bigcap_{j=1}^{m} W_{p_j}$ とすれば条件を満たす．■

ここでハウスドルフ空間で成立するコンパクト性に関する結果をまとめておく（命題 4.35 (3)，例題 4.19 (2)，例題 4.15 を参照）．

命題 4.52　位相空間 X,Y について
(1) X がハウスドルフ空間で X の部分集合 A がコンパクト集合ならば，A は閉集合である．
(2) X がハウスドルフ空間で X の 2 つの部分集合 A,B がともにコンパクト集合ならば，$A \cap B$ もコンパクトである．
(3) X はコンパクト空間で Y はハウスドルフ空間ならば，全単射連続写像 $f : X \to Y$ は同相写像になる．

証明　(1)　A の補集合 A^c の任意の点 p をとる．命題 4.51 の (1) より，$p \in V$, $A \subset W$, $V \cap W = \varnothing$ となる開集合 V, W が存在する．特に $V \subset A^c$ より p は A^c の内点となるので A^c は X の開集合，つまりコンパクト集合 A は閉集合になる．

(2)　(1) より B は X の閉集合なので，$A \cap B$ は部分位相空間 A の閉集合になる．ここで命題 4.35 の (2) より $A \cap B$ は A のコンパクト集合になる．よって $A \cap B$ は X のコンパクト集合になる．

(3)　命題 4.28 の (2) より f が閉写像をいえばよい．A を X の任意の閉集合とする．X はコンパクト空間より，命題 4.35 の (2) から A はコンパクト集合である．f は連続なので命題 4.36 の (1) より $f(A)$ は Y のコンパクト集合になり，(1) より $f(A)$ は Y の閉集合になる．∎

4.5　連結性

4.5.1　連結性

「連結である」という言葉には「繋がっている」というイメージがある．さて次の定義はそのイメージに合うだろうか．

定義 4.53（連結）　(1)　位相空間 $(X, \mathscr{O}_X)$ が連結であるとは，X の開集合かつ閉集合が空集合か X 自身のみであることとする．
(2)　X の部分集合 A が連結であるとは，部分位相空間 $(A, \mathscr{O}_A)$ が (1) の意味で連結であることとする．

「連結でない」という言葉には右図のように「離れ小島の集まり」といったイメージがある．実際つぎが成り立つ．

命題 4.54 位相空間 $(X, \mathscr{O}_X)$ が連結でないための必要十分条件は，X の空集合でない 2 つの開集合 V と W が存在して，$V \cap W = \varnothing$ かつ $V \cup W = X$ を満たすことである．

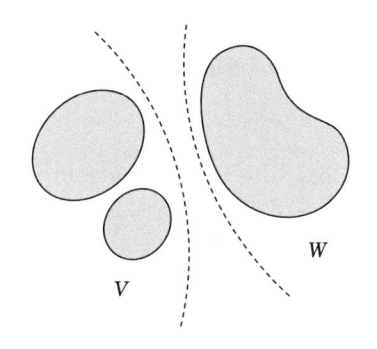

証明 ●（必要条件）$(X, \mathscr{O}_X)$ が連結でないならば，開集合かつ閉集合である X の真部分集合 A が存在する．一方開集合と閉集合は互いに補集合の関係にあるので，A^c も開集合かつ閉集合である X の真部分集合になる．よって $V = A, W = A^c$ とすればよい．

●（十分条件）仮定より V は X の真部分集合で $W = V^c$ である．ここで W は開集合より $V = W^c$ は閉集合にもなる．つまり V は X の真部分集合で開集合かつ閉集合となるので $(X, \mathscr{O}_X)$ は連結ではない．∎

例 4.7 (1) 位相空間の 1 点からなる部分集合は定義より連結である．

(2) $\mathbb{R}$ の部分集合 $A = (0,1] \cup [3,5]$ は連結ではない．実際 $V = \{x \in \mathbb{R} \mid x < 2\}, W = \{x \in \mathbb{R} \mid x > 2\}$ とすると，$A \cap V \neq \varnothing, A \cap W \neq \varnothing, (A \cap V) \cap (A \cap W) = \varnothing, (A \cap V) \cup (A \cap W) = A$ となり，命題 4.54 より A は連結ではない．

(3) $\mathbb{R}$ の部分集合 $A = \mathbb{Q}$ は連結ではない．実際 $V = \{x \in \mathbb{R} \mid x < \sqrt{2}\}, W = \{x \in \mathbb{R} \mid x > \sqrt{2}\}$ とすると，$\sqrt{2} \notin \mathbb{Q}$ より $A \cap V \neq \varnothing, A \cap W \neq \varnothing, (A \cap V) \cap (A \cap W) = \varnothing, (A \cap V) \cup (A \cap W) = A$ となり，命題 4.54 より A は連結ではない．

次の結果はみかけほど当たり前ではない．

命題 4.55 $\mathbb{R}$ は連結である．

証明 背理法で示す．つまり $\mathbb{R}$ に開集合かつ閉集合である真部分集合 A が存在すると仮定して矛盾を導く．A は空集合でないので，A の元 a を1つ選び固定する．A の補集合 A^c も空集合でないので，A^c を次のような2つの部分集合に分割する．

$$R_a = \{x \in A^c \mid x > a\}, \quad L_a = \{x \in A^c \mid x < a\}.$$

ここで R_a が空集合でないと仮定すると，a は R_a の下界より R_a は下に有界なので，定理 2.17 より下限が存在する．それを $r = \inf R_a$ とすると，$[a, r) \subset A$ となる．ここで A は閉集合なので $r \in A$ となる．また A は開集合でもあるのである $\varepsilon > 0$ が存在して $[a, r + \varepsilon) \subset A$ となり，$r = \inf R_a$ に矛盾する．よって R_a は空集合である．同様に L_a も空集合になり，$A^c = L_a \cup R_a = \varnothing$ となって矛盾する．

以上のことから $\mathbb{R}$ は連結である．■

連結性は連続写像の像に遺伝する．

命題 4.56 連続写像 $f: X \to Y$ による X の連結集合 A の像 $f(A)$ は，Y の連結部分集合になる．

証明 対偶命題「$f(A)$ が Y で連結でないならば，A は X で連結ではない」ことを示す．仮定より Y の開集合 V, W が存在して，$f(A) \cap V \neq \varnothing$, $f(A) \cap W \neq \varnothing$, $(f(A) \cap V) \cap (f(A) \cap W) = \varnothing$, $(f(A) \cap V) \cup (f(A) \cap W) = f(A)$ を満たす．このとき V, W の f の逆像 $f^{-1}(V), f^{-1}(W)$ は X の開集合で，$A \cap f^{-1}(V) \neq \varnothing$, $A \cap f^{-1}(W) \neq \varnothing$, $(A \cap f^{-1}(V)) \cap (A \cap f^{-1}(W)) = \varnothing$, $(A \cap f^{-1}(V)) \cup (A \cap f^{-1}(W)) = A$ を満たすので，A は X で連結ではない．■

よって特に連結性は位相不変な性質である．

系 4.57 連結位相空間と同相な位相空間も連結である．

例 4.8 写像 $f(x) = \dfrac{b-a}{2}\left(\dfrac{x}{1+|x|}\right) + \dfrac{a+b}{2}$ により，$\mathbb{R}$ と開区間 (a, b) は同相なので，命題 4.55 と命題 4.56 より (a, b) も連結になる．

次に連結性が閉包に遺伝することをみておこう．

命題 4.58 位相空間 $(X, \mathscr{O}_X)$ の部分集合 A が連結とするとき，$A \subset B \subset \overline{A}$ を満たす任意の部分集合 B も連結になる．特に連結集合 A の閉包 $\overline{A}$ も連結である．

証明 背理法で示す．B が連結でないと仮定すると，X の開集合 V, W が存在して，$B \cap V \neq \varnothing, B \cap W \neq \varnothing, (B \cap V) \cap (B \cap W) = \varnothing, (B \cap V) \cup (B \cap W) = B$ を満たす．

一方，A は B の部分集合より $(A \cap V) \cap (A \cap W) = \varnothing, (A \cap V) \cup (A \cap W) = A$ だが，A は連結より，$A \cap V = \varnothing$ または $A \cap W = \varnothing$ となる．ここで $A \cap V = \varnothing$ ならば，$A \subset V^c$ かつ V^c は閉集合より $\overline{A} \subset V^c$ となる．よって $\overline{A} \cap V = \varnothing$ となり $B \cap V \neq \varnothing$ より $B \subset \overline{A}$ に矛盾する．同様に $A \cap W = \varnothing$ の場合も矛盾するので，B は連結である．■

例 4.9 開区間 (a, b) は連結だったので，命題 4.58 より $(a, b], [a, b), [a, b] = \overline{(a, b)}$ はすべて連結になる．

次は例題 2.11（中間値の定理）の位相空間への一般化である．

命題 4.59（中間値の定理）連結な位相空間 $(X, \mathscr{O}_X)$ 上の連続関数 $f : X \to \mathbb{R}$ において，X の 2 点 a, b での値 $\alpha = f(a), \beta = f(b)$ が $\alpha < \beta$ を満たすとする．このとき $\alpha < \gamma < \beta$ を満たす任意の γ に対し，$\gamma = f(c)$ を満たす X の点 c が存在する．

証明 背理法で示す．$\alpha < \gamma < \beta$ を満たすある γ に対し，$\gamma = f(c)$ を満たす X の点 c が存在しないと仮定する．このとき $V = f^{-1}((-\infty, \gamma)), W = f^{-1}((\gamma, +\infty))$ は X の空集合でない開集合で，$V \cap W = \varnothing, V \cup W = X$ を満たすので命題 4.54 より X は連結でなくなり矛盾する．■

例題 4.24 位相空間 $(X, \mathscr{O}_X)$ の連結集合 A で，A の内部 A^o は連結でない例を挙げよ．

解 $\mathbb{R}^2$ の 2 つの閉集合 $B = \{(x, y) \in \mathbb{R}^2 \mid (x+1)^2 + y^2 \leqq 1\}, C = \{(x, y) \in \mathbb{R}^2 \mid (x-1)^2 + y^2 \leqq 1\}$ に対し，$A = B \cup C$ とすればよい．■

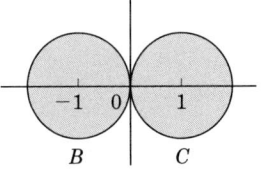

4.5.2 連結成分

日本列島の中で愛媛県松山市を含む連結な部分の最大が四国のように,位相空間において,ある点を含む最大の連結集合について考えよう.

命題 4.60 位相空間 $(X, \mathscr{O}_X)$ の点 p について
(1) X の部分集合族 $\{A_\lambda \mid \lambda \in \Lambda\}$ の任意の元 A_λ が p を含む連結集合ならば,その和集合 $\bigcup_{\lambda \in \Lambda} A_\lambda$ も p を含む連結集合である.
(2) p を含む最大の連結集合 $C(p)$ が存在する.
(3) $C(p)$ は閉集合である.

証明 (1) 背理法で示す.和集合 $A = \bigcup_{\lambda \in \Lambda} A_\lambda$ が連結でないと仮定すると,$A \cap V \neq \varnothing, A \cap W \neq \varnothing, (A \cap V) \cap (A \cap W) = \varnothing, (A \cap V) \cup (A \cap W) = A$ を満たす X の開集合 V, W が存在する.

一方 $A_\lambda \subset A$ より $(A_\lambda \cap V) \cap (A_\lambda \cap W) = \varnothing, (A_\lambda \cap V) \cup (A_\lambda \cap W) = A_\lambda$ だが,A_λ は連結より $A_\lambda \cap V = \varnothing$ または $A_\lambda \cap W = \varnothing$ となる.ここで任意の $\lambda \in \Lambda$ に対し $A_\lambda \cap V = \varnothing$ と仮定すると $A \cap V \neq \varnothing$ に矛盾する.同様に任意の $\lambda \in \Lambda$ に対し $A_{\lambda_1} \cap W = \varnothing$ と仮定しても矛盾する.

よってある $\lambda_0, \lambda_1 \in \Lambda$ が存在して $A_{\lambda_0} \cap V = \varnothing, A_{\lambda_1} \cap W = \varnothing$ を満たすが,$p \in A_{\lambda_0} \cap A_{\lambda_1}$ より $p \notin V \cup W$ となり $(A \cap V) \cup (A \cap W) = A$ に矛盾する.以上より A は連結である.

(2) p を含む連結集合の全体からなる X の部分集合族の和集合を $C(p)$ とすればよい.

(3) $C(p)$ は p を含む最大の連結集合なので,命題 4.58 より $C(p) = \overline{C(p)}$ となる.よって $C(p)$ は閉集合である. ∎

定義 4.61 (連結成分) $C(p)$ を p を含む X の**連結成分**という.

命題 4.62 連結成分の全体からなる X の部分集合族 $\{C(p) \mid p \in X\}$ は X の分割になっている.

証明 $C(p) \cap C(q) \neq \varnothing$ ならば $C(p) = C(q)$ のみを示す．$r \in C(p) \cap C(q)$ とすると，r を含む最大の連結集合が $C(r)$ より $C(p) \subset C(r)$．同じく p を含む最大の連結集合が $C(p)$ より $C(r) \subset C(p)$ なので $C(p) = C(r)$．同様に $C(q) = C(r)$ より $C(p) = C(q) = C(r)$ となる．

系 4.63 位相空間 $(X, \mathscr{O}_X)$ の 2 項関係 R を，X の 2 点 p, q に対し pRq を $C(p) = C(q)$ とすると，R は X の同値関係になる．

連結成分の応用として，連結性は直積空間にも遺伝することを示そう．

命題 4.64 2 つの位相空間 X と Y が連結ならば，直積空間 $X \times Y$ も連結になる．

証明 $X \times Y$ の任意の 2 点 $p = (a_1, a_2)$，$q = (b_1, b_2)$ に対し，それぞれの連結成分が一致することを示す．第 3 の点 $s = (b_1, a_2)$ を用意する．このとき連続写像 $f : X \to X \times Y$ を $f(x) = (x, a_2)$ と定義すると，連結な X の像 $f(X)$ は命題 4.56 より連結で $p, s \in f(X) \subset C(p)$ となる．

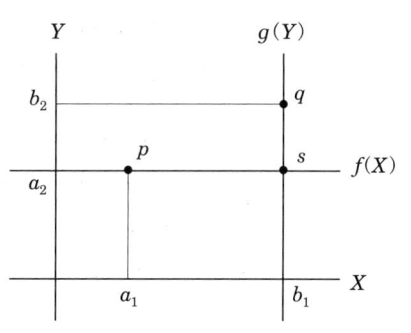

同様に連続写像 $g : Y \to X \times Y$ を $g(y) = (b_1, y)$ と定義すると，連結な Y の像 $g(Y)$ は命題 4.56 より連結で $q, s \in g(Y) \subset C(q)$ となる．よって $s \in C(p) \cap C(q)$ より命題 4.62 から $C(p) = C(q)$ となるので，$X = \bigcup_{p \in X} C(p) = C(p)$ は連結である．■

例題 4.25 （完全不連結）位相空間 $(X, \mathscr{O}_X)$ が**完全不連結**であるとは，X の任意の点 p を含む連結成分 $C(p)$ が $\{p\}$ であることとする．位相空間 $(X, \mathscr{O}_X)$ の部分集合 A が完全不連結であるとは，部分空間 $(A, \mathscr{O}_A)$ が完全不連結であることとする．$\mathbb{Q}$ は $\mathbb{R}$ の完全不連結集合であることを示せ．

解 背理法で示す．$\mathbb{Q}$ の相異なる 2 点 $p < q$ が存在して $A = C(p) = C(q)$ と仮定する．$p < r < q$ を満たす無理数 $r \in \mathbb{R}$ が存在するので，$B = \{x \in A \mid x <$

$r\}$, $C = \{x \in A \mid x > r\}$ とすると，B, C は A の空集合でない開集合で $B \cap C = \emptyset$, $B \cup C = A$ となり，A が連結であることに矛盾する．■

4.5.3 弧状連結

位相空間が連結であることの定義は日常の感覚から遠いかもしれない．しかし次の弧状連結性は初学者にも受け入れやすい概念であろう．

定義 4.65（道, 弧状連結）位相空間 $(X, \mathscr{O})$ において
(1) X の 2 点 p, q を結ぶ道とは，$w(0) = p$ かつ $w(1) = q$ を満たす連続写像 $w : [0, 1] \to X$ のこととする．p を始点，q を終点，$w([0, 1])$ を弧という．
(2) X が弧状連結であるとは，X の任意の 2 点 p, q を結ぶ道が存在することとする．
(3) X の部分集合 A が弧状連結であるとは，部分位相空間 $(A, \mathscr{O}_A)$ が (2) の意味で弧状連結であることとする．

例 4.10 (1) 位相空間の 1 点 $\{p\}$ からなる部分集合は弧状連結である．実際 $w(t) = p$ となる定値写像 $w : [0, 1] \to X$ を考えればよい．
(2) $\mathbb{R}$ は弧状連結である．$\mathbb{R}$ の任意の 2 点 $a < b$ に対し 1 次関数 $w(x) = (b-a)(x-1) + b$ を考えればよい．同様に $\mathbb{R}$ の任意の区間も弧状連結である．
(3) $\mathbb{R}$ の部分集合 $A = (0, 1] \cup [3, 5]$ は弧状連結ではない．背理法で示す．A が弧状連結と仮定すると $1, 4 \in A$ を結ぶ道 $w : [0, 1] \to A$ が存在する．このとき $w : [0, 1] \to \mathbb{R}$ と思えば例題 2.11（中間値の定理）より $2 = f(c)$ を満たす $c \in [0, 1]$ が存在するはずだが，$w([0, 1]) \subset A$ かつ $2 \notin A$ より矛盾である．
(4) $\mathbb{R}$ の部分集合 $\mathbb{Q}$ は弧状連結ではない．背理法で示す．$\mathbb{Q}$ が弧状連結と仮定すると $0, 2 \in \mathbb{Q}$ を結ぶ道 $w : [0, 1] \to \mathbb{Q}$ が存在する．このとき $w : [0, 1] \to \mathbb{R}$ と思えば例題 2.11（中間値の定理）より $\sqrt{2} = 1.4142 \cdots = f(c)$ を満たす $c \in [0, 1]$ が存在するはずだが，$w([0, 1]) \subset \mathbb{Q}$ かつ $\sqrt{2} \notin \mathbb{Q}$ より矛盾である．

弧状連結という性質は連続写像の像に遺伝する．

命題 4.66 連続写像 $f: X \to Y$ による X の弧状連結集合 A の像 $f(A)$ は, Y の弧状連結集合になる.

証明 $f(A)$ の任意の 2 点 a, b に対し $a = f(p), b = f(q)$ を満たす A の 2 点 p, q をとる. このとき A は弧状連結より, $w(0) = p, w(1) = q$ となる閉区間 $[0, 1]$ 上の連続写像 $w: [0, 1] \to A$ が存在する. よって合成写像 $f \circ w$ は $[0, 1]$ 上の連続写像で $a = f(p) = (f \circ w)(0)$ かつ $b = f(q) = (f \circ w)(1)$ を満たすので, $f(A)$ も弧状連結である. ∎

よって特に弧状連結性は位相不変な性質である.

系 4.67 弧状連結位相空間と同相な位相空間も弧状連結である.

また弧状連結性は直積空間にも遺伝する.

命題 4.68 2 つの位相空間 X と Y が弧状連結ならば, 直積空間 $X \times Y$ も弧状連結になる.

証明 $X \times Y$ の任意の 2 点 $p = (a_1, a_2)$, $q = (b_1, b_2)$ をとる. X は弧状連結より, $[0, 1]$ から X への連続写像 $f: [0, 1] \to X$ が存在して, $f(0) = a_1, f(1) = b_1$ を満たす. 同様に Y は弧状連結より, $[0, 1]$ から Y への連続写像 $g: [0, 1] \to Y$ が存在して, $g(0) = a_2, g(1) = b_2$ を満たす. このとき写像 $f \times g: [0, 1] \to X \times Y$ を $(f \times g)(x, y) = (f(x), g(y))$ とすると, $f \times g$ は連続かつ $(f \times g)(0) = p, (f \times g)(1) = q$ を満たすので, $X \times Y$ も弧状連結になる. ∎

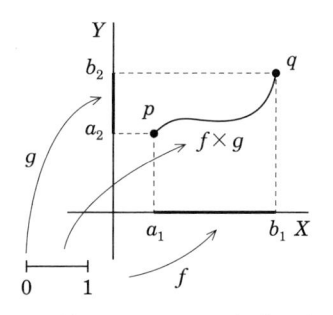

弧状連結性と連結性の関係は次のとおりである.

命題 4.69 弧状連結な位相空間 $(X, \mathscr{O}_X)$ は連結である.

証明 X の 1 点 p_0 を選んで固定する. X は弧状連結より p_0 と X の任意の点 p を結ぶ道 $w_p: [0, 1] \to X$ が存在する. ここで連結集合 $[0, 1]$ の連続像である弧

$w_p([0,1])$ は命題 4.56 から p_0 を含む X の連結集合より，命題 4.60 の (1) から $X = \bigcup_{p \in X} w_p([0,1])$ も連結になる．■

注意 連結だが弧状連結でない位相空間が存在する（例題 4.27 を参照）．

例題 4.26 (1) $\mathbb{R} - \{0\}$ は弧状連結でないことを示せ．
(2) $\mathbb{R}^2 - \{0\}$ は弧状連結であることを示せ．
(3) これら (1), (2) を用いて $\mathbb{R}$ と $\mathbb{R}^2$ は同相でないことを示せ．

解 (1) 背理法で示す．$\mathbb{R} - \{0\}$ が弧状連結と仮定すると $-1, 1 \in \mathbb{R} - \{0\}$ を結ぶ道 $w : [0,1] \to \mathbb{R} - \{0\}$ が存在する．このとき $w : [0,1] \to \mathbb{R}$ と思えば例題 2.11（中間値の定理）より $0 = f(c)$ を満たす $c \in [0,1]$ が存在するはずだが，$w([0,1]) \subset \mathbb{R} - \{0\}$ かつ $0 \notin \mathbb{R} - \{0\}$ より矛盾．

(2) $\mathbb{R}^2 - \{0\}$ の任意の 2 点を $p = (r_1 \cos \theta_1, r_1 \sin \theta_1)$, $q = (r_2 \cos \theta_2, r_2 \sin \theta_2)$ と表すと，$f(t) = ((r_1 + (r_2 - r_1)t) \cos(\theta_1 + (\theta_2 - \theta_1)t), (r_1 + (r_2 - r_1)t) \sin(\theta_1 + (\theta_2 - \theta_1)t))$ は $f(0) = p, f(1) = q$ となる閉区間 $[0,1]$ 上の連続写像 $f : [0,1] \to \mathbb{R}^2 - \{0\}$ になる．よって $\mathbb{R}^2 - \{0\}$ は弧状連結である．

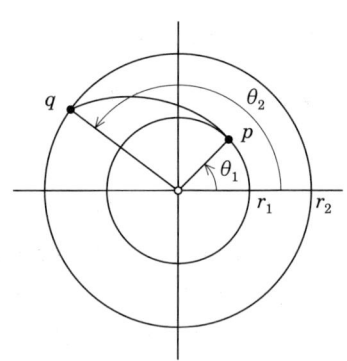

(3) 同相写像 $f : \mathbb{R}^2 \to \mathbb{R}$ が存在すると仮定すると，f を $\mathbb{R}^2 - \{0\}$ に制限した写像 $g : \mathbb{R}^2 - \{0\} \to \mathbb{R} - \{f(0)\}$ も同相写像になる．

一方 (2) より $\mathbb{R}^2 - \{0\}$ は弧状連結だが，(1) と同様の議論で $\mathbb{R} - \{f(0)\}$ は弧状連結ではない．しかし命題 4.66 より弧状連結の連続像も弧状連結より矛盾である．■

例題 4.27 連結だが弧状連結でない例を挙げよ．

解 ユークリッド平面 $\mathbb{R}^2$ の部分集合 $A = A_0 \cup \left(\bigcup_{n \in \mathbb{N}} A_n \right) \cup B$ を

$$A_0 = \{(0, y) \in \mathbb{R}^2 \mid 0 < y \leq 1\},$$
$$A_n = \left\{\left(\frac{1}{n}, y\right) \in \mathbb{R}^2 \mid 0 < y \leq 1\right\},$$
$$B = \{(x, 0) \in \mathbb{R}^2 \mid 0 < x \leq 1\}$$

と定義すると，$\left(\bigcup_{n \in \mathbb{N}} A_n\right) \cup B$ は弧状連結より命題 4.69 から連結で

$$\left(\left(\bigcup_{n \in \mathbb{N}} A_n\right) \cup B\right) \subset A \subset \overline{\left(\bigcup_{n \in \mathbb{N}} A_n\right) \cup B}$$

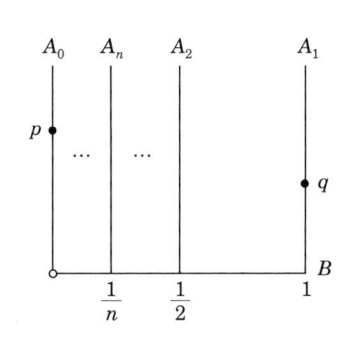

となる．よって命題 4.58 より A も連結である．しかし $(0,0) \notin A$ より A_0 の点 p と A_1 の点 q を結ぶ A 内の道は存在しないので，A は弧状連結ではない．∎

4.6 開基，基本近傍系

最後の節では，次のような位相の基本的な問題を 2 つ取り上げてみよう．
- 集合 X の与えられた部分集合族 $\mathscr{S}$ を開集合とするような，X の最も弱い位相を構成せよ．
- 距離空間では点列の収束を用いて閉集合や写像の連続性が特徴付けられた．では，どのような位相空間ならば同様に点列の収束で閉集合や写像の連続性を特徴付けできるか．

4.6.1 開基

定義 4.70（開基）位相空間 $(X, \mathscr{O})$ において，$\mathscr{O}$ の部分集合 $\mathscr{B} \subset \mathscr{O}$ が $\mathscr{O}$ の**開基**であるとは，$\mathscr{O}$ の任意の元 V に対し，$\mathscr{B}$ の部分集合 $\{W_\lambda \mid \lambda \in \Lambda\}$ が存在して $V = \bigcup_{\lambda \in \Lambda} W_\lambda$ となることとする．

つまり任意の開集合は開基の元が集まってできている．

例 4.11 (1) 集合 X の離散位相 $\mathscr{O}$ に対し，1 点集合の全体 $\mathscr{B} = \{\{p\} \mid p \in X\}$ は $\mathscr{O}$ の開基である．

(2) 距離空間 (X,d) に対し，各点の ε-近傍の全体 $\mathscr{B} = \{U(p;\varepsilon) \mid p \in X, \varepsilon > 0\}$ は X の距離位相 $\mathscr{O}_d$ の開基である．

(3) 2つの位相空間 $(X,\mathscr{O}_X)$ と $(Y,\mathscr{O}_Y)$ の直積位相空間 $(X \times Y, \mathscr{O})$ に対し，$\mathscr{B} = \{V \times W \mid V \in \mathscr{O}_X, W \in \mathscr{O}_Y\}$ は直積位相 $\mathscr{O}$ の開基である．

次の結果は開基の別の言い換えである．

命題 4.71 位相空間 $(X,\mathscr{O})$ において，$\mathscr{O}$ の部分集合 $\mathscr{B} \subset \mathscr{O}$ が $\mathscr{O}$ の開基であるための必要十分条件は，$\mathscr{O}$ の任意の元 V と V の任意の点 p に対し，$\mathscr{B}$ のある元 W が存在して，$p \in W \subset V$ を満たすことである．

証明 まず必要条件であることを示す．

$\mathscr{B}$ が $\mathscr{O}$ の開基とすると，$\mathscr{O}$ の任意の元 V に対し，$\mathscr{B}$ の部分族 $\{W_\lambda \mid \lambda \in \Lambda\}$ が存在して $V = \bigcup_{\lambda \in \Lambda} W_\lambda$ となる．よって V の任意の点 p に対し，ある元 $\lambda \in \Lambda$ が存在して，$p \in W_\lambda \subset V$ を満たす．

次に十分条件であることを示す．$\mathscr{O}$ の任意の元 V と V の任意の点 p に対し，$\mathscr{B}$ のある元 W_p が存在して，$p \in W_p \subset V$ を満たすと仮定する．このとき $\mathscr{B}$ の部分族 $\{W_p \mid p \in V\}$ が存在して $V = \bigcup_{p \in V} W_p$ となる．よって $\mathscr{B}$ は $\mathscr{O}$ の開基である．■

開基は位相の構成元素のようなものなので，開集合に関する命題は開基のみで確かめればよい．

命題 4.72 $(X,\mathscr{O}_X)$ から $(Y,\mathscr{O}_Y)$ への写像 $f: X \to Y$ が連続であるための必要十分条件は，Y の位相 $\mathscr{O}_Y$ の開基 $\mathscr{B}$ の任意の元 W に対し，$f^{-1}(W)$ が X の開集合になることである．

証明 必要条件であることは定理 4.26 より明らかである．

以下十分条件であることを示す．つまり Y の位相 $\mathscr{O}_Y$ の開基 $\mathscr{B}$ の任意の元 W に対し，$f^{-1}(W)$ が X の開集合になると仮定する．このとき Y の任意の開集合 V に対し，$\mathscr{B}$ の部分族 $\{W_\lambda \mid \lambda \in \Lambda\}$ が存在して $V = \bigcup_{\lambda \in \Lambda} W_\lambda$ と表せる．よって

$f^{-1}(V) = f^{-1}(\bigcup_{\lambda \in \Lambda} W_\lambda) = \bigcup_{\lambda \in \Lambda} f^{-1}(W_\lambda)$ となり，仮定より $f^{-1}(W_\lambda) \in \mathscr{O}_X$ かつ $\mathscr{O}_X$ の位相の公理（O3, 定義 4.1）から $f^{-1}(V) \in \mathscr{O}_X$ となり，定理 4.26 より f は連続である． ∎

次の定理はこの節の冒頭で挙げた最初の問題の答えである．

定理 4.73

(1) 空集合でない集合 X の部分集合族 $\mathscr{B}$ が次の 2 つの条件を満たすとする．
(i) 任意の $x \in X$ に対し $\mathscr{B}$ の元 U が存在して $x \in U$ を満たす．
(ii) $\mathscr{B}$ の任意の元 U, V と任意の $x \in U \cap V$ に対し，$\mathscr{B}$ の元 W が存在して $x \in W \subset U \cap V$ を満たす．
このとき
$$\mathscr{O}(\mathscr{B}) = \{\bigcup_{\lambda \in \Lambda} V_\lambda \mid V_\lambda \in \mathscr{B}\} \cup \{\varnothing\}$$
は $\mathscr{B}$ を開基とする X の位相である．

(2) $\mathscr{O}(\mathscr{B})$ は $\mathscr{B}$ を含む X の位相のうち最弱の位相である．

(3) X の部分集合族 $\mathscr{S}$ に対し
$$\mathscr{B} = \{V_1 \cap V_2 \cap \cdots \cap V_n \mid V_i \in \mathscr{S}, n \in \mathbb{N}\} \cup \{X, \varnothing\}$$
とすると (1) の条件を満たす．よって (1), (2) より $\mathscr{O}(\mathscr{B})$ は，$\mathscr{S}$ の任意の元を開集合とする X の位相のうち最弱の位相である．

証明 (1) $\mathscr{O}(\mathscr{B})$ が位相の公理（定義 4.1，命題 4.2）を満たすことを確かめる．
条件 (i) より $X \in \mathscr{O}(\mathscr{B})$ かつ定義より $\varnothing \in \mathscr{O}(\mathscr{B})$ より (O1) を満たす．次に $V, W \in \mathscr{O}(\mathscr{B})$ に対し，$\mathscr{B}$ の元 V_λ, W_μ が存在して，$V = \bigcup_{\lambda \in \Lambda} V_\lambda, W = \bigcup_{\mu \in M} W_\mu$ と表せる．ここで $V \cap W = \bigcup_{(\lambda, \mu) \in \Lambda \times M} V_\lambda \cap W_\mu$ かつ，条件 (ii) より $\mathscr{B}$ の元 U_x が存在して，$V_\lambda \cap W_\mu = \bigcup_{x \in V_\lambda \cap W_\mu} U_x$ と表せる．よって $V \cap W \in \mathscr{O}(\mathscr{B})$ より (O2′) を満たす．最後に $\mathscr{O}(\mathscr{B})$ の定義より (O3) を満たすので $\mathscr{O}(\mathscr{B})$ は X の位相になる．また $\mathscr{O}(\mathscr{B})$ の定義より，$\mathscr{B}$ は $\mathscr{O}(\mathscr{B})$ の開基である．

(2) $\mathscr{U}$ を $\mathscr{B}$ を含む X の任意の位相とすると，$\mathscr{B}$ の元 V_λ に対し $\bigcup_{\lambda \in \Lambda} V_\lambda \in$

$\mathscr{U}$ となるので, $\mathscr{O}(\mathscr{B}) \subset \mathscr{U}$ である.

(3) $\mathscr{W}$ を $\mathscr{S}$ を含む X の任意の位相とすると, $\mathscr{B} \subset \mathscr{W}$ である. また $\mathscr{B}$ の定義より $\mathscr{B}$ は (1) の 2 つの条件 (i), (ii) を満たすので, (2) から $\mathscr{O}(\mathscr{B}) \subset \mathscr{W}$ である. ∎

4.6.2 第 2 可算公理, 可分

一般に位相や位相空間自身は巨大な集合かもしれないが, 実は高々可算な部分集合から構成されている場合がある.

定義 4.74（第 2 可算公理, 可分）
(1) 位相空間 $(X, \mathscr{O})$ が**第 2 可算公理**を満たすとは, $\mathscr{O}$ の高々可算な開基が存在することとする.
(2) 位相空間 $(X, \mathscr{O})$ が**可分**であるとは, 高々可算な部分集合 A が存在して, $X = \overline{A}$ を満たすこととする.

例 4.12 (1) ユークリッド空間 $\mathbb{R}^n$ のユークリッド距離から定まる位相 $\mathscr{O}_d$ は第 2 可算公理を満たす. 具体的には次の集合族
$$\mathscr{B}_\mathbb{Q} = \{U(x\,;\varepsilon) \mid x \in \mathbb{Q}^n,\ \varepsilon > 0,\ \varepsilon \in \mathbb{Q}\}$$
は, $\mathscr{O}_d$ の可算な開基である.
(2) $\mathbb{R}^n$ は可分である. 実際 $\mathbb{R}^n = \overline{\mathbb{Q}^n}$ である.

第 2 可算公理を満たすことと可分の関係は次のとおりである.

命題 4.75 位相空間 $(X, \mathscr{O})$ が第 2 可算公理を満たすならば可分である.

証明 X は第 2 可算公理を満たすので, 高々可算な開基 $\mathscr{B}$ を持つ. よって $\mathscr{B}$ の各元 W から 1 点ずつ選んで集めた集合 A も高々可算である. X の任意の点 p の任意の開近傍 V に対し, 命題 4.71 より $\mathscr{B}$ のある元 W が存在して $p \in W \subset V$ を満たす. よって $V \cap A \neq \emptyset$ となるので $X = \overline{A}$ を満たし, X は可分である. ∎

距離空間においては, 第 2 可算公理を満たすことと, 可分であることは同値である.

命題 4.76 距離空間 (X,d) において
(1) 全有界ならば可分である．
(2) 可分ならば第 2 可算公理を満たす．

証明 (1) X が全有界ならば，任意の自然数 n に対し X の有限個の点集合 A_n が存在して $\left\{U\left(a_k;\dfrac{1}{n}\right) \mid a_k \in A_n\right\}$ は X の有限開被覆となる．このとき $A = \bigcup_{n \in \mathbb{N}} A_n$ とすると A は高々可算で $X = \overline{A}$ より X は可分である．

(2) X が可分ならば，高々可算で $X = \overline{A}$ を満たす X の部分集合 A が存在する．このとき $\mathscr{B} = \{U(a_k;r) \mid a_k \in A, r \in \mathbb{Q}\}$ は距離位相 $\mathscr{O}_d$ の高々可算な開基になる． ■

第 2 可算公理を満たす位相空間の性質をもう 1 つ挙げよう．

命題 4.77 第 2 可算公理を満たす位相空間では，任意の開被覆は高々可算な部分被覆を持つ．

証明 位相空間 $(X,\mathscr{O})$ は高々可算な開基 $\mathscr{B}$ を持つとする．

X の任意の開被覆 $\mathscr{C}$ に対し，$\mathscr{B}' = \{B \in \mathscr{B} \mid \exists C \in \mathscr{C}; B \subset C\}$ とすると，$\mathscr{B}$ は高々可算より $\mathscr{B}'$ も高々可算である．そこで任意の $B \in \mathscr{B}'$ に対し $B \subset C$ を満たす $\mathscr{C}$ の元 C を 1 つ選び C_B と表す．そして $\mathscr{C}' = \{C_B \in \mathscr{C} \mid B \in \mathscr{B}'\}$ とすると定義より $\mathscr{C}'$ も高々可算である．また X の任意の点 p に対し，X の開被覆 $\mathscr{C}$ の元 C が存在して $p \in C$ となるが，$\mathscr{B}$ は開基より $p \in B \subset C$ となる $B \in \mathscr{B}'$ が存在する．よって $\mathscr{C}'$ の元 C_B が存在して $p \in B \subset C_B$ となることから，$\mathscr{C}'$ も X の開被覆になることが分かる．

以上より $\mathscr{C}$ は可算部分被覆 $\mathscr{C}'$ を持つ． ■

4.6.3 基本近傍系

次に開基の概念を各点の周りで考えよう．

定義 4.78（開近傍系，基本近傍系）位相空間 $(X, \mathscr{O}_X)$ と X の点 p について

(1) p の開近傍全体のなす X の部分集合族を p の**開近傍系**といい，$\mathscr{N}_p$ と表す．

(2) $\mathscr{N}_p$ の部分集合 $\mathscr{B}_p \subset \mathscr{N}_p$ が $\mathscr{N}_p$ の**基本近傍系**であるとは，$\mathscr{N}_p$ の任意の元 V に対し，ある $W \in \mathscr{B}_p$ が存在して $W \subset V$ を満たすこととする．

例 4.13 距離空間 (X, d) の点 p における ε-近傍の全体 $\mathscr{B}_p = \{U(p; \varepsilon) \mid \varepsilon > 0\}$ は X の距離位相 $\mathscr{O}_d$ における p での基本近傍系である．

開基の場合と同様に基本近傍系は近傍系の構成元素のようなものなので，近傍系に関する命題は基本近傍系でのみ確かめればよい．

命題 4.79 位相空間 $(X, \mathscr{O}_X)$ から $(Y, \mathscr{O}_Y)$ への写像 $f: X \to Y$ が $p \in X$ で連続であるための必要十分条件は，$f(p)$ の基本近傍系の任意の元 V に対し，p の開近傍 $W \in \mathscr{O}_X$ が存在して $f(W) \subset V$ を満たすことである．

証明 必要条件であることは定義から明らかである．

以下十分条件であることを示す．つまり $f(p)$ の基本近傍系の任意の元 V に対し，p の開近傍 $W \in \mathscr{O}_X$ が存在して $f(W) \subset V$ を満たすと仮定する．このとき $f(p)$ の任意の開近傍 U に対し，$f(p)$ の基本近傍系のある元 V が存在して $V \subset U$ を満たす．

よって仮定より $f(W) \subset V \subset U$ となり，f は $p \in X$ で連続である．■

第 2 可算公理の条件を各点の周りで考えたのが，次の第 1 可算公理である．

定義 4.80（第 1 可算公理）位相空間 $(X, \mathscr{O}_X)$ が**第 1 可算公理**を満たすとは，X の任意の点が高々可算個の元からなる基本近傍系を持つこととする．

例 4.14 距離空間 (X, d) は第 1 可算公理を満たす．実際，各点 p における $\frac{1}{n}$-近傍の全体 $\left\{U\left(p; \frac{1}{n}\right) \mid n \in \mathbb{N}\right\}$ は X の距離位相 $\mathscr{O}_d$ における p での高々可算個の元からなる基本近傍系である．

第 2 可算公理と第 1 可算公理の関係は次のとおりである．

命題 4.81 位相空間 $(X, \mathscr{O})$ が第 2 可算公理を満たすならば第 1 可算公理を満たす.

証明 X は第 2 可算公理を満たすので, 高々可算な開基 $\mathscr{B}$ を持つ. そこで X の任意の点 p において $\mathscr{B}_p = \{W \in \mathscr{B} \mid p \in W\}$ とすれば, 命題 4.71 より高々可算個の元からなる p の基本近傍系になる. よって X は第 1 可算公理を満たす. ∎

最後にこの節の冒頭で挙げた 2 番目の問題に答えて終わろう.

定理 4.82 第 1 可算公理を満たす位相空間 $(X, \mathscr{O})$ において
(1) X の部分集合 A が閉集合であるための必要十分条件は, A の元からなる X の任意の収束列 $\{a_n\}$ の極限 a が A に含まれることである.
(2) 写像 $f : X \to Y$ が X の点 p で連続であるための必要十分条件は, p に収束する任意の点列 $\{x_n\}$ に対し, Y の点列 $\{f(x_n)\}$ が $f(p)$ に収束することである.

証明 (1) X の部分集合 A が閉集合と仮定する. A の元からなる X の任意の収束列 $\{a_n\}$ の極限 a は A の触点より, 定理 4.18 から $a \in \overline{A} = A$ である.
逆に A の元からなる X の任意の収束列の極限が A に含まれると仮定する. X は第 1 可算公理を満たすので, $\overline{A}$ の任意の点 p に対し, 高々可算個の元からなる p の基本近傍系 $\mathscr{B}_p$ が存在する. p は A の触点より, $V_1, V_2, \cdots, V_n \in \mathscr{B}_p$ に対し A の点 $p_n \in V_1 \cap V_2 \cap \cdots \cap V_n$ が存在する. このとき A の元からなる点列 $\{p_n\}$ は p に収束するので仮定より $p \in A$, つまり $\overline{A} = A$ となるので, 定理 4.18 から A は閉集合である.

(2) f が p で連続と仮定すると $f(p)$ の任意の開近傍 V に対し, p のある開近傍 W が存在して $f(W) \subset V$ を満たす. p に収束する任意の点列 $\{p_n\}$ に対し, ある自然数 n_0 が存在して, 任意の自然数 $n > n_0$ に対し $p_n \in W$ を満たす. よって $f(p_n) \in f(W) \subset V$ となり, Y の点列 $\{f(p_n)\}$ は $f(p)$ に収束する.
次に f が p で連続でないとすると, $f(p)$ のある開近傍 V に対し, p のどんな開近傍 W も $f(W) \subset V$ を満たさない. ここで X は第 1 可算公理を満たすので, 高々可算個の元からなる p の基本近傍系 $\mathscr{B}_p$ が存在するが, $W_1, W_2, \cdots, W_n \in$

$\mathscr{B}_p$ に対し $f(p_n) \notin V$ を満たす $p_n \in W_1 \cap W_2 \cap \cdots \cap W_n$ が存在する．このとき点列 $\{p_n\}$ は p に収束するが $\{f(p_n)\}$ は $f(p)$ に収束しない． ∎

演習問題

問 4.1 集合 X の 2 つの位相 $\mathscr{O}_1$ と $\mathscr{O}_2$ について
(1) $\mathscr{O}_1 \cap \mathscr{O}_2$ も X の位相になることを示せ．
(2) $\mathscr{O}_1 \cup \mathscr{O}_2$ は一般に X の位相にならないことを，反例を挙げて示せ．

問 4.2 $(X, \mathscr{O})$ の部分位相空間 $(A, \mathscr{O}_A)$ と A の部分集合 B について，$(X, \mathscr{O})$ における B の閉包を C として，$(A, \mathscr{O}_A)$ における B の閉包を D とすると，$D = A \cap C$ を示せ．

問 4.3 次の問いに答えよ．
(1) $(X, \mathscr{O}_X)$ から $(Y, \mathscr{O}_Y)$ への写像 $f: X \to Y$ が $p \in X$ で連続ならば，p に収束する任意の点列 $\{a_n\}$ に対し像 $\{f(a_n)\}$ が $f(p)$ に収束することを示せ．
(2) 逆が成り立たない写像 f の例を挙げよ．

問 4.4 次の問いに答えよ．
(1) $\mathbb{R}^n$ の 1 点 p の ε-近傍 $U(p; \varepsilon)$ は弧状連結であることを示せ．
(2) $\mathbb{R}^n$ の空集合でない連結な開集合 D は弧状連結であることを示せ．

問 4.5 弧状連結の閉包が弧状連結でない例を挙げよ．

参考文献

[1] 内田伏一『集合と位相』裳華房，1986.
[2] 大田春外『はじめての集合と位相』日本評論社，2012.
[3] 鎌田正良『集合と位相』近代科学社，1989.
[4] 田島一郎『解析入門』岩波書店，1981.
[5] D. マンフォード（著），前田博信（訳）『代数幾何学講義』丸善出版，2012.
[6] 雪江明彦『整数論 1 —— 初等整数論から p 進数へ』日本評論社，2013.
[7] 和久井道久『大学数学ベーシックトレーニング』日本評論社，2013.
[8] Griffiths, H.B., Hilton, P.J. A Comprehensive Textbook of Classical Mathematics, Springer 1970.
[9] Lee, J.M. Introduction to Topological Manifolds, GTM202, Springer, 2010.

演習問題の解答

第1章の解答

問 1.1 (1) $a=b$ ならば $a-b=0$ より，任意の正の実数 $\varepsilon > 0$ に対し $0 = |a-b| < \varepsilon$ である．一方 $a \neq b$ ならば $\varepsilon = |a-b|/2 > 0$ に対し $|a-b| \geqq \varepsilon$ である．

(2) $a \leqq b$ ならば $a-b \leqq 0$ より，任意の正の実数 $\varepsilon > 0$ に対し $a-b \leqq 0 < \varepsilon$ である．一方 $a > b$ ならば $\varepsilon = (a-b)/2 > 0$ に対し $a-b \geqq \varepsilon$ である．

問 1.2 (1) 任意の自然数 k に対し，ある自然数 n として $n = k+1$ をとると，$k < n = k+1$ となるので，この命題は真である．

(2) $n = 1$ に対し $k < n$ となる自然数 k は存在しないので，この命題は偽である．

問 1.3 (1) A の任意の元 a に対し $f(a) \in f(A)$ となる．よって逆像の定義より $a \in f^{-1}(f(A))$ となる．等号が成立しない例として，たとえば $X = \{1,2,3,4\}$ から $Y = \{p,q,r,s\}$ への写像 $f : X \to Y$ を $f(1) = f(2) = p, f(3) = q, f(4) = r$ とする．このとき $A = \{1,3\}$ とすればよい（命題 1.14 の (2) の例）．

(2) $f^{-1}(f(A))$ の任意の元 x に対し $f(x) \in f(A)$ である．$f(A)$ の定義から A の元 a が存在して $f(a) = f(x) \in f(A)$ となる．仮定より f は単射なので $x = a \in A$ となる．

(3) $f(f^{-1}(C))$ の任意の元 y に対し，$f^{-1}(C)$ の元 x が存在して $y = f(x) \in C$ となる．等号が成立しない例として，たとえば $X = \{1,2,3,4\}$ から $Y = \{p,q,r,s\}$ への写像 $f : X \to Y$ を $f(1) = f(2) = p, f(3) = q, f(4) = r$ とする．このとき $C = \{q,s\}$ とすればよい（命題 1.14 の (7) の例）．

(4) 仮定より f は全射なので，C の任意の元 c に対し，ある $f^{-1}(C)$ の元 x が存在して $c = f(x) \in C$ となる．

(5) 仮定より f は全射なので，$f(A)^c$ の任意の元 y に対し，ある X の元 x が存在して $y = f(x)$ となる．しかし $y \in f(A)^c$ より $x \in A^c$ となる．つまり $y = f(x) \in f(A^c)$ となる．

(6) $f(A^c)$ の任意の元 y に対し，A^c のある元 x が存在して $f(x) = y$ となる．仮定より f は単射なので $y \notin f(A)$，つまり $y \in f(A)^c$ となる．

問 1.4 数列 $\{x_n\}$ は a に収束するので，任意の $\varepsilon > 0$ に対しある自然数 n_0 が存在して，$n > n_0$ を満たす任意の自然数 n に対し $|x_n - a| < \varepsilon$ が成り立つ．よって $n > n_0$ で

$$\left| \frac{x_1 + x_2 + \cdots + x_n}{n} - a \right|$$

$$= \frac{1}{n}|(x_1 + \cdots + x_{n_0} - n_0 a) + (x_{n_0+1} - a) + \cdots + (x_n - a)|$$
$$\leqq \frac{1}{n}(|x_1 + \cdots + x_{n_0} - n_0 a| + |x_{n_0+1} - a| + \cdots + |x_n - a|)$$
$$< \frac{|x_1 + \cdots + x_{n_0} - n_0 a|}{n} + \frac{n - n_0}{n}\varepsilon$$
$$< \frac{|x_1 + \cdots + x_{n_0} - n_0 a|}{n} + \varepsilon.$$

さらにある自然数 $n_1 > n_0$ が存在して $n > n_1$ を満たす任意の自然数 n に対し $\frac{|x_1 + \cdots + x_{n_0} - n_0 a|}{n} < \varepsilon$ が成り立つので

$$\left|\frac{x_1 + x_2 + \cdots + x_n}{n} - a\right| < \varepsilon + \varepsilon = 2\varepsilon$$

となる. よって $\lim_{n \to \infty} \frac{x_1 + x_2 + \cdots + x_n}{n} = a$ が成立する.

問 1.5 f は a で連続より a に収束する任意の数列 $\{x_n\}$ に対し, 定理 1.32 より $\{f(x_n)\}$ は $f(a)$ に収束する. $f(a) > 0$ よりある自然数 n_0 が存在して, $n > n_0$ を満たす任意の自然数 n に対し $f(x_n) > \frac{f(a)}{4}$ となり, 特に $\sqrt{f(x_n)} > \frac{\sqrt{f(a)}}{2}$ となる. また $\{f(x_n)\}$ は $f(a)$ に収束するので任意の正の実数 $\varepsilon_0 > 0$ に対しある自然数 n_1 が存在して, $n > n_1$ を満たす任意の自然数 n に対し $|f(x_n) - f(a)| < \varepsilon$ となる. そこで $n_2 = \max\{n_0, n_1\}$ とすると, $n > n_2$ を満たす任意の自然数 n に対し $\sqrt{f(x_n)} > \frac{\sqrt{f(a)}}{2}$ かつ $|f(x_n) - f(a)| < \varepsilon$ となる. よって

$$|\sqrt{f(x_n)} - \sqrt{f(a)}| = \frac{|f(x_n) - f(a)|}{\sqrt{f(x_n)} + \sqrt{f(a)}} < \frac{2}{3\sqrt{f(a)}}\varepsilon$$

となり $\{\sqrt{f(x_n)}\}$ は $\sqrt{f(a)}$ に収束するので, 定理 1.32 より g は a で連続である.

問 1.6 $A \sim C$ かつ $B \sim D$ より全単射 $f : A \to C$ と $g : B \to D$ が存在する. このとき写像 $f \times g : A \times B \to C \times D$ を $(f \times g)(a, b) = (f(a), g(b))$ と定義すると全単射になる.

問 1.7 $\mathbb{R}$ の任意の元 c に対し, $\mathbb{R}$ 上 c の値のみとる定数関数を考えれば, $\mathbb{R}$ から $C(\mathbb{R}, \mathbb{R})$ への単射が存在する.

一方 $C(\mathbb{R}, \mathbb{R})$ の任意の元 f に対し, 連続性より f は $\mathbb{Q}$ での値で一意的に定まるので $C(\mathbb{R}, \mathbb{R})$ から $F(\mathbb{Q}, \mathbb{R}) \sim F(\mathbb{N}, \mathbb{R}) \sim \mathbb{R}$ への単射が存在する. 以上より定理 1.37 (ベルンシュタインの定理) から $C(\mathbb{R}, \mathbb{R})$ は $\mathbb{R}$ と対等になる.

第2章の解答

問 2.1 (1) 反射律：満たす，対称律：満たす，推移律：満たす，反対称律：満たさない．たとえば $(1,2)R(3,4)$ かつ $(3,4)R(1,2)$ だが $(1,2) = (3,4)$ ではない．

(2) 反射律：満たす，対称律：満たす，推移律：満たさない．たとえば $(1,1)R(0,0)$ かつ $(0,0)R(1,2)$ だが $(1,1)R(1,2)$ ではない．反対称律：満たさない．たとえば $(0,0)R(1,1)$ かつ $(1,1)R(0,0)$ だが $(0,0) = (1,1)$ ではない．

(3) 反射律：満たす，対称律：満たす，推移律：満たす，反対称律：満たさない．たとえば $(1,2)R(2,1)$ かつ $(2,1)R(1,2)$ だが $(1,2) = (2,1)$ ではない．

問 2.2 (1) 同値関係の3つの条件を確認する．

- （反射律）任意の $a \in X$ に対し，$f(a) = f(a)$ より aRa となる．
- （対称律）任意の $a, b \in X$ に対し，$f(a) = f(b)$ ならば $f(b) = f(a)$ なので $f(b) = f(a)$ となる．
- （推移律）任意の $a, b, c \in X$ に対し，aRb かつ bRc ならば $f(a) = f(b)$ かつ $f(b) = f(c)$ となるので $f(a) = f(c)$ となり aRc となる．

(2) $[a] = [b]$ ならば $a \sim b$ となるので $f(a) = f(b)$ より $g([a]) = g([b])$ となる．よって写像 g は well-defined である．仮定より f は全射なので，任意の $b \in Y$ に対し $a \in X$ が存在して $b = f(a)$ となる．よって $g([a]) = f(a) = b$ となり，g は全射である．また $g([a]) = g([b])$ ならば $f(a) = f(b)$ となるので $a \sim b$ より $[a] = [b]$ となる．よって g は単射である．

問 2.3 (1) 背理法で示す．$\mathbb{N}$ から $\mathbb{Z}$ への順序同型写像 $f : \mathbb{N} \to \mathbb{Z}$ が存在したと仮定する．$n = f(1) \in \mathbb{Z}$ とすると，$n - 1 \in \mathbb{Z}$ に対し $m = f^{-1}(n-1) \in \mathbb{N}$ は $m < 1$ を満たすことになり矛盾．

(2) 背理法で示す．$\mathbb{Z}$ から $\mathbb{Q}$ への順序同型写像 $f : \mathbb{Z} \to \mathbb{Q}$ が存在したと仮定する．$r = f(0), s = f(1) \in \mathbb{Q}$ とすると，$0 < 1$ より $r < s$ となる．ここで $r < \dfrac{r+s}{2} < s$ より，$m = f^{-1}\left(\dfrac{r+s}{2}\right) \in \mathbb{N}$ は $0 < m < 1$ を満たすことになり矛盾．

第3章の解答

問 3.1 定理 3.37 より「a に収束する任意の点列 $\{x_n\}$ に対し，点列 $\{1/f(x_n)\}$ は $1/f(a)$ に収束する」ことを示せばよい．仮定から f は a で連続より，定理 3.37 から $\{f(x_n)\}$ は $f(a)$ に収束する．よって命題 1.24 (6) より $\{1/f(x_n)\}$ は $1/f(a)$ に収束する．

問 3.2 X の任意の点 p で f は連続であることを示す．まず距離関数 d は三角不等式を満たすので X の任意の点 x に対し

$$f(x) - f(p) = d(x,a) - d(a,p) \leqq d(x,p)$$
$$f(p) - f(x) = d(p,a) - d(x,a) \leqq d(x,p)$$

より，$|f(x) - f(p)| \leqq d(x,p)$ となる．以上から任意の $\varepsilon > 0$ に対し $\delta = \varepsilon > 0$ とすれば，$d(x,p) < \delta$ を満たす任意の x に対し，$|f(x) - f(p)| \leqq d(x,p) < \delta = \varepsilon$ となるので，p で f は連続である．

問 3.3 (1) 内点の定義より A の内部は A の部分集合である．よって $A^o \subset A$ となる．

(2) (1) より $X^o \subset X$ である．また X の任意の点 p と任意の $\varepsilon > 0$ に対し $U(p;\varepsilon) \subset X$ より $p \in X^o$ となるので $X \subset X^o$ である．

(3) A^o の任意の元 p に対しある $r > 0$ が存在して $U(p;r) \subset A$ となる．仮定 $A \subset B$ と合わせて $U(p;r) \subset B$ となるので $p \in B^o$ となる．

(4) (3) より $A \subset A \cup B$ と $B \subset A \cup B$ から $A^o \subset (A \cup B)^o$ と $B^o \subset (A \cup B)^o$ が成り立つので，$A^o \cup B^o \subset (A \cup B)^o$ となる．

(5) (3) より $A \cap B \subset A$ と $A \cap B \subset B$ から $(A \cap B)^o \subset A^o$ と $(A \cap B)^o \subset B^o$ が成り立つので，$(A \cap B)^o \subset A^o \cap B^o$ となる．逆に $A^o \cap B^o$ の任意の元 p に対し，$p \in A^o$ よりある $r_1 > 0$ が存在して $U(p;r_1) \subset A$ となる．また $p \in B^o$ よりある $r_2 > 0$ が存在して $U(p;r_2) \subset B$ となる．ここで $r = \min\{r_1, r_2\}$ とすると，$r > 0$ かつ $U(p;r) \subset U(p;r_1) \cap U(p;r_2) \subset A \cap B$ となり，$p \in (A \cap B)^o$ となる．

(6) (1) より $A^o \subset A$ かつ (3) より $(A^o)^o \subset A^o$ である．逆に A^o の任意の元 p に対しある $r > 0$ が存在して $U(p;r) \subset A$ となる．ここで例題 3.18 より $U(p;r)^o = U(p;r)$ なので (3) より $U(p;r) = U(p;r)^o \subset A^o$ となり，$p \in (A^o)^o$ である．

(7) A^o が開集合であることは，定理 3.44 と (6) より明らか．A に含まれる任意の開集合 W に対し，$W \subset A$ より (3) から $W^o \subset A^o$ となる．ここで W は開集合より定理 3.44 から $W = W^o$ なので $W \subset A^o$ となる．

問 3.4 (1) $A^o = (0,1) \times (0,1)$, $\overline{A} = [0,1] \times [0,1]$, $\partial A = \overline{A} - A^o$

(2) $B^o = \varnothing$, $\overline{B} = B$, $\partial B = B$

(3) $C^o = \varnothing$, $\overline{C} = C$, $\partial C = C$

(4) $D^o = \varnothing$, $\overline{D} = \mathbb{R}^2$, $\partial D = \mathbb{R}^2$

問 3.5 $f_n \in C[a,b]$ を次のように定義する．

$$f_n(x) = \begin{cases} 1 & \left(a \leqq x \leqq \dfrac{a+b}{2}\right) \\ -\dfrac{2^n}{b-a}\left(x - \dfrac{a+b}{2}\right) + 1 & \left(\dfrac{a+b}{2} \leqq x \leqq \dfrac{a+b}{2} + \dfrac{b-a}{2^n}\right) \\ 0 & \left(\dfrac{a+b}{2} + \dfrac{b-a}{2^n} \leqq x \leqq b\right). \end{cases}$$

このとき $p > q$ に対し $d_2(f_p, f_q) = \displaystyle\int_a^b |f_p(x) - f_q(x)|\, dx = \dfrac{b-a}{2}\left(\dfrac{1}{2^q} - \dfrac{1}{2^p}\right)$ より $\{f_n\}$ は $(C[a,b], d_2)$ のコーシー列だが，極限関数 f は $x = \dfrac{a+b}{2}$ で連続でないため，$C[a,b]$ の元ではないので $(C[a,b], d_2)$ は完備ではない．

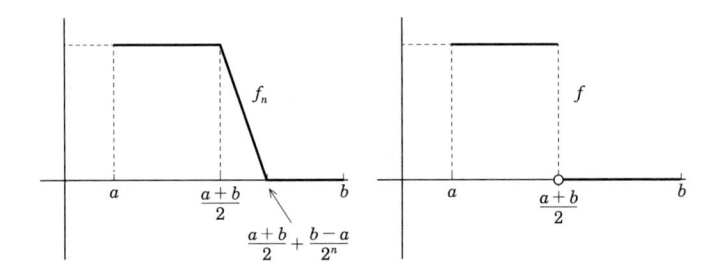

第4章の解答

問 4.1　(1) $\mathscr{O}_1 \cap \mathscr{O}_2$ が X の位相の条件 (O1), (O2), (O3) を満たすことを確かめる．

- $\mathscr{O}_1$ も $\mathscr{O}_2$ も (O1) を満たすのでともに $X, \varnothing$ を含む．よって $X, \varnothing \in \mathscr{O}_1 \cap \mathscr{O}_2$ となる．
- $V_k \in \mathscr{O}_1 \cap \mathscr{O}_2$ $(k=1,2,\cdots,n)$ に対し，$\mathscr{O}_1$ も $\mathscr{O}_2$ も (O2) を満たすのでともに $\bigcap_{k=1}^n V_k$ を含む．よって $\bigcap_{k=1}^n V_k \in \mathscr{O}_1 \cap \mathscr{O}_2$ となる．
- $V_\lambda \in \mathscr{O}_1 \cap \mathscr{O}_2$ $(\lambda \in \Lambda)$ に対し，$\mathscr{O}_1$ も $\mathscr{O}_2$ も (O3) を満たすのでともに $\bigcup_{\lambda \in \Lambda} V_\lambda$ を含む．よって $\bigcup_{\lambda \in \Lambda} V_\lambda \in \mathscr{O}_1 \cap \mathscr{O}_2$ となる．

(2) $X = \{1,2,3\}$ の 2 つの位相 $\mathscr{O}_1 = \{X, \varnothing, \{1,2\}\}, \mathscr{O}_2 = \{X, \varnothing, \{2,3\}\}$ について，$\{1,2\}, \{2,3\} \in \mathscr{O}_1 \cup \mathscr{O}_2$ だが $\{2\} = \{1,2\} \cap \{2,3\} \notin \mathscr{O}_1 \cup \mathscr{O}_2$ より位相の条件 (O2) を満たさないので $\mathscr{O}_1 \cup \mathscr{O}_2$ は X の位相にならない．

問 4.2　まず $D \subset A \cap C$ を示す．D の任意の点 p をとる．p の X における任意の開近傍 V に対し，$V \cap A$ は A における p の開近傍である．p は A における B の触点なので $(V \cap A) \cap B \neq \varnothing$ となり，特に $V \cap B \neq \varnothing$ なので p は X における B の触点でもある．よって $D \subset C$ となる．また D は A における B の閉包なので $D \subset A$ より $D \subset A \cap C$ となる．

次に $A \cap C \subset D$ を示す．$A \cap C$ の任意の点 q をとる．q の A における任意の開近傍 W に対し，相対位相の定義より X の開集合 V が存在して $W = V \cap A$ と表せる．よって V は X における q の開近傍である．一方 $q \in C$ より $B \cap V \neq \emptyset$ となる．また $B \subset A$ より $B \cap W = B \cap (V \cap A) = B \cap V \neq \emptyset$ となるので $p \in D$ となり $A \cap C \subset D$ である．

問 4.3 (1) 写像 f は $p \in X$ で連続より，$f(p)$ の任意の開近傍 U に対し p のある開近傍 V が存在して $f(V) \subset U$ を満たす．点列 $\{p_n\}$ は p に収束するので，p の開近傍 V に対しある自然数 n_0 が存在して，任意の自然数 $n > n_0$ に対し $p_n \in V$ を満たす．よって任意の自然数 $n > n_0$ に対し，$f(p_n) \in f(V) \subset U$ を満たすので，点列 $\{f(p_n)\}$ は $f(p)$ に収束する．

(2) $\mathbb{R}$ の部分集合族 $\mathscr{W} = \{A \mid A = \emptyset$ または $\mathbb{R} - A$ は高々可算$\}$ は $\mathbb{R}$ の位相になる．$(\mathbb{R}, \mathscr{W})$ からユークリッド直線 $\mathbb{R}$ への恒等写像 $1_{\mathbb{R}} : \mathbb{R} \to \mathbb{R}$ は任意の点で連続ではない．一方 $(\mathbb{R}, \mathscr{W})$ の点列 $\{a_n\}$ が $\mathbb{R}$ の点 a に収束するならば，ある自然数 n_0 が存在して任意の $n > n_0$ に対し $a_n = a$ となる．よって $(\mathbb{R}, \mathscr{W})$ の収束列はユークリッド直線 $\mathbb{R}$ でも収束列である．

問 4.4 (1) $U(p; \varepsilon)$ の任意の 2 点 q_1, q_2 に対し，$w : [0,1] \to \mathbb{R}^n$ を $w(t) = (t-1)(q_2 - q_1) + q_2$ とすると，$d(w(t), p) = \|w(t) - p\| = \|(1-t)(q_1 - p) + t(q_2 - p)\| \leq (1-t)\|q_1 - p\| + t\|q_2 - p\| = (1-t)d(p, q_1) + td(p, q_2) < (1-t)\varepsilon + t\varepsilon = \varepsilon$ より，$w(t) \in U(p; \varepsilon)$ となり，w は $U(p; \varepsilon)$ 内で q_1 と q_2 を結ぶ道なので，$U(p; \varepsilon)$ は弧状連結である．

(2) D の元 p_0 を選び固定する．p_0 と D 内の道 $w : [0,1] \to D$ で結べる D の元 p の全体を V とすると，$p_0 \in D$ より V は空集合ではない．また任意の $p \in V$ に対し，(1) よりある $\varepsilon > 0$ に対し $U(p; \varepsilon) \subset V$ より V は D の開集合でもある．一方 p_0 と D 内の道で結べない D の元 q の全体を W とすると，同様に任意の $q \in W$ に対し，(1) よりある $\varepsilon > 0$ において $U(q; \varepsilon) \subset W$ より，W も D の開集合でもある．定義から $V \cap W = \emptyset, V \cup W = D$ かつ D は連結より，$W = \emptyset$ つまり $V = D$ となるので，D は弧状連結である．

問 4.5 例題 4.27 において，A における $(\bigcup_{n \in \mathbb{N}} A_n) \cup B$ の閉包は A である．

索引

あ 行

位相…… 145
位相空間…… 145
一様収束…… 82
一様連続…… 75
ε-近傍…… 26, 107
上に有界…… 63
well-defined…… 58

か 行

開基…… 189
開近傍…… 148
開近傍系…… 194
開区間…… 7
開写像…… 164
開集合…… 100, 145
外点…… 155
開被覆…… 168
外部…… 155
下界…… 63
各点収束…… 81
下限…… 63
可算集合…… 38
可分…… 192
関数…… 12
完全不連結…… 185
カントールの対角線論法…… 39
カントールのパラドックス…… 43
完備…… 129
完備化…… 132
軌道…… 137
基本近傍系…… 194
逆写像…… 17
逆像…… 13
境界…… 127, 155

境界点…… 127, 155
共通部分…… 8
極限…… 19, 113
距離位相…… 146
距離関数…… 105
距離空間…… 105
空集合…… 6
グラフ…… 13
元…… 6
弧…… 186
合成写像…… 12
恒等写像…… 12
コーシー–シュワルツの不等式…… 103
コーシー列…… 24, 114
弧状連結…… 186
固定点…… 137
孤立点…… 155
コンパクト空間…… 168
コンパクト集合…… 168

さ 行

最小元…… 63
最大元…… 63
細分…… 77
差集合…… 8
三角不等式…… 95, 104, 105
自然対数の底…… 73
下に有界…… 63
始点…… 186
自明な部分集合…… 8
写像…… 12
写像の制限…… 12
集合…… 6
集積点…… 155
収束…… 19, 149
収束列…… 19, 113
終点…… 186
述語論理…… 10
順序関係…… 52
順序集合…… 62

順像……13
商位相……166
商位相空間……167
上界……63
上限……63
条件……6
商写像……55
商集合……55
剰余類……55
触点……126, 152
真部分集合……8
真理表……2
推移律……52
数列……19
正規空間……177
全射……16
全順序……62
全順序集合……62
全称記号……10
全称命題……10
全単射……17
全有界……141
像……13
相対位相……148
相対コンパクト集合……168
添字……45
添字集合……45
存在記号……10
存在命題……10

た 行

第 1 可算公理……194
対称律……52
対等……31
第 2 可算公理……192
代表元……55
高々可算……38
単射……16
値域……12
直積位相……158

直積位相空間……158
直積距離空間……109
直積集合……13
直径……173
定義域……12
点列コンパクト空間……138
点列コンパクト集合……138
同相……164
同相写像……164
同値……3
同値関係……52
等長写像……131
等長同型……132
同値類……55
トートロジー……2
特性関数……42
ド・モルガンの法則……4

な 行

内点……126, 148
内部……126, 148
2 項関係……51
濃度……36

は 行

ハウスドルフ空間……175
反射律……52
反対称律……52
p 進体……136
p 進距離……111
p 進付値……111
比較可能……62
非可算集合……39
非交和……8
被覆……168
部分位相空間……148
部分距離空間……108
部分集合……8
部分集合族……45

部分被覆…… 168
部分列…… 20
分割…… 56, 76
閉区間…… 7
閉写像…… 164
閉集合…… 100, 123, 151
閉包…… 126, 152
ベキ集合…… 40
包含写像…… 12
補集合…… 8

連結…… 180
連結成分…… 184
連続…… 27, 99, 117, 159
連続関数…… 27, 99, 118
連続写像…… 118, 159

わ 行

和集合…… 8

ま 行

道…… 186
密着位相…… 146
無限集合…… 32
命題…… 1
命題関数…… 9
命題論理…… 2

や 行

有界…… 63, 102, 107
有界列…… 20, 113
ユークリッド距離…… 104
ユークリッド空間…… 104
ユークリッド内積…… 102
ユークリッドノルム…… 103
有限交叉性…… 172
有限集合…… 31
有限部分被覆…… 168
有理数の切断…… 67
要素…… 6

ら 行

ラッセルのパラドックス…… 43
リーマン可積分…… 77
離散位相…… 146
離散距離…… 107
ルベーグ数…… 173

小森 洋平（こもり・ようへい）

1966年，奈良生まれ．1994年，京都大学大学院理学研究科数理解析専攻修了．大阪市立大学大学院理学研究科（数学専攻）准教授を経て，現在，早稲田大学教育学部数学科教授．理学博士．
専門はクライン群，タイヒミュラー空間．
主な著訳書に，『ヴィジュアル複素解析』（共訳，培風館），『インドラの真珠』（訳，日本評論社）がある．

NBS Nippyo Basic Series　日本評論社ベーシック・シリーズ＝NBS

集合と位相
（しゅうごうといそう）

2016年3月25日　第1版・第1刷発行
2021年2月15日　第1版・第2刷発行

著　者―――小森洋平
発行所―――株式会社 日本評論社
　　　　　〒170-8474 東京都豊島区南大塚3-12-4
電　話―――(03) 3987-8621（販売）-8599（編集）
印　刷―――藤原印刷
製　本―――難波製本
挿　画―――オビカカズミ
装　幀―――図工ファイブ

ⓒ Yohei Komori　　　　　　　　　　　ISBN 978-4-535-80633-7

JCOPY 〈(社)出版者著作権管理機構 委託出版物〉本書の無断複写は著作権法上での例外を除き禁じられています．複写される場合は，そのつど事前に，(社)出版者著作権管理機構（電話 03-5244-5088, FAX 03-5244-5089, e-mail: info@jcopy.or.jp）の許諾を得てください．また，本書を代行業者等の第三者に依頼してスキャニング等の行為によりデジタル化することは，個人の家庭内の利用であっても，一切認められておりません．

日評ベーシック・シリーズ

大学数学への誘い
佐久間一浩＋小畑久美 [著] ●本体2000円＋税

集合と位相
小森洋平 [著] ●本体2100円＋税

微分積分──1変数と2変数
川平友規 [著] ●本体2300円＋税

線形代数──行列と数ベクトル空間
竹山美宏 [著] ●本体2300円＋税

常微分方程式
井ノ口順一 [著] ●本体2200円＋税

複素解析
宮地秀樹 [著] ●本体2300円＋税

ベクトル空間
竹山美宏 [著] ●本体2300円＋税

曲面とベクトル解析
小林真平 [著] ●本体2300円＋税

代数学入門──先につながる群，環，体の入門
川口 周 [著] ●本体2300円＋税

▶ 以下続刊（順不同）

群論 ………………………………………… 榎本直也 著
確率統計 …………………………………… 乙部厳己 著
解析学入門 ………………………………… 川平友規 著
初等的数論 ………………………………… 岡崎龍太郎 著
数値計算 …………………………………… 松浦真也＋谷口隆晴 著

日本評論社　https://www.nippyo.co.jp/